图 C-01 框架结构住宅楼 —— 沈阳万科春河里 17 号楼，中国最早的高预制率装配式建筑

图 C-02 空间薄壁结构 —— 悉尼歌剧院，艺术与 PC 结合的经典之作

图 C-03 剪力墙结构住宅楼 —— 沈阳丽水新城保障房，中国最早的一批装配式建筑保障房

图 C-04 日本鹿岛 —— 日本北浜大厦，最高 PC 建筑

图 C-05 整体卫生间 —— 装配式装修的重要内容

图 C-06 旁站监理 —— 装配式建筑套筒灌浆时需要旁站监理并采集影像资料

图 C-07 夹心保温预制混凝土外墙 —— 中国最早的在简易厂房生产，运用混凝土模具制作并达到日本精度质量标准的夹心保温 PC 构件

图 C-08 沈阳万融公司引进的生产 PC 构件的德国艾巴维自动化生产线 —— 全国最早一批引进的欧洲自动化生产线

图 C-09 沈阳市现代建筑产业博览会 —— 地方政府大力推动装配式建筑的一个缩影

图 C-09 PC构件图示一览表

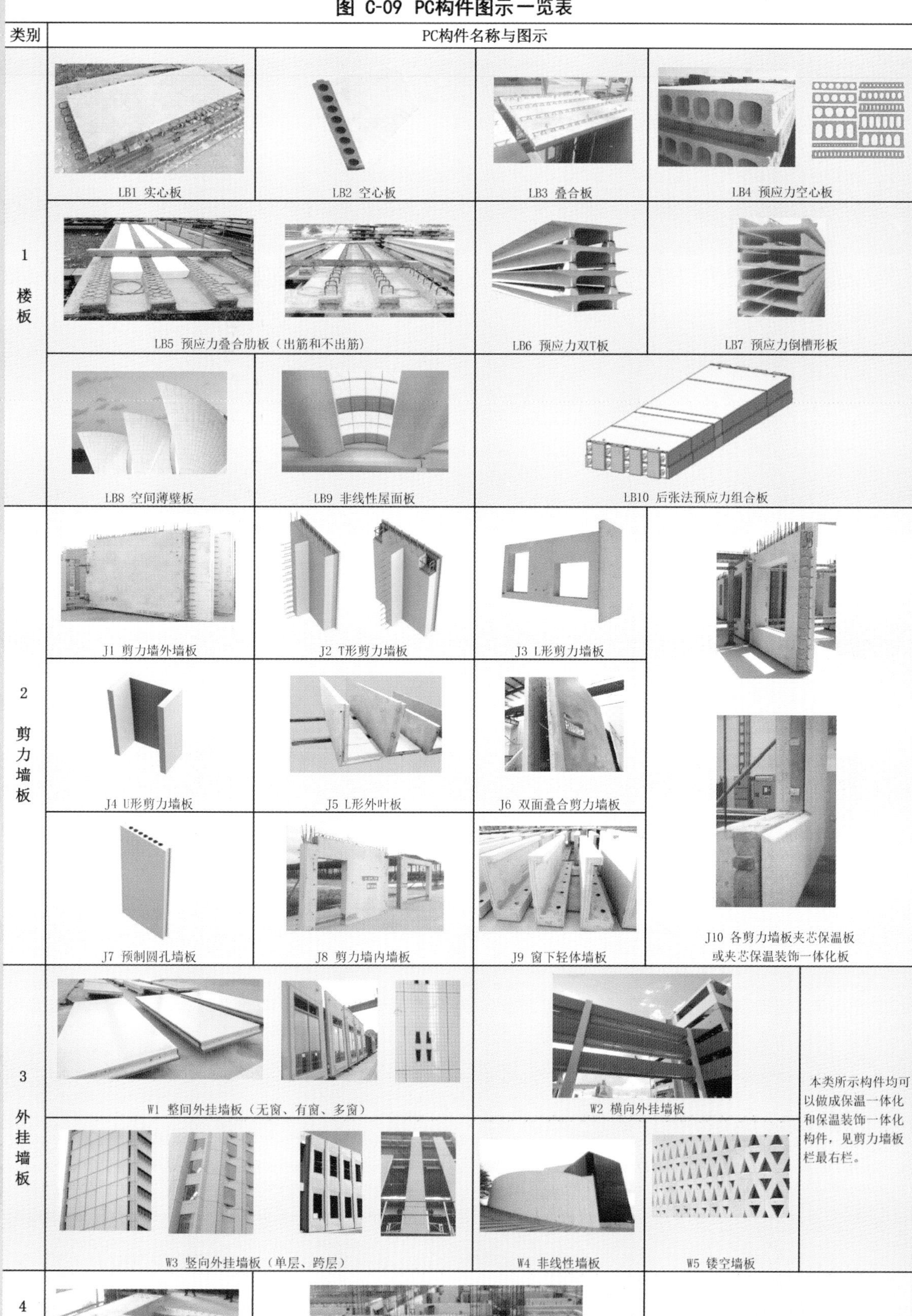

4 框架墙板

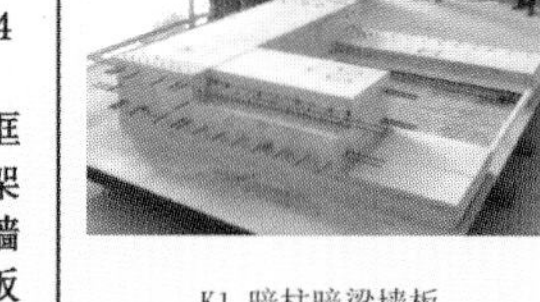

K1 暗柱暗梁墙板

K2 暗梁墙板

本类所示构件均可以做成保温一体化和保温装饰一体化构件，见剪力墙板栏最右栏

图 C-09 PC构件图示一览表（续）

类别	PC构件名称与图示				
5 梁	L1 梁	L2 T形梁	L3 凸形梁	L4 带挑耳梁	本类所示构件均可以做成保温一体化和保温装饰一体化构件，见剪力墙板栏最右栏。
	L5 叠合梁	L6 带翼缘梁	L7 连梁	L8 U形梁	
	L9 叠合莲藕梁	L10 工字形屋面梁		L11 连筋式叠合梁	
6 柱	Z1 方柱	Z2 L形扁柱	Z3 T形扁柱	Z4 带翼缘柱	本类所示构件均可以做成保温一体化和保温装饰一体化构件，见剪力墙板栏最右栏。
	Z5 带柱帽柱	Z6 带柱头柱	Z7 跨层圆柱	Z8 跨层方柱	Z9 圆柱
7 复合构件	F1 莲藕梁	F2 双莲藕梁		F3 十字形莲藕梁	
	F4 十字形梁+柱	F5 T形柱梁	F6 草字头形梁柱一体构件		
8 其他构件	Q1 楼梯板（单跑、双跑）		Q2 叠合阳台板	Q3 无梁板柱帽	Q4 杯形柱基础
	Q5 全预制阳台板		Q6 空调板	Q7 带围栏阳台板	Q8 整体飘窗
	Q9 遮阳板	Q10 室内曲面护栏板	Q11 轻质内隔墙板	Q12 挑檐板	Q13 女儿墙板

装配式混凝土结构建筑实践与管理丛书

装配式混凝土建筑——政府、甲方、监理管理200问

Precast Concrete Buildings——200 Q&As for Management of Government, Owner and Supervision

丛书主编　郭学明

本书主编　赵树屹

副 主 编　张　岩　胡　旭

参　　编　张玉波　李　睿　石宝松

机械工业出版社
CHINA MACHINE PRESS

本书分别从政府、甲方、监理以及构件厂的管理者角度，集中解答了在装配式混凝土建筑快速发展的大潮下常见的200个与管理相关的问题，包括装配式建筑基本知识、国家及地方政策讲解、法律法规分析、行业发展方向、质量控制要点、成本构成分析等热点问题和重点问题。对于成熟的问题，给出了明确的解决方法；对于目前还存在争议的问题，也根据作者的思考和实践经验，给出了自己的思路。应该说，本书是目前我国首次对这些问题进行系统整理出版的专业集大成者，相信会对推动我国装配式混凝土建筑的健康发展发挥积极的推动作用。本书作者全部都是近年来一直活跃在装配式建筑领域的实践者和探索者，其中有的一直在政府部门从事装配式建筑的推进和监管工作，有的是全国装配式建筑示范城市的亲历者和见证者，有的是来自于甲方、监理、构件厂等相关单位的管理者。

本书可作为装配式混凝土结构建筑从业者的入门读物，也是政府、甲方、监理、构件厂等从业人员的案头工具用书，亦可供相关专业高职高专院校师生参考使用。

图书在版编目（CIP）数据

装配式混凝土建筑．政府、甲方、监理管理200问/赵树屹主编．—北京：机械工业出版社，2018.1　(2019.9重印)

（装配式混凝土结构建筑实践与管理丛书）

ISBN 978-7-111-58510-7

Ⅰ.①装…　Ⅱ.①赵…　Ⅲ.①装配式混凝土结构－建筑工程－监理工作－问题解答　Ⅳ.①TU37-44

中国版本图书馆CIP数据核字（2017）第283688号

机械工业出版社（北京市百万庄大街22号　邮政编码100037）
策划编辑：薛俊高　责任编辑：薛俊高
封面设计：马精明　责任校对：刘时光
责任印制：常天培
唐山三艺印务有限公司印刷
2019年9月第1版第2次印刷
184mm×260mm · 18.25印张 · 2插页 · 412千字
标准书号：ISBN 978-7-111-58510-7
定价：55.00元

凡购本书，如有缺页、倒页、脱页，由本社发行部调换

电话服务
服务咨询热线：010-88361066
读者购书热线：010-68326294
010-88379203

网络服务
机 工 官 网：www. cmpbook. com
机 工 官 博：weibo. com/cmp1952
金 书 网：www. golden-book. com
教育服务网：www. cmpedu. com

序

我国将用10年左右时间使装配式建筑占新建建筑的比例达到30%，这将是世界装配式建筑发展史上前所未有的大事，它将呈现出前所未有的速度、前所未有的规模、前所未有的跨度和前所未有的难度。我国建筑行业面临着巨大的转型升级压力。由此，建筑行业管理、设计、制作、施工、监理各环节的管理与技术人员，亟须掌握装配式建筑的基本知识。同时，也需要持续培养大量的相关人才助力装配式建筑行业的发展。

“装配式混凝土结构建筑实践与管理丛书”共分5册，广泛、具体、深入、细致地阐述了装配式混凝土建筑从设计、制作、施工、监理到政府和甲方管理内容，利用大量的照片、图例和鲜活的工程案例，结合实际经验与教训（包括日本、美国、欧洲和大洋洲的经验），逐条解读了装配式混凝土建筑国家标准和行业标准。本丛书可作为装配式建筑管理、设计、制作、施工和监理人员的入门读物和工具用书。

我在从事装配式建筑技术引进和运作过程中，强烈意识到装配式建筑管理与技术同样重要，甚至更加重要。所以，本丛书专有一册谈政府、甲方和监理如何管理装配式建筑。因此，在这里我要特别向政府管理者、房地产商管理与技术人员和监理人员推荐此书。

本丛书每册均以解答200个具体问题的方式编写，方便读者直奔自己最感兴趣的问题，同时也便于适应互联网时代下读者碎片化阅读的特点。但我们在设置章和问题时，特别注意知识的系统性和逻辑关系，因此，在看似碎片化的信息下，每本书均有清晰完整的知识架构体系。

我认为，装配式建筑并没有多少高深的理论，它的实践性、经验性非常重要。基于我对经验的特别看重，在组织本丛书的作者团队时，把有没有实际经验作为第一要素。感谢机械工业出版社对我的理解与支持，让我组织起了一个未必是大牌、未必有名气、未必会写书但确实有经验的作者队伍。

《政府、甲方、监理管理200问》一书的主编赵树屹和副主编张岩是我国第一个被评为装配式建筑示范城市沈阳市政府现代建筑产业主管部门的一线管理人员；副主编胡旭是我国第一个推动装配式建筑发展的房地产企业一线经理，该册参编作者还有万科分公司技术高管、监理企业总监和构件制作企业高管。

《结构设计与拆分设计200问》一书的主编李青山是结构设计出身，从事装配式结构技术引进、研发、设计有7年之久，目前是三一重工装配式建筑高级研究员；副主编黄营从事结构设计15年之久，专门从事装配式结构设计5年，拆分设计过的装配式项目达上百万平方米。另外两位作者也是经验非常丰富的装配式结构研发、设计人员。

《构件工艺设计与制作200问》一书的主编李营在水泥预制构件企业从业15年，担任过质量主管和厂长，并专门去日本接受过装配式建筑培训，学习归来后担任装配式制作企业预制构件厂厂长、公司副总等。副主编叶汉河是上海城业管桩构件有限公司董事长，其公司多年向日本出口预制构件，也向上海万科等企业提供预制构件。本书其他参编者分别是预制构件企业的总经理、厂长和技术人员。

《施工安装200问》一书的主编杜常岭担任装配式建筑企业高管多年，曾去日本、欧洲、东南亚考察学习装配式技术，现为装配式混凝土专业施工企业辽宁精润公司的董事长。副主编王书奎现在是承担沈阳万科装配式建筑施工的赤峰宏基公司的总经理，另一位副主编李营是《构件工艺设计与制作200问》一书的主编，具体指挥过装配式建筑的施工。该书其他作者也有去日本专门接受施工培训、回国后担任装配式项目施工企业的高管，及装配式工程的项目经理。

《建筑设计与集成设计200问》一书的主编，我一直想请一位有经验的建筑师担纲。遗憾的是，建筑设计界大都把装配式建筑看成结构设计的分支，仅仅是拆分而已，介入很少，我没有找到合适的建筑师主编。于是，我把主编的重任压给了张晓娜女士。张女士是结构设计出身，近年来从事装配式建筑的研发与设计，做了很多工作，涉足领域较广，包括建筑设计。好在该书较多地介绍了国外特别是日本装配式建筑设计的做法，这方面我们收集的资料比较多，是长项。该书的其他作者也都是有实践经验的设计人员，包括BIM设计人员。

沈阳兆寰现代建筑构件有限公司董事长张玉波在本丛书的编著过程中作为丛书主编助理负责写作事务的后勤工作和各册书的校订发稿，付出了大量的心血和精力。

在编写这套丛书的过程中，各册书共20多位作者建立了一个微信群，有疑难问题在群里讨论，各册书的作者也互相请教。所以，虽然每册书署名的作者只有几位，但做出贡献的作者要多得多，可以说，每册书都是整个丛书创作团队集体智慧的结晶。

我们非常希望献给读者知识性强、信息量大、具体详细、可操作性强并有思想性的作品，作为丛书主编，这是我最大的关注点与控制点。近十年来我在考察很多国外装配式建筑中所获得的资料、拍摄的照片和一些思索也融入了这套书中，以与读者分享。但限于我们的经验和水平有限，离我们的目标还有差距，也会存在差错和不足，在此恳请并感谢读者给予批评指正。

丛书主编 **郭学明**

前言
FOREWORD

2016 年 2 月，《中共中央　国务院关于进一步加强城市规划建设管理工作的若干意见》中提出："力争用 10 年左右时间，使装配式建筑占新建建筑的比例达到 30%"。由此，我国每年将建造几亿平方米的装配式建筑，这将是人类建筑史上，特别是装配式建筑史上没有前例的大事件，它将呈现出前所未有的速度、前所未有的规模、前所未有的跨度和前所未有的难度，我国建筑行业面临着巨大的转型升级压力。

装配式建筑发达国家是通过大量的理论研究、技术研发、工程实践和管理经验的逐步积累才发展起来的，大多都是经历了几十年的时间，才达到 30% 以上比例。我们要用 10 年时间走完其他国家半个多世纪的路，需要学习的知识和需要做的工作非常多，专业技术人员、技术工人和管理者的需求将非常巨大。

对装配式建筑而言，管理与技术同样重要，甚至更加重要。本书着重谈管理，从政府、甲方、监理角度，从设计、生产、施工各个环节，论述如何管理好装配式建筑。

参与本书编写的作者都是近年来从事装配式建筑政府监管和企业管理的一线人员，有着多年从事装配式建筑管理的工作经验。作为本书主编，我有幸参与了在装配式建筑方面起步较早的沈阳市的推进装配式事业，并能够做一些具体工作，对这个过程有一些了解和体会；副主编张岩是沈阳市推进装配式建筑从无到有的亲历者和参与者，是许多重要工作或活动的牵头人和重要参与人，是许多重要文件的起草人；另一位副主编胡旭来自于积极推动我国装配式建筑发展的万科房地产集团沈阳公司，是我国第一个高装配率建筑万科春河里项目的重要参与人；参编者张玉波多年从事企业管理工作，担任装配式企业高管，现为沈阳兆寰现代建筑构件有限公司董事长；参编者李睿是沈阳振东工程建设监理公司副总经理，有丰富的装配式建筑监理工作经验；参编者石宝松来自于万科房地产集团沈阳公司，从事多年装配式建筑技术管理工作，具有丰富的装配式建筑项目策划、建设管理经验。

本书以装配式建筑国家标准、行业标准为基础，系统介绍了装配式建筑的基本知识和如何推进并管理好装配式建筑的具体解决方案。对在我国装配式建筑发展浪潮下，"跃跃欲试"或已经开展工作的各地方政府以及投身其中的开发、设计、生产、施工、监理等相关企业的管理者具有很实用的参考价值，可作为装配式建筑管理者的工具书。

本书共 6 章。

第 1 章主要介绍了装配式建筑的内容、意义、国内外发展历程和基本特点等，特别是对装配式建筑存在的误区进行了论述。

第 2 章主要介绍了从政府角度如何推进和监管装配式建筑，特别是政府该如何把握好与市场的角色定位，如何做到既要"大有作为"，又要"无所作为"，进行了回答。

第 3 章主要介绍了从甲方（特别是房地产开发企业）的角度如何管理和实施装配式建

筑项目，特别是对开发商如何策划、开展装配式建筑项目进行了重点论述。

第4章主要介绍了从监理的角度如何进行装配式建筑的监理工作，特别是对比传统现浇混凝土建筑的监管方式进行了区分总结。

第5章主要介绍了从生产的角度如何进行构件制作过程的管理，特别是对装配式建筑的质量控制关键点进行了系统总结。

第6章主要介绍了在造价成本方面如何控制和管理装配式建筑成本，重点对装配式建筑各个环节如何把控成本进行了系统分析。

装配式混凝土结构建筑在国际建筑界也被称为PC（Precast Concrete）建筑，预制混凝土构件被称为PC构件，为表述清晰，本书较多地用PC建筑指代装配式混凝土结构建筑。

丛书主编郭学明先生不仅指导作者团队搭建了本书的框架，还对全书进行了两轮详细审核，提出了诸多修改意见，是本册书主要思想的重要来源之一。我是本书第1章、第2章第54～76问的编写者，作为主编，同时做了牵头及协调工作，并参与了第3章、第4章部分问题的核稿工作；张岩是第2章第27～53问的编写者，并参与了第4章的核稿工作；胡旭、石宝松及其团队是第3章的编写者，并参与了第2章部分问题的资料提供工作；李睿及其后援团队是第4章的编写者，并参与了第2章部分问题的资料提供工作；张玉波是第5、第6章的编写者，并参与了第3、第4章的核稿工作以及全书的校订工作。

除本书的主编及相关参编人员外，本书还要感谢以下人员给予本书的大力支持和帮助：

首先，感谢沈阳市建委隋明悦副主任、现代建筑产业化管理办公室居理宏主任及同事们给予我的帮助、指导和支持，使我成长进步，本书中的很多经验做法和观点得益于他们的工作实践；感谢沈阳兆寰现代建筑产业园有限公司许德民总经理、鞍山重型矿山机器股份有限公司董事刘向南先生为本书提供部分资料和图片；感谢石家庄山泰装饰工程有限公司设计师梁晓艳为本书绘制了一部分样图及图表；感谢辽宁精润现代建筑安装工程有限公司杜常岭总经理、沈阳万科房地产开发公司工程师李麒麟、科曼建筑科技（江苏）有限公司李营副总经理、沈阳兆寰现代建筑构件有限公司张晓娜副总工程师为本书提供部分资料；感谢沈阳市建委记者站、沈阳市地铁房地产开发公司、沈阳万融现代建筑产业有限公司、亚泰集团沈阳现代建筑工业有限公司、沈阳市国际展览中心为本书提供部分图片。

装配式建筑在我国尚处于起步阶段，许多课题还处于研究和探索阶段，参与本书的编撰者虽然从事多年的装配式建筑相关工作，但难免在理论和实践方面存在不足甚至错误，恳请广大读者批评指正。

本书主编　赵树屹

目录 CONTENTS

第 1 章　为什么要推行装配式建筑

1. 什么是装配式建筑？装配式建筑有哪些种类？

(1) 装配式建筑的定义

按常规理解，装配式建筑（assembled Buildings）是指由预制构件通过可靠连接方式建造的建筑。按照这个理解，装配式建筑有两个主要特征：第一个特征是构成建筑的主要构件，特别是结构构件是预制的；第二个特征是预制构件的连接方式必须可靠。

按照国家标准《装配式混凝土建筑技术标准》GB/T 51231—2016（本书以下简称《装标》）、《装配式钢结构建筑技术标准》GB/T 51232—2016、《装配式木结构建筑技术标准》GB/T 51233—2016 的定义（混凝土结构、钢结构和木结构的装配式建筑定义都相同），装配式建筑是“结构系统、外围护系统、设备与管线系统、内装系统的主要部分采用预制部品部件集成的建筑。”这个定义强调了装配式建筑是 4 个系统（而不仅仅是结构系统）的主要部分应采用预制部品部件集成（图 1-1 ~ 图 1-4）。

图 1-1　2012 年建设的高预制率的装配式混凝土高层建筑—沈阳南科大厦

图 1-2　结构、围护、保温装饰一体化的夹心保温剪力墙板

笔者认为，《装标》关于装配式建筑的定义涵盖了成品建筑的主要内容，比较全面，也非常切合我国住宅建筑标准较低、亟须改进的现状，是装配式建筑发展的方向。但由于目

前我国住宅建筑距离国家标准设定的目标差距较大，地方政府在发展过程中需要根据本地区的实际情况灵活掌握推进节奏。

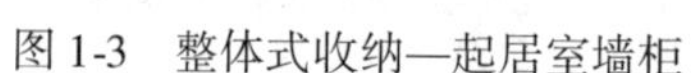

图 1-3　整体式收纳—起居室墙柜

图 1-4　集成式卫生间

另外，还有一些装配式建筑的定义，比如 2016 年 12 月住建部标准定额司下发的《装配式建筑评价标准（征求意见稿）》中则将其定义为“用预制构件、部品部件在工地装配而成的建筑”。

在一些地方规程和专业文章中，有的表述为“装配式建筑是工厂生产预制构件、现场组装的建筑”，这种表述不够准确。比如日本有的建筑工程，由于道路无法通过运输大型构件的车辆，就在工地现场预制构件，然后直接吊装，这样的建筑同样也是装配式建筑。图 1-5 和图 1-6 给出了工厂预制构件和工地预制构件的照片。

图 1-5　预制混凝土构件车间

图 1-6　工地现场预制构件

由于我国目前的建筑，特别是住宅建筑，多以混凝土结构为主，因此本书讨论的装配式主要以装配式混凝土建筑为主，钢结构、木结构建筑为辅。

（2）装配式建筑的基本特征

简单说就是“六化”，即：设计标准化、生产工厂化、施工装配化、装修一体化、管理信息化和使用智能化。

(3) 装配式建筑分类

1）按结构材料分类。装配式建筑按照结构材料分类则包括：

①装配式混凝土建筑。

②装配式钢结构建筑。

③装配式木结构建筑。

④装配式复合建筑。

简单地说，建筑的结构系统主要由哪种材料构成就是哪种装配式建筑。比如，按照《装配式混凝土建筑技术标准》、《装配式钢建筑技术标准》和《装配式木建筑技术标准》的定义：

装配式混凝土建筑是指建筑的结构系统由混凝土部件（预制构件）构成的装配式建筑。

装配式钢结构建筑是指建筑的结构系统由钢部（构）件构成的装配式建筑。

装配式木结构建筑是指建筑的结构系统由木结构承重构件组成的装配式建筑。

装配式复合建筑是指建筑的结构系统由两种或多种材料的部（构）件构成的装配式建筑，比如有钢木复合结构、钢混复合结构等多种装配式复合建筑。

基于装配式混凝土建筑是目前我国装配式住宅建筑的主要结构形式，这里再简要介绍一下装配式混凝土建筑的分类。根据预制混凝土构件的连接方式进行分类，可以分为两种：

A. 装配整体式混凝土结构。装配整体式混凝土结构是指由预制混凝土构件通过可靠的方式进行连接并与现场后浇混凝土、水泥基灌浆料形成整体的装配式混凝土结构。简言之，装配整体式混凝土结构的连接以“湿连接”为主。装配整体式混凝土结构具有较好的整体性和抗震性。目前，大多数多层和全部高层装配式混凝土结构建筑采用装配整体式，有抗震要求的低层装配式建筑也多采用装配整体式结构。

B. 全装配混凝土结构。全装配混凝土结构是指预制混凝土构件以干法连接（如螺栓连接、焊接等）为主形成的混凝土结构。

国内许多预制钢筋混凝土柱单层厂房就属于全装配混凝土结构。国外一些低层建筑或非抗震地区的多层建筑大多采用全装配混凝土结构，如美国很多的停车楼就是采用全装配混凝土结构形式（图 1-7）。

2）按建筑高度分类。装配式建筑按高度分类，有：

①低层装配式建筑（3 层及 3 层以下）。

②多层装配式建筑（4 ~6 层）。

③高层装配式建筑（6 层以上 100m 以下）。

④超高层装配式建筑（100m 以上）。

3）按结构体系分类。装配式建筑按结构体系分类，可参见第 3 章第 95 问。

4）按预制率分类。装配式建筑按预制率分类，有：

①超高预制率（70% 以上）。

②高预制率（50% ~70%）。

③普通预制率（20% ~50%）。

图 1-7　美国拉斯维加斯奥特莱斯停车楼—全装配混凝土结构

④低预制率（5% ~20%）。

⑤局部使用预制构件（小于5%）。

（4）装配式建筑的评价标准

根据《装标》关于装配式建筑4个系统集成的定义和国外的先进经验以及未来发展的趋势为参考依据，可以将两个评价标准提炼出两个必须项：

1）部品部件的集成与预制（有些地方政府对装配式建筑还有预制率、装配率的要求）。

2）建筑全装修。

2015年出台的国家标准《工业化建筑评价标准》（GB/T 51129—2015），有相关的评价项和指标数据，都可归结为上面提到的两个必须项。

笔者认为在推广装配式建筑中，应避免只关注主体结构是否预制装配化，而忽略其他系统的集成和全装修。我们应更多地着眼于建筑部品部件的工业化生产、安装和管理，这才是实现新型建筑工业化的要旨和主要工作方向。

2. 装配式建筑与建筑工业化、建筑产业现代化以及绿色建筑是怎样的关系？

近年来，各级政府主管建筑的部门一直在致力于推动建筑工业化、建筑产业现代化和绿色建筑，现在又要推动装配式建筑的发展。那么，装配式建筑与建筑工业化、建筑产业现代化以及绿色建筑是怎样的关系呢？

装配式建筑与建筑工业化、建筑产业现代化以及绿色建筑虽然概念不同，侧重点不同，但彼此之间又互相关联，有着清晰而广泛的交集。

（1）装配式建筑与建筑工业化的关系

装配式建筑是用预制构件、部品部件在工地装配而成的建筑。其特点是大量的预制部品部件和配件通过工业化的方式生产出来，包括：

1）结构构件（如外墙板、内墙板、叠合楼板、阳台、空调板、楼梯板、预制梁、预制柱等）。

2）建筑、装饰、机电部品（如内隔墙、集成式厨房、集成式卫生间、整体式收纳柜、集成式机电设备等）。

3）装配式配件（如预埋件、吊点、架空龙骨等）。

装配式建筑工厂化预制部品部件的比例越高，工程建设过程中现场手工作业的比例就越低。

早在1974年，联合国颁布的《政府逐步实现建筑工业化的政策和措施指引》对“建筑工业化”就有如下定义：按照大工业生产方式改造建筑业，使之逐步从手工业生产转向社会化大生产的过程。

建筑与装饰材料的工业化生产和混凝土工厂化生产（商品混凝土）是建筑工业化已经实现的领域，装配式建筑又把大量结构、建筑、装饰和机电环节的现场作业通过集成的手段变成部品部件和配件，使得建筑工业化又扩展了阵地。

装配式建筑以部品部件预制化生产、装配式施工为生产方式，以设计标准化、构件部品化、施工机械化为特征，通过整合设计、生产、施工等整个产业链，来实现建筑产品节能、环保、全生命周期价值最大化的可持续发展的新型建筑生产方式。是建筑工业化的新领域、新方向和重要的构成部分（图 1-8）。

（2）装配式建筑与建筑产业现代化的关系

建筑产业现代化是以绿色发展为理念，以住宅建设为重点，以新型建筑工业化为核心，广泛运用信息技术和现代化管理模式，将房屋建造的全过程联结为完整的一体化产业链，实现传统生产方式向现代工业化生产方式转变，从而全面提高建筑工程的建造效率、效益和质量。建筑产业现代化关注的是整个建筑产业链的产业化。

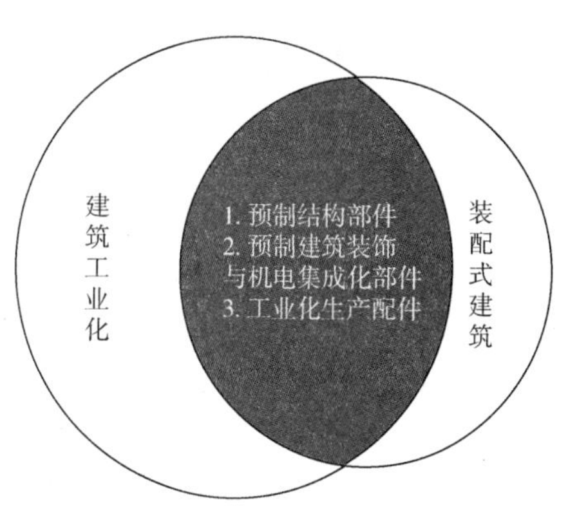

图 1-8　装配式建筑与建筑工业化的关系

装配式建筑是实现建筑产业现代化的最主要的途径和构成。

一方面，装配式建筑国家标准《装标》强调各个系统的集成与协同，要求实现全装修，提倡管线分离，这是对落后的低标准和传统建造方式的重大变革，是迈向现代化的基础；另一方面，《装标》要求装配式建筑运用 BIM 手段，实现全链条信息化管理，在工厂制作等领域实现智能化，这是建筑产业现代化的重要内容。装配式建筑是建筑产业现代化的子集（图 1-9）。

（3）装配式建筑与绿色建筑的关系

绿色建筑是指在全寿命期内，最大限度地节约资源（节能、节地、节水、节材）、保护环境、减少污染，为人们提供健康、适用和高效的使用空间，与自然和谐共生的建筑。

装配式建筑具有节能、节水、节材的显著特点，但不能直接节约用地。装配式建筑能大幅度减少建筑垃圾，保护环境。在《装标》总则 1.0.3 条的条文说明中，特别指出：装配式建筑的基本原则“强调了可持续发展的绿色建筑全寿命期基本理念。”

装配式建筑是绿色建筑的典型代表，包含在绿色建筑中。绿色建筑是一个更大的概念，可以简单表述为“装配式建筑 < 绿色建筑”。

装配式建筑与绿色建筑的关系见图 1-10。

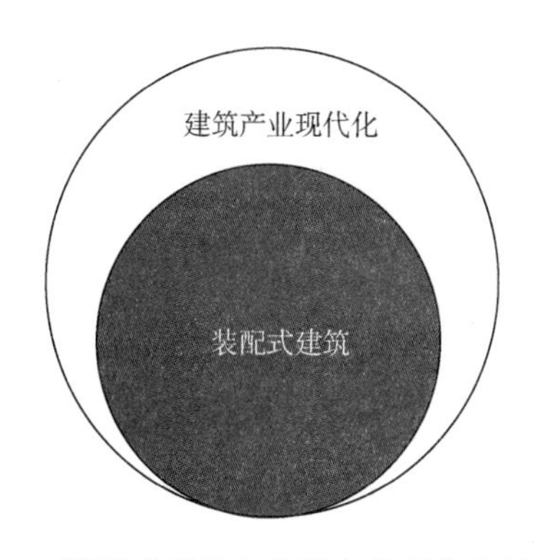

图 1-9　装配式建筑与建筑产业现代化的关系

图 1-10　装配式建筑与绿色建筑的关系

综上所述，装配式建筑是建筑工业化的重要组成部分，是建筑产业现代化的子集与重要构成部分，是绿色建筑的子集和主要实现手段。

3. 为什么要推广装配式建筑？

当前，我国建筑行业还存在着建筑品质低、功能差、环境污染严重等诸多问题，急需通过转变生产方式来提高品质、提升功能，减少环境破坏。而推广装配式建筑会带来建筑行业的转型升级，较好地解决这些问题。更重要的是，装配式建筑是建筑工业化、现代化和绿色建筑的重要构成与实现手段，对此在本章第2问中，我们已经做了初步讨论。下面通过分析我国当前建筑行业现状和装配式建筑的优势来具体讨论推广装配式建筑的必要性。

（1）我国当前的建筑行业现状

我国近几十年来的建筑规模在人类建筑史上可以说是前所未有的，没有任何一个国家在几十年时间里建造了如此多的建筑，特别是住宅建筑。建筑业的繁荣推动了我国建筑技术与管理的进步。但是，必须承认，跟国外发达国家相比，我们的建筑标准与水平还比较低，存在诸多问题，主要包括：

1）建筑标准较低，交付成品以毛坯房为主，隔声保温都有问题，管线埋置在混凝土中，影响建筑的全寿命周期。

2）建筑技术与管理水平不高，科技含量低，工程质量和安全水平比较低，施工质量的高低对工人的技能和责任心依赖较大，而建筑工人则以流动性非常强的农民工为主。

3）劳动生产率较低，工业化体系尚未形成，建造方式还停留在手工操作阶段，施工现场仍以人工为主。

4）资源浪费以及环境污染较为严重，与节能减排和生态城市建设的目标还有较大距离。

5）随着我国人口红利的逐渐消减，劳动力成本上升较快，导致建筑成本不断上升。

当然，还有我国的建筑行业管理体制机制落后、设计水平不高等多种原因，这些都造成了我国建筑行业发展已经不能满足适应时代需求，落后于国外发达国家。

（2）装配式建筑的优点

装配式建筑有诸多优点，是解决当前建筑行业问题的重要途径和抓手。

装配式建筑与传统现浇施工方式相比，有提升建筑质量、提高效率、节约材料、节能减排、节省劳动力并改善劳动条件、缩短工期、方便冬期施工等优点，下面进行具体讨论。

1）提升建筑质量。装配式建筑并不是单纯的工艺改变——将现浇混凝土和其他环节的现场施工变为预制部品部件进行现场装配，而是对建筑体系与运作方式的变革，对建筑质量提升有推动作用。

①装配式建筑要求设计必须精细化、协同化。如果设计不精细，部品部件制作好了才发现问题，就会造成很大的损失。以此倒逼设计更深入、细化、协同，由此会提高设计质量和建筑品质。

②装配式建筑可以提高建筑精度。工厂化生产的部品部件比较容易实现高精度。例如，

现浇混凝土结构的施工误差往往以厘米计，而预制混凝土构件的误差以毫米计，误差大了就无法装配。预制混凝土构件在工厂模台上和精致的模具中生产，实现和控制品质比现场容易（如图 1-11）。预制构件的高精度会带动现场后浇混凝土部分精度的提高。

笔者在日本考察时看到表皮是预制混凝土墙板反打瓷砖的建筑，100 多 m 高的外墙面，瓷砖砖缝笔直整齐，误差不到 2mm。现场贴砖作业是很难达到如此精度的（图 1-12）。

图 1-11　应用于沈阳兆寰公司实验楼的预制构件—精致的带窗框的柱、梁、墙板一体化构件

图 1-12　世界最高的 208m 装配式建筑—日本大阪北浜大厦（精致的瓷砖反打外墙）

③装配式建筑可以提高混凝土浇筑、振捣和养护环节的质量。浇筑、振捣和养护是保证混凝土密实和水化反应充分、进而保证混凝土强度和耐久性的重要环节。现场浇筑混凝土，模具组装不易做到严丝合缝，容易漏浆；墙、柱等立式构件不易做到很好的振捣；现场也很难做到符合要求的养护。工厂制作 PC 构件时，模具组装可以严丝合缝，混凝土不会漏浆；墙、柱等立式构件大都“躺着”浇筑，振捣方便，板式构件在振捣台上振捣，效果更好；预制构件工厂一般采用蒸汽养护方式，养护的升温速度、恒温保持和降温速度用计算机控制，养护湿度也能够得到充分保证，养护质量大大提高。

④装配式建筑外墙保温可采用夹心保温方式，即“三明治板”，保温层外有超过 50mm 厚的钢筋混凝土外叶板，比常规的粘贴外保温板铺网刮薄浆料的工艺，其安全性可靠性大大提高，外保温层不会脱落，防火性能得到保证。最近几年，相继有高层建筑外保温层大面积脱落和火灾事故发生，主要原因是外保温层粘贴不牢、刮浆保护层太薄等。三明治板解决了这两个问题。当然，前提条件是夹心保温板内外叶板的拉结件设计合理、工艺正确和锚固牢靠，因为是在工厂里制作，故质量控制相对容易一些。

⑤装配式建筑实行建筑、结构、装饰的集成化、一体化，在大幅度提高精度的同时可以大量减少质量隐患。例如，装配式建筑门窗安装的严密性和保温性能得到大幅度提高，许多用户对此感受很深。

⑥装配式建筑是实现建筑自动化和智能化的前提。自动化和智能化减少了对人、对责任心等不确定因素的依赖。由此可以避免人为错误，提高产品质量。

⑦工厂作业环境比工地现场更适合全面细致地进行质量检查和控制。

⑧从生产组织体系上，装配式建筑将建筑业传统的层层竖向转包变为扁平化分包。层层转包最终将建筑质量的责任系于流动性非常强的农民工身上；而扁平化分包，建筑质量的责任由专业化制造工厂分担。工厂有厂房、有设备，质量责任容易追溯。

上海保利公司的平凉路住宅工程，只有25%预制率，但在结构测评中，装配式建筑与同一工地的现浇混凝土建筑的评分分别是80分和60分，装配式建筑高出20%。上海最近几年的装配式建筑，墙体渗漏、裂缝现象也比现浇建筑大大减少。

就抗震而言，日本鹿岛科研所的试验结论是：装配式建筑的可靠性高于现浇结构。据日本1995年阪神大地震的震后调查，装配式混凝土结构建筑的损坏比例也比其他建筑低。

表1-1是装配式混凝土建筑与传统现浇建筑质量的关系对比表。

表1-1 装配式混凝土建筑与传统现浇建筑质量的关系对比

类别	序号	项目	与现浇混凝土结构质量比较	说明
结构	1	混凝土构件强度	提高	
	2	混凝土构件尺寸精度	大幅度提高	
	3	混凝土外观质量	提高	可以不用抹灰找平，直接刮腻子
	4	构件之间的连接	现浇建筑没有此项	装配式建筑质量管理重点
	5	夹心保温构件内外叶板拉结	现浇建筑没有此项	装配式建筑质量管理重点
建筑	7	外围护结构表面质量	提高	
	8	外围护结构保温层质量	提高	
	9	门窗保温密实	提高	
	10	门窗防水	提高	
	11	墙体防渗漏	提高	连接节点按照设计要求施工的情况下
内装	12	内装质量	提高	
	13	整体收纳	提高	
	14	集成式厨房	提高	
	15	集成式卫浴	提高	
机电设备	16	机电设备管线敷设	提高	
	17	机电设备安装	提高	

说明：装配式混凝土建筑的基础、首层结构构件和顶层楼板按规范要求须现浇，这些部位的质量与现浇混凝土建筑一样。

2）提高效率。装配式建筑能够提高效率。半个多世纪前北欧开始大规模建造PC建筑[㊀]的初衷就是为了提高效率。

①装配式建筑是一种集约生产方式。结构部件和装饰部品等制作和安装可以实现机械

㊀ PC建筑，装配式混凝土结构建筑的简称，余同。

化、自动化和智能化，从而大幅度提高生产效率。欧洲生产叠合楼板的一个专业工厂，年产 120 万 m^2 楼板，生产线上只有 6 个工人（图 1-13）。而手工作业方式生产这么多的楼板大约需要近 200 名工人。由于大量应用预制构件和机械设备，施工现场安装也可以大幅减少人工（图 1-14）。

图 1-13　欧洲的 PC 制作工厂在用机械手安装叠合楼板磁性边模

图 1-14　日本的装配式建筑工地仅有一名员工在进行预制构件安装作业

②装配式建筑使一些高空作业转移到车间进行，即使没有搞自动化，生产效率也会提高。工厂作业环境比现场优越，工厂化生产不受气象条件制约，刮风下雨不影响构件制作。

③工厂比工地调配平衡劳动力资源也更为方便。

3）节约材料

①装配式建筑可以减少模具材料的消耗，特别是减少木材消耗。墙体在工地现场浇筑是两个板面支模，而在工厂制作只需有一个板面模具（模台）加上边模，模台和规格化的边模可以长期周转使用。PC 叠合板本身就是后浇叠合层的模具；一些 PC 构件是后浇区模具的一部分。有施工企业统计，PC 建筑节约模具材料可达 50% 以上。

②预制混凝土构件表面光洁平整，可以取消找平层和抹灰层。室外可以直接做清水混凝土或涂漆；室内可以直接刮“大白”。

③现浇混凝土使用商品混凝土，用混凝土罐车运输。每次运输混凝土都会有浆料挂在罐壁上，混凝土搅拌站出仓混凝土量比实际浇筑混凝土量大约需要多 2%，这些多余量都挂在了混凝土罐车上，还要用水冲洗掉。装配式建筑则大大减少了这部分损耗。

④装配式建筑工地不用满搭脚手架，从而减少脚手架材料的消耗，可节约 70% 以上。

⑤装配式建筑带来的精细化和集成化会降低各个环节如围护、保温、装饰等环节的材料与能源消耗。

⑥装配式建筑不能随意砸墙凿洞，会“逼迫”毛坯房升级为装修房，集约化装饰会大量节约材料。

⑦装配式建筑会节约原材料。不同的结构体系，不同的预制率，不同的连接方式，不同的装修方式，节约原材料的比率不同，最多可达到 20%。

当然，装配式建筑也有增加材料的地方，包括：结构连接的套筒和灌浆料、连接处的加密箍筋、夹心保温板外叶板与拉结件、局部加强构造增加的混凝土等，但这些增加的材料比起装配式建筑所节约的材料要少得多。

4）节能减排环保

①装配式建筑可节约原材料，最高达20%，自然会降低能源消耗，减少碳排放量。

②运输预制混凝土构件比运输混凝土减少了罐的重量和为防止混凝土初凝转动罐的能源消耗。

③装配式建筑会大幅度减少工地建筑垃圾，最多可减少80%。

④装配式建筑大幅度减少混凝土现浇量，从而减少工地养护用水和冲洗混凝土罐车的污水排放量。预制工厂养护用水可以循环使用。装配式建筑可节约用水20%~50%。

⑤装配式建筑会减少工地浇筑混凝土振捣作业，减少模板和砌块以及钢筋切割作业，减少现场支拆模板，由此会减轻施工噪声污染。

⑥装配式建筑的工地会减少扬尘。装配式建筑内外墙无须抹灰，从而可有效减少灰尘及落地灰等。

5）节省劳动力并改善劳动条件

①节省劳动力。装配式建筑把一部分工地劳动力转移到工厂，工地人工大大减少。综合看，装配式建筑会不会节省劳动力呢？

总体而言，装配式建筑会节省劳动力。节省多少主要取决于预制率的高低、生产工艺自动化程度和连接节点设计。

A. 预制率高，模板作业人工大幅度减少。工厂模具可以反复使用，工厂组模拆模作业的用工量也比现场少。预制率高也会大幅度减少脚手架作业的人工。

B. 工厂钢筋加工可以实现自动化或半自动化，构件制作生产线自动化程度高，会大幅度节省人工。如果生产线只是移动的模台，就节省不了多少人工。欧洲生产叠合楼板、双面叠合剪力墙、无保温墙板和梁柱板一体化墙板的生产线，自动化程度非常高，节省劳动力的比例很大，构件制作环节最多可以节省人工95%以上。日本生产PC柱、梁和幕墙板的工艺自动化程度不高，工厂节约劳动力的比例就不大。

C. 结构连接节点简单，后浇带少，可以节省人工；连接节点复杂，后浇带多，节省人工就少。

我国目前剪力墙结构的预制构件出筋多且复杂，后浇带也多，节省劳动力就不明显。

欧洲装配式建筑的连接节点比较简单，或由于建筑高度不高，或由于抗震设防要求不高，或由于科研充分，经验丰富。

一般而言，装配式建筑节省劳动力可达到50%以上。但如果预制率不高，生产工艺自动化程度不高，结构连接又比较麻烦或有比较多的后浇区，节省劳动力就比较难。

从总的趋势看，随着装配式建筑连接节点的简化、预制率的提高，部品部件的模数化和标准化得到普及推广，生产工艺自动化程度就会越来越高，节省人工的比率也会越来越大。

②改变建筑从业者的构成。装配式建筑可以大量减少工地劳动力，使建筑业农民工向产业工人转化，提高素质。装配式建筑会减少建筑业蓝领工人的比例。由于设计精细化和拆分设计、产品设计、模具设计的需要，还由于精细化生产与施工管理的需要，白领人员比例会有所增加。由此，建筑业从业人员的构成会相应发生变化，知识化程度得以提高。

③改善工作环境。装配式建筑把很多现场作业转移到工厂进行，高处或高空作业转移到平地进行；风吹日晒雨淋的室外作业转移到车间里进行（图 1-15）；工作环境大大改善。工厂的工人可以在工厂宿舍或工厂附近住宅区居住，不用住工地临时工棚。装配式建筑使很大比例的建筑工人不再流动，定居下来，解决了夫妻分居、孩子留守等社会问题。

④降低劳动强度。装配式建筑可以较多地使用设备和工具，工人劳动强度大大降低。

6）缩短工期。装配式建筑缩短工期与预制率的高低有关，预制率高，缩短工期就多些；预制率低，现浇量大，缩短工期就少些。北方地区利用冬季生产构件，可以大幅度缩短总工期。

就结构施工而言，装配式建筑达到熟练程度后比现浇建筑会快点，但一层楼也只能节省 1 天多点，缩短工期不是很多。但就整体工期而言，装配式建筑却可以大大缩短工期。原因在于，装配式建筑减少了现场湿作业，外墙围护结构与主体结构一体化完成，其他环节的施工也不必等主体结构完工后再进行，可以尾随主体结构的进度，相隔 2 ~ 3 层楼即可。如此，当主体结构封顶时，其他环节的施工也接近结束。

对于全装修房，装配式建筑缩短工期更显著。笔者在日本考察时看到一座 45 层的超高层建筑工地，主体结构刚刚封顶，装修已经干完 42 层了，连地毯都铺好了（图 1-16），水暖电和煤气已经开始试电试气了。

图 1-15 整洁、干净的 PC 制作工厂

图 1-16 日本装配式建筑工地——结构作业层以下 3 层可以铺地毯

7）有利于作业安全。装配式建筑有利于作业安全，主要体现在：

①工地作业人员大幅度减少，高处、高空和脚手架上的作业大幅度减少。

②工厂作业环境和安全管理的便利性好于工地。

③部品部件生产线的自动化和智能化进一步提高了生产过程的安全性。

④工厂工人比工地工人相对稳定，安全培训的有效性更强。

8）有利于冬期施工。装配式建筑构件的制作在冬期不会受到大的影响。工地冬期施工，可对构件连接处做局部围护保温，叠合楼板现浇可用暖被覆盖，也可以搭设折叠式临时暖棚。PC 建筑冬期施工的成本比现浇建筑低很多。

(3) 推广装配式建筑应注意的事项

装配式建筑以上这些优点，涵盖了装配式建筑对建筑质量、提高效率、节能减排等方面的优势，这些也是政府力推装配式建筑的主要原因。对于行业发展本身，我们更应该认识到这是对建筑行业转型升级的一次重要机遇。除了结构系统的预制装配外，还有三个方面应当予以重视：

1）推广装配式建筑必须要求进行全装修，两者“相伴相生”。从国外经验来看，无论是建筑发达国家，还是欠发达国家，几乎都进行全装修，全装修对减少建筑垃圾、扬尘、噪声等具有重要作用，特别是只有进行全装修才能体现装配式建筑如提升建筑品质、提高效率、缩短工期等优势。

2）借力推广装配式建筑，提倡实行管线分离，减少埋设管线对建筑结构的影响和破坏，延长建筑寿命，也方便建筑寿命周期内的再次装修。

3）推广装配式建筑会带来夹心保温外墙模式的大量运用。而推进夹心外墙保温模式，会带来防火性能、安全性能和保温性能的提升。

综上所述，我国装配式建筑推广势在必行，也必将带来建筑行业的一次大革命和大改观。

4. 装配式建筑发达国家和地区是怎样发展起来的？有什么特点？

（1）欧美、日本等装配式建筑发达国家的发展历史

国外装配式建筑的发展源于工业革命、城市化以及建筑美学的变化（图 1-17、图 1-18），大规模的装配式建筑在第二次世界大战之后得到迅速发展。

图 1-17　建筑立面极其复杂的欧洲建筑——巴黎圣母院

图 1-18　建筑立面极简的建筑——装配式混凝土住宅

建筑工业化是随着西方资本主义工业革命出现的一个概念，最早可以追溯到 18 世纪 50 年代。当时工业革命对纺织、汽车、造船等工业领域都产生了巨大的影响，生产效率迅速提高，产品质量大幅提升，工业产品的标准化、机械化程度不断提高。随着大工业的崛起，以及城市发展和技术进步，建筑业的发展也受到了深刻的影响。

世界上第一座现代建筑——伦敦博览会主展览馆——水晶宫（图 1-19），就是一座钢结构装配式建筑。“水晶宫”是由英国园艺师约瑟夫·帕克斯顿（Joseph Paxton）设计，专为 1851 年伦敦第一届世界工业产品博览会建造。“水晶宫”共用去铁柱 3300 根，铁梁 2300 根，玻璃9.3万m^2，从1850年8月到1851年5月，总共施工不到九个月时间。“水晶宫”是工业革命和科技革命的产物，运用现代建筑技术、材料与工艺建造的现代建筑，开辟了人类建筑形式的新纪元。

图1-19 世界上第一座现代装配式建筑——英国水晶宫

20世纪初期，有人明确提出大规模采用装配式建筑的主张。现代建筑的领军人物，20世纪世界四大著名建筑大师之一的格罗皮厄斯在1910年提出：钢筋混凝土建筑应当预制化、工厂化。20世纪50年代，另一位世界四大著名建筑大师之一的勒·柯布西耶设计了著名的马赛公寓，采用了大量的预制混凝土构件（PC构件）。

建筑领域大规模装配式化始于北欧。20世纪60年代，瑞典、丹麦、芬兰等北欧国家由政府主导建设“安居工程”，大量建造装配式混凝土建筑（PC建筑），主要是多层“板楼”。瑞典当时人口只有800万左右，每年建造安居住宅多达20万套，仅仅5年时间就为一半国民解决了住房。北欧冬季漫长，气候寒冷，夜长昼短，一年中可施工时间比较少。北欧国家大规模搞PC建筑主要是为了缩短现场工期，提高建造效率和降低造价。北欧人冬季在工厂大量预制PC构件，到了可施工季节再到现场安装。北欧的PC建筑获得了成功，不仅提高了效率，降低了成本，也保证了质量。北欧经验随后被西欧其他国家借鉴，又传至东欧、美国、日本、东南亚……

20世纪一些著名的建筑大师都热衷于装配式建筑，包括沙里宁、山崎实、贝聿铭、扎哈、屈米、奈尔维等，都设计过装配式建筑。

下面，以PC建筑为例，简要将装配式建筑发达国家和地区做一简要介绍：

欧洲高层建筑不是很多，超高层建筑更少，PC建筑大多是多层框架结构和连接构造比较简单的多层剪力墙结构（比如双面叠合剪力墙结构）。欧洲的PC制作工艺自动化程度很高，装配式建筑的装备制造业也非常发达，居于世界领先地位。目前欧洲PC建筑占总建筑量的比例在30%以上。

日本是世界上PC建筑运用得最为成熟的国家。日本高层超高层钢筋混凝土结构建筑很多是PC建筑（见文前彩插C01）。日本多层建筑较少采用PC装配式，因为层数少，模具周转次数少，搞PC装配式造价太高。

PC建筑技术已经发展了半个多世纪，在发达国家积累了很多成熟的经验。日本的超高层PC建筑经历了多次地震的考验。目前PC建筑技术已经是一项非常成熟的技术。

日本的PC建筑多为框架结构、框-剪结构和筒体结构体系，预制率比较高。日本许多钢结构建筑也用PC叠合楼板、PC楼梯和PC外挂墙板。

韩国、新加坡和我国的台湾、香港地区的PC建筑技术与日本接近，应用比较普遍，但比例不像日本那么大。目前，亚洲的PC化进程正处于上升期。

北美PC建筑比欧洲和日本少。因为北美住宅大多是别墅和低层建筑，多用木结构建造。北美 PC 建筑主要用于多层建筑，包括 PC 墙板、预应力楼板等。

混凝土预制化是大规模建设的产物，也是建筑工业化进程的重要环节。早期钢筋混凝土结构建筑，每个工地都要建一个小型混凝土搅拌站；后来，有了商品混凝土，集中式搅拌站形成了网络，取代了工地搅拌站；再进一步，PC 构件厂会形成网络，将部分取代商品混凝土。

（2）装配式建筑发达国家发展历程的特点

发达国家装配式建筑发展分为三个阶段：一是初级阶段，重点解决的是建立工业化生产体系，满足成本低、大批量、快速建造；二是发展阶段，重点解决住宅质量和性价比，在质量和多样性方面进步较快，效益明显提高；三是成熟期，转向低碳化、绿色发展，成为绿色建筑主力军，而且材料可回收利用。我们目前毫无疑问应处于初级阶段，但我们要解决的却是三个阶段的任务，任重而道远。

从三个阶段来看，每个国家都走出了自己的独特道路。日本率先在工厂生产出抗震性能较好的装配式住宅。美国注重低层建筑，低层装配式住宅的体系非常完善。法国推行的装配式建筑讲究美观、人性化，而且模数化方面处理得很好。瑞典是装配式住宅最发达的国家之一，60% 以上的住宅都是装配式建筑。丹麦的装配式住宅的比例也很高。

5. 装配式建筑发达国家发展过程有哪些经验教训？

我们要借鉴装配式建筑发达国家发展的经验和教训，首先就要看它的发展历程和特点。

（1）从发展历程来看

装配式建筑（建筑工业化）起源于欧洲，第二次世界大战后得到快速发展，基于以下几个条件：

1）社会背景。战争损坏大量房屋，战后欧洲经济迅速发展，人口向城市集中，房荒严重。劳动力不足，传统技工缺乏。传统的建筑施工效率很低，不能适应当时所面临的房屋增长的迫切需要。

2）技术基础。工业的底子厚，战后恢复和发展都迅速，有较充裕的水泥、钢材和施工机械等，为装配式建筑（建筑工业化）的推行提供了更为有利的条件。

3）完善的预制装配式建筑产业链。高校、研究机构和企业研发提供了技术支持；建筑、结构、水暖电协作配套；施工企业与机械设备供应商合作密切；机械设备、材料和物流先进，摆脱了固定模数尺寸的限制。

从发展到基本成熟一般都经历了至少 20 年，到 20 世纪 70 年代，装配式建筑（建筑工业化）在欧洲具有较高水平，比如东欧的民主德国、匈牙利、捷克斯洛伐克、苏联等工业化水平达到 50% ~90%；西欧的英国、丹麦、荷兰、挪威、法国等工业化水平达到 20% ~40%。

（2）从各个国家（地区）的装配式建筑特点来看

英国—选择发展钢结构的道路，新建项目中钢结构占 70%。英国在发展钢结构过程中，英钢联起到了关键作用。

图 1-20　民主德国的大板住宅

德国—特别是 20 世纪 70 年代民主德国是工业化水平最高的国家，工业化水平达到 90%，多采用多层大板式装配住宅（图 1-20）。

法国—预制混凝土结构的道路。从第二次世界大战以后开始发展，直到 20 世纪 80 年代逐渐建立体系，绝大多数为预制混凝土；基本实现了构造体系、尺寸模数化，构件标准化。

丹麦—产业化发达，产业链完整，以混凝土结构为主。强制要求设计模数化；预制构件产业发达；结构、门窗、厨卫等配件标准化；装配式大板、箱式模块等结构体系较多。

瑞典—木结构建筑较多。装配式木结构及其产业链完整且发达，发展历史上百年，涵盖低层、多层甚至高层，90% 的房屋为木结构建筑。

美国—多元化发展，预应力预制构件应用广，全装配式建筑比较多。多层的停车场大部分都是全装配式建筑；建材产品和部品部件种类齐全；构件通用化水平高，基本实现商品化供应；部品部件品质有明确的年限保证。

加拿大—混凝土装配化率高；类似美国，构件通用性高；大城市多为装配式混凝土和钢结构；小镇多为钢或钢-木结构；抗震设防烈度 6 度以下地区，基本采用全预制混凝土结构（含高层）。

此处，简要介绍加拿大蒙特利尔著名的装配式盒子建筑（图 1-21、图 1-22），该建筑建成于 1967 年，是为了蒙特利尔世界博览会建造的专门为了展示建筑工业化成就的示范项目。盒子建筑的设计师是莫谢 · 萨夫迪。他用 354 个盒子组成了包括商店等公共设施的综合性居住区，名为“Habitat 67”（67 号栖息地）。该建筑既保持了建筑的艺术本质，又不失艺术的个性化特征。盒子建筑是工业化的成果，但又不是呆板的千篇一律的形象，是建筑面向未来的积极探索和尝试。

图 1-21　加拿大蒙特利尔盒子建筑

图 1-22　盒子建筑在施工吊装中

日本—多高层集合住宅主要为钢筋混凝土框架；工厂化水平高，装修、保温、门窗等基本实现了集成化设计和安装；同时，政府通过立法来保证混凝土构件的质量；在地震烈度高的地区，实行装配混凝土减震隔震技术。

新加坡—政府作用显著，无地震，剪力墙为主：新加坡约80%的住宅由政府建造，20年快速建设；组屋项目强制装配化，装配率70%；大部分为塔式或板式混凝土多高层建筑；装配式施工技术主要应用于政府提供的租住房建设。

中国香港—住宅以内浇外挂为主：20世纪八九十年代，在政府公屋中试行预制楼梯和内墙板；目前基本实现了集成门窗、装饰的预制外墙板；装配式建筑体系仍不完善，运营管理一般。

（3）通过发展历程和各个国家（地区）的特点总结来看

装配式建筑的发展与社会经济、地理环境、科技水平和产业配套等条件息息相关。我们可以总结出如下特点：

1）市场主导、政府引导的方式发展。比如北欧国家是最早一批政府推动装配式建筑应用的国家，是基于北欧冬天长、夏天短、夜晚长、白天短带来的可施工时间短，以及人工费高并急需大量住宅等原因。而装配式建筑可以做到大规模建设、速度快、价格低等，虽有政府推动，但实际还是市场起主导作用。现在日本大量应用预制混凝土建造超高层建筑、美国大量采用全装配停车楼等，主要是因为省钱的经济因素，这就是市场起主导作用的最好的例证。

2）选择适合的装配式建筑发展技术路线。法国、丹麦以装配式混凝土建筑为主；英国走了钢结构建筑道路；瑞典木结构较多；更多的国家选择多元化发展的道路。

3）完善法律法规可促进装配式建筑发展。美国工业化住宅建设和安全标准为建材产品和部品部件产业发展奠定了基础；日本通过立法来保证混凝土构件的质量。

4）完备的装配式建筑产业链十分关键。比如，装配式建筑高度发达的英国和德国，具有较为完备的装配式建筑全产业（供应）链和配套部品部件体系。

5）技术基础和进步十分关键。装配式建筑发达国家，无一例外都具有基本建筑体系和关键技术、较完备的产业化技术工人、较高的工业化部品部件生产质量水平、较完善的部品部件物流体系、质量管理和评价体系等。

6）认证和评价制度可提升质量水平。比如日本的优良部品认证制度、美国的“节能之星”评价制度等，通过这些认证和评价制度都倒逼了产业整体水平的提升。

当然，国外装配式建筑的发展历程中，也出现过一些比较严重的问题，值得我们在推进过程中引起足够的重视，最主要就是要警惕“大跃进”现象。笔者认为一定要坚持循序渐进的原则。纵观国外装配式建筑发达国家的时间跨度，都是经过至少十几年、数十年才逐渐发展完善起来的。

图1-23　伦敦倒塌的装配式建筑公寓

这里有一个惨痛的例子，1968年伦敦Ronan Point公寓倒塌事件（图1-23），该公寓是一栋22层的装配式钢筋混凝土板式结构的建筑。由于一名住户不小心引起煤气泄漏导致爆炸，爆炸破坏了该单元的外墙板和局部楼板，上一层的墙板在失去支承后同时坠落，造成连续破坏，使得 22 层高楼的一个角区从上到下一直坍到底层的现浇结构为止。这个事件后来导致英国国内数以百计的类似高层公寓被认为不安全而被拆除，公寓的连续倒塌事故引起了国际结构工程界的高度重视，并开展了广泛的讨论，由此确立了结构设计的又一个重要原则，即结构内发生一处破坏不应造成整体的连续倒塌。我们在此事故中应当看到，我国在推进装配式建筑初期，还缺少足够的能力和成熟的经验，特别是广泛应用在住宅上的高层建筑剪力墙结构体系，在世界其他国家还没有大量成熟的装配式建设案例。因此，我们尤其需要采取稳妥的方式推进，以保证其健康有序地发展。

6. 我国装配式建筑发展经历了怎样的历程？有哪些教训？

（1）发展历程

我国的装配式建筑发展经历了三个阶段：

1）发展初期（1950 ~ 1979 年）。我国从 20 世纪 50 年代开始研究建筑工业化，主要技术来自苏联。1956 年，国务院发布《关于加强和发展建筑工业的决定》指出："为了从根本上改善我国的建筑工业，必须积极地有步骤地实行工厂化、机械化施工，逐步完成对建筑工业的技术改造，逐步完成向建筑工业化的过渡。"经过 20 多年的实践，完善了建筑标准化，建立了工厂化和机械化的物质技术基础。在一些大中城市和工矿区，因地制宜地发展了传统技术和现代技术相结合的建筑体系，并逐步向一个城市、一个地区开始推进全面建筑工业化的方向发展。据 1983 年统计，我国已编制建筑通用标准图 924 册，不少地区编制了本地区的统一产品目录；在 1982 年新建的住宅建筑中，采用工业化建筑体系的比重，北京市已高达 70%，不少城市也在 20% 以上。

2）发展起伏期（1980 ~ 1995 年）。20 世纪 80 年代初期，现浇混凝土工艺日渐成熟，预拌商品混凝土应运而生，混凝土结构的抗侧力进一步提升，建筑开始向高层快速发展。

20 世纪 80 年代末、90 年代初，由于装配式建筑防水、冷桥、隔声等一系列技术质量问题逐渐暴露，提高抗震能力的技术也没有突破性发展，同时改革开放带来的商品住宅个性化要求不断提高，装配式建筑的发展明显降温。

3）发展提升期（1996 ~ ）。1999 年，国务院发布了《关于推进住宅产业现代化　提高住宅质量的若干意见》（国务院办公厅 72 号文件），明确了住宅产业现代化的发展目标、任务、措施等。原住建部还专门成立住宅产业化促进中心负责推进此项工作，由此住宅产业化工作在业内得到宣传和推进，装配式建筑的发展又进入了一个新的阶段。

从 2005 年万科建造工业化试验楼开始，我国正式开始进入装配式建筑项目推进期。一些地方政府，如沈阳、深圳、北京、上海、山东、合肥等省市基于发展经济、减少雾霾等原因，大力推动装配式建筑项目建设，装配式建筑得到较快发展。

2016 年是我国推进装配式建筑具有划时代意义的一年。在这一年里，国家层面出台了两个具有重要意义的文件：一是年初，中共中央下发《中共中央　国务院关于进一步加强城市规划建设管理工作的若干意见》文件，明确规定"大力推广装配式建筑，力争用 10 年左右时间，使装配式建筑占新建建筑的比例达到30%”；二是9月27日，国务院下发《国务院办公厅关于大力发展装配式建筑的指导意见》（国办发【2016】71号）文件，明确规定“以京津冀、长三角、珠三角三大城市群为重点推进地区，常住人口超过300万的其他城市为积极推进地区，其余城市为鼓励推进地区，因地制宜发展装配式混凝土结构、钢结构和现代木结构等装配式建筑。”

由此，我国装配式建筑推进正式上升到国家层面，已从几年前的“星星之火”，成为“燎原之势”。

（2）经验教训

从我国装配式建筑的这三个发展阶段来看，走了很多弯路，但也为我们当前推广装配式建筑提供了很多经验教训：

1）引进国外经验，不能盲目照搬、不加消化地吸收、脱离中国实际。从新中国建国伊始，国家建设多方面照搬苏联经验，房屋建筑引进苏联大板建筑体系，但是该体系较少考虑抗震问题，而我们不加分析地照搬，导致存在诸多抗震方面的隐患。另外，由于对大板体系研究不透彻，还带来了防水、隔声等许多问题，老百姓认可度低。因此，在当前我们大力推进装配式建筑中，依然要认真地学习国外先进国家的成功经验，力求缩短起步期，但仍然要坚持“引进、消化、吸收、提升”这个规律，拿来就用绝对不可行。

2）坚持先易后难、循序渐进的发展思路。先试验研发，再试点应用，成功后全面推开，要遵循循序渐进的思路前进。不可操之过急，急于求成，不能搞大跃进式的发展模式，要用久久为功的心态推进装配式建筑。

3）积极推进标准化工作。20世纪70年代末到80年代初，北京等地区已经建立了一整套标准化设计及生产等较为成熟的技术体系，如北京市通用全装配化住宅体系等，这些成果使得北京市在该年代工业化程度高达70%，因此，推进标准化工作仍是我们今后要坚定不移大力推进的重要工作。

7. 为什么我国装配式建筑从21世纪开始迅速发展？政府推动装配式建筑的目的和意义是什么？

在第6问中，我们介绍了我国装配式建筑发展的历程。进入21世纪，我国的装配式建筑进入了一个新的发展阶段，并在政府的强力推动下，逐渐进入发展的快车道，下面我们分别来讨论这一现象的原因：

（1）推动我国装配式建筑发展进程，缩小与发达国家的差距

欧美、日本等装配式建筑发达国家多数是从20世纪50年代开始发展的，现在已经进入到成熟期，转向了低碳、绿色发展的轨道上。而我国经历了从20世纪80年代、90年代停滞期后，到目前才仅发展了10年左右时间，已经全面落后于这些发达国家。为了快速缩小这种差距，也为了建筑业尽快进入工业化时代，无论是从国家层面还是地方政府层面，都纷纷出台政策推动装配式建筑发展。

（2）提高建筑标准与质量，减少杜绝传统建造方式的质量通病

传统建筑业的建造方式大多以密集型的人工作业为主，工人工作条件差、生产效率低、工程安全和质量问题时有发生，且能耗大、环境污染严重，积累的矛盾和问题日益突出。而装配式建筑是以构件预制化生产和装配式施工为生产方式，以建筑工业化为新型生产模式，力求通过这些手段来解决传统建筑业的通病。

（3）落实节能减排的基本国策的需要

中国经济的高速发展，不可避免地对资源与环境带来了极大的压力。特别是一些高耗能、粗放型产业，给环境带来了极大的破坏和污染，有的甚至威胁到人们的生存和身体健康，老百姓意见极大，政府压力剧增。传统建筑业即属于高耗能、粗放型产业，对资源和环境都有较大破坏，比如雾霾方面，依据一些媒体报道，北京和上海等城市的雾霾，传统建筑业贡献率高达 10% ~20%。国家也正是在这样的大背景下，不遗余力地推动节能减排，而装配式建筑的优势正契合了节能减排的需要。因此，推进建筑业转型升级、大力发展装配式建筑也是落实节能减排基本国策的需要。

（4）建筑领域供给侧改革的需要

2015 年 12 月，中央经济工作会议明确提出去产能、去库存、去杠杆、降成本、补短板等五大任务，“供给侧改革”正式成为国家战略。而供给侧改革就是从供给、生产端入手，就是要清理僵尸企业，淘汰落后产能，将发展方向锁定新兴领域、创新领域，创造新的经济增长点。而在“供给侧改革”的政策背景下，建筑行业必须改变传统的劳动密集型、粗放式的生产方式，推行建筑工业化，推动装配式建筑发展。

（5）培育新的经济增长点

我国从改革开放伊始，多年来保持了较高的经济增速。进入新世纪以来，特别是从 2008 年国际金融危机之后，我国经济增速逐渐放缓，经济进入“新常态”，传统行业产能过剩严重，增速乏力，急需新兴领域创造新的经济增长点。

沈阳、山东、合肥等省市无不出于此目的发展装配式建筑，力求通过推进建筑业的转型升级，打造新的产业，创造新的经济增长点。沈阳市在 2009 年开始推进之时，明确提出依托城市的工业基础、产业工人等优势，发展现代建筑产业（明确提出发展产业），打造千亿产业链；山东也是基于经济增长点考虑，其中重点之一是化解钢产能，将山东莱钢集团纳入到装配式建筑产业链中。湖南、合肥等省市也都基于此目的。地方政府出于经济因素的内生动力，因此装配式建筑在我国一些省市得到了快速推进。

以上分析，也即是政府推动装配式建筑的目的和意义。

笔者认为，政府在大力推动装配式建筑的同时，要特别注意把握好政府与市场的角色定位，既要“大有作为”，又要“减少作为”。在保证装配式建筑结构安全的条件下，在实现三个效益（即经济效益、环境效益和社会效益，在第 2 章第 55 问中有较为详细的论述）以及协同推进绿色建筑发展方面，政府一定要“大有作为”。在具体的相关企业如何经营运作、预制部品部件价格等方面，政府要淡化作用，要“减少作为”。

8.“用 10 年左右的时间，装配式建筑占新建建筑面积的比例达到 30%”意味着什么？

中央提出的“用 10 年左右的时间，装配式建筑占新建建筑面积比例达到 30%”的目标，将是人类建筑史上，特别是装配式建筑史上一次史无前例的大事件，它将呈现出前所未有的速度、规模、跨度和难度。

从国外的经验看，大多数国外装配式发达国家都是经过几十年的时间，才能达到30%以上比例，日本较高，接近60%。而我国要用10年时间达到其他国家半个世纪的速度，所以说是前所未有的速度；建设量如此巨大，是前所未有的规模；起点低，目标高，是前所未有的跨度；以上三个原因，构成了前所未有的难度。

基于以上讨论，我们可以看到这个目标已经给每一位从业者和企业都带来了极大的挑战，同时也给相关从业者和企业提供了一次难得的历史机遇。

下面，我们利用量化推演，来更好地理解它。

引用我国《2016年建筑业发展统计分析》报告的数据，即：2015年我国建筑业总产值为180757亿元，2016年我国建筑业总产值为193567亿元。以住房和城乡建设部十三五规划建筑业增长率5.5%为标准，预计到2026年建筑业总产值将达到33万亿，房屋工程建筑建筑业总产值一般占建筑业总产值的三分之二，那么房屋工程建筑建筑业总产值将达到22万亿，装配式建筑占新建建筑比例为30%，到2026年装配式建筑的市场规模将在6万亿左右。

据国家统计局的公布数据，我国住宅新开工面积从2005年开始就进入到5亿m^2以上，直到2016年，基本保持在5亿~10亿m^2的体量。到2026年，按照低值5亿m^2全年住宅新开工面积不变推算，我国的装配式建筑的体量将达到至少1.5亿m^2。

以上这些推演数据都是假设的，无论是建筑业产值还是住宅新开工面积都是受多重因素影响的。但基于我国人口众多，城镇化进程尚有巨大空间的现实分析，建筑业在10年之后在我国国民经济中仍将占有较大比重，市场体量仍会保持在一个较高水平。因此可以预测，我国的装配式建筑体量在10年之后仍将达到一个极高的数量级，市场前景巨大。

9. 建筑工业化与供给侧改革是怎样的关系？

供给侧改革是一种寻求经济新增长、新动力的新思路，主要强调通过改变社会供给来促进经济增长。

2015年12月，中央经济工作会议明确提出去产能、去库存、去杠杆、降成本、补短板等五大任务，供给侧改革进入市场的视野，正式成为国家战略。

供给侧改革是从供给、生产端入手，通过解放生产力、提升竞争力促进经济发展。具体而言，就是要求清理僵尸企业，淘汰落后产能，将发展方向锁定在新兴领域、创新领域，创造新的经济增长点。供给侧改革不是针对经济形势的临时性措施，而是面向全局的战略性部署。从内涵和战略部署来看，供给侧改革要促进过剩产能有效化解，并降低成本。

通过综合分析，供给侧改革对建筑业的影响主要表现在以下四个方面：

（1）生产方式方面

生产方式对建筑行业的影响是深远而显著的。在供给侧改革的政策背景下，建筑行业必须改变传统的劳动密集型、粗放式的生产方式，推行建筑工业化和生产经营集约化，加强多方合作，丰富合作方式和模式，比如推动设计与施工一体化的工程总承包模式。

(2) 要素投入方面

要素投入本身就是供给侧改革的重要内容之一，因此，建筑业应改善劳动力的供应、加大创新要素的投入、加强建筑信息化建设的投入，从而应对建筑业从业者人数尤其是高质量人才不足的困境，促进建筑产业和建筑企业转型升级的实现，形成互联互通的四库一平台、企业内部管理信息系统、BIM技术、互联网技术等信息技术在建筑行业的整合应用，提升建筑业的创新能力和科技含量，提高各建筑相关要素的利用效率。

(3) 产业结构方面

产业结构也直接关系到建筑业的供给能力和水平，因此，建筑业需控制产能过剩类行业工程的增加，加大民生类工程和绿色、智能类新型建筑工程的投资和政策支持，如装配式建筑等工程项目。

(4) 配套措施方面

任何一项措施或变革都需要配套制度的支持才能真正落实。为配合建筑业供给侧改革的实施，需加速和深化建筑业简政放权，持续推进市场化；大力推动国有建筑企业混合所有制改革、增强国有建筑企业的经营活力；逐步推出减税政策降低建筑企业税务负担；完善金融体制改革和体系，丰富建筑企业融资渠道、降低其融资成本。

建筑工业化对建筑业生产方向的引领

建筑工业化是一种新型建筑方式，它改变了传统建筑行业中原有的手工作业、粗放型的建筑方式，利用高科技和信息工业化的手段，在流水线上建好房子的“零部件”，再在现场进行装配，对推动我国传统建筑行业转型升级意义重大。2015年以来，我国“十三五规划建议”中重点提出要推广“建筑工业化”；同年结束的中央城市工作会议上，中央再次强调要“建立健全经济、适用、环保、节约资源、安全的住房标准体系”，逐步解决中国“城市病”问题；《国家新型城镇化规划（2014～2020年）》中，提出要强力推进建筑工业化，并将“积极推进建筑工业化、标准化，提高住宅工业化比例”作为建设重点之一。

在供给侧改革对建筑业的四个方面的影响中，建筑生产方式的影响应是最根本和最广泛的。其中，建筑工业化又应该是最为重要的部分。因为建筑工业化的推行和应用能够提高生产效率，同时有助于模数化和标准化；整合建筑业和建筑企业的资源，将建筑行业整体资源的作用最大化，实现多方共赢；通过标准化和集中的生产方式，减少材料损耗和对环境的污染；提高建筑产业链的运营效率，并降低建筑企业的运营成本。

与传统建筑方式相比，建筑工业化的生产方式在工期、产品质量、安全性能和节能环保等方面都有着明显的优势。

在节能方面，建筑工业化能大幅提高建筑品质，节能效果优势明显。比如，在寒冷的北方地区，房屋如果在外墙做保温层，在防火技术方面就较难达到要求。通过建筑工业化手段，采用预制夹心保温墙体，将保温层做到墙体中间，兼顾了防火安全和节省空间的问题，比传统建筑大概要提高40%～50%左右的节能效率。

在安全性能方面，建筑工业化从生产方式开始转变，极大提高了安全性能。传统建筑行业之所以会暴露出一些建造质量问题，是因为在施工的过程中发生了偷工减料、不按照既定标准执行的情况。而工业化的方式则基本杜绝了这种可能性。因为生产线的机器是严格按照图样的参数进行生产制造，而且每一件建筑产品的生产来源都是可追溯的，这些特点都确保了工业化的建筑手段比传统的建筑业要更稳定、更标准、更安全。

站在国家层面上，建筑工业化的优势同样突出：现场施工周期仅为传统方式的1/4～2/3，用工量也大大减少，施工现场无粉尘、噪声、污水等污染，可节水、节能、节材，而且解决了保温、防水抗渗、不隔声等建筑通病。在国家大力提倡转型升级的今天，建筑工业化势在必行。

同时，建筑工业化不但为农民工提供了一个工作岗位，更重要的是为他们提供了一个“市民保障”。在部品部件制造企业里，他们可以转化为职业技术工人，甚至更高层次的技术管理人员，职业生涯发生了很大改变，自身价值也得到了最大化实现。而新型城镇化的重点发展方向是智能、绿色和低碳，所以，新型城镇化呼唤绿色、智能和宜居的建筑产品，它要求建筑产业改变高消耗、高投入、低收益的现状，因此，建筑工业化可以和新型城镇化互相促进，互相成就。

供给侧改革在生产方式、要素投入、产业结构和配套措施方面为建筑业的发展清除了障碍，明确了建筑业作为产品供给方的地位，指出了其不同层面的改革方式；建筑工业化则代表了最先进的生产方式，能够从工期、产品质量、安全性能和节能环保效率等方面为建筑业带来显著变化，彻底扭转建筑业在社会上固有的从业人员素质低、资源消耗大且污染严重、生产方式粗放的刻板印象，同时通过提高全要素生产率的方式改善我国建筑企业竞争力。供给侧改革战略和建筑工业化互为促进，相辅相成，必将形成一股强大的合力，为我国建筑业的发展创造新机遇。

10. 我国发展装配式建筑的条件和模式与国外有什么不同？

装配式建筑发达国家在发展过程中也不是都相同的，包括市场环境、政府政策、居住习惯、社会配套能力等原因，都会导致发展模式的差异。这里，我们重点对比我国现阶段发展的条件和需要解决的问题与欧洲一些主要国家第二次世界大战之后快速发展阶段的差异对比。

（1）发展装配式建筑的初衷有所不同

我国发展装配式建筑特别是地方政府层面（因为初期主要还是政府推动）的初衷是解决环保问题、减少建筑质量通病、消化落后产能和打造新兴产业等。而欧洲在推进初期重点解决的是建立工业化生产体系，满足成本低、大批量、快速建造等。进入发展阶段，才是重点解决提高住宅质量和性价比，近些年进入成熟期，转向了低碳化和绿色的目标。而我们当前要解决的却是欧洲三个阶段所需要解决的问题。

（2）建筑结构形式不同

剪力墙结构是中国多层和高层住宅用得最多的结构形式，但国外应用不多，关于剪力墙结构装配式建筑的研究和实验比较少，可供借鉴的经验有限。剪力墙结构的PC化还有许多研发课题和试验工作需要深入，是我国PC化最需要攻克的堡垒。另外，剪力墙装配式建筑还存在不易拆改等许多先天问题，未来我国的PC装配式建筑的结构形式走向何方仍需要大量实践来检验。

(3) 住宅形式不同

欧洲住宅主要以低、多层建筑为主，我国特别是大中型城市以高层为主，低、多层为辅。

(4) 建设项目组织形式不同

在新中国建国初期，由于受苏联计划体制影响，设计与施工是分开的，而欧洲主要是以工程总承包或建筑师总负责制为主。而在推进装配式建筑工作中，毫无疑问工程总承包或建筑师总负责制更为有利。

这些不同点，都需要我们在推进过程中，不可拿来就用，需要小心甄别。

11. 装配式建筑有什么缺点？我国推进装配式建筑有哪些难点？

(1) 装配式建筑的缺点

装配式是建筑工业化的趋势，但它既不是万能的，也不是完美的，存在一些不足。

1) 与个性化的冲突。严格意义上讲，就某一个建筑而言，装配式与建筑艺术性是不冲突的（本书第 1 章第 22 问有较为详细的论述）。但是成规模的应用，就存在一定冲突。装配式建筑须建立在规格化、模数化和标准化的基础上，对于个性化突出且重复元素少的建筑不大适应。建筑是讲究艺术的，没有个性就没有艺术。装配式建筑在实现建筑个性化方面有些难度，或者说不划算。

发达国家的装配式建筑（特别是混凝土装配式建筑）大都是从政府投资的保障房起步的，保障房没有太多的艺术讲究。当然，装配式建筑不等于去艺术化，只是需要花费更大的功夫和更多的智慧来实现艺术化。

2) 与复杂化的冲突。装配式建筑比较适合于简单简洁的建筑立面，对于里出外进较多的建筑，实现起来有些困难。

3) 对建设规模和建筑体量有一定的要求。装配式建筑必须有一定的建设规模才能发展起来生存下去。一座城市或一个地区建设规模过小，工厂吃不饱，厂房设备摊销成本过高，就很难维持运营。

数量少的小体量建筑不适合搞装配式。

4) 部品部件企业投资较大。以 PC 工厂为例：

从事 PC 的工厂和施工企业投资较大。如果不能形成经营规模，有较大的风险。

以年产 5 万 m^3 构件的 PC 工厂为例，购置土地、建设厂房、购买设备设施需要投资几千万元甚至过亿元。

从事 PC 安装的施工企业需要购置大吨位长吊臂塔式起重机，一台要数百万元，同时开几个工地，仅塔式起重机一项就要投资上千万元。

(2) 装配式混凝土结构建筑实施中的难点

1) 粗放的建筑传统的障碍。在发达国家，现浇混凝土建筑也比较精细，所以，装配式建筑所要求的精细并不是额外要求，不会额外增加成本，工厂化制作反而会降低成本。

但国内建筑传统比较粗放：

①设计不细，发现问题就出联系单更改。但预制构件一旦有问题往往到安装时才能被发现，那时已经无法更改了，会造成很大的损失，也会影响工期。

②各专业设计“撞车”“打架”，以往可在施工现场协调。但装配式建筑几乎没有现场协调的机会，所有“撞车”必须在设计阶段解决，这就要求设计必须细致、深入、协同。

③电源线、通信线等管线、开关、箱槽埋设在混凝土中。发达国家没有这样做的，预制构件更不能埋设管线箱槽，只能埋设避雷引线。如果不在混凝土中埋设管线，就需要像国外建筑那样，天棚吊顶，地面架空，增加层高。如此，会增加成本。

④习惯用螺栓后锚固办法。而预制构件不主张采用后锚固法，避免在构件上打眼，所有预埋件都在构件制作时埋入。如此，需要建筑、结构、装饰、水暖电气各个专业协同设计，设计好所有细节，将预埋件等埋设物落在预制构件制作图上。

⑤传统现浇建筑误差较大，实际误差以厘米计。而装配式建筑的误差以毫米计，连接套筒、伸出钢筋的位置误差必须控制在2mm以内。

⑥许多住宅交付毛坯房，有的房主自行装修时会偷偷砸墙凿洞。这在装配式建筑上是绝对不允许的，一旦砸到结构连接部位，就可能酿成重大事故。

装配式建筑从设计到构件制作到施工安装到交付后装修，都不能粗放和随意，必须精细，必须事先做好。但精细化会导致成本的提高。虽然这是借装配式之机实现了质量升级，但造成了成本高的印象，加大了阻力。

2）剪力墙结构装配式技术有待成熟。国外剪力墙结构装配式建筑很少，高层建筑可供借鉴的经验几乎没有。我国的高层剪力墙结构装配式建筑是近几年发展起来的，技术还有待于成熟。

我国现行行业标准关于剪力墙装配式结构，出于十分必要的谨慎，设定了一些混凝土现浇区域和节点。由于较多的现浇与预制并举，工序没有减少，反而增加了，成本也提高了，工期也没有优势。

行业标准《装规》规定剪力墙装配式建筑最大适用高度也比现浇混凝土剪力墙建筑低10～20m，这影响了剪力墙结构装配式建筑的适用范围。

提高或确认剪力墙结构连接节点的可靠性和便利性，使剪力墙结构装配式建筑与现浇结构真正达到或接近等同，是亟须解决的重要技术问题。

3）外墙外保温问题。国外装配式建筑较多采用外墙内保温。中国较多采用外墙外保温，采用夹心保温方式。如此增加了外墙墙体的重量与成本，也增加了建筑面积的无效比例。

4）吊顶架空问题。国外住宅大都是天棚吊顶、地面架空，轻体隔墙，同层排水。不需要在楼板和墙体混凝土中埋设管线，维修和更换老化的管线不会影响到结构。我国住宅把电源线通信线和开关箱体埋置在混凝土中的做法是不合理的落后做法，改变这些做法需要吊顶、架空，但这不是设计者所能决定的。

在没有吊顶的情况下，天棚叠合板表面直接刮腻子刷涂料。如果叠合板接缝处有细微裂缝，虽然不是结构质量问题，用户却会很难接受。避免叠合楼板接缝处出现可视裂缝是需要解决的问题。

5）成本问题。目前，我国装配式建筑的成本高于现浇混凝土结构，许多建设单位不愿接受。

本来，欧洲人是为了降低成本才搞装配式的。国外半个多世纪装配式的进程也不存在建筑成本高的问题，成本高了也不可能成为安居工程的主角。可我国的现实是，装配式建筑成本确实高一些。

初步分析有如下几方面原因：

①因提高建筑安全性和质量而增加的成本被算在了装配式的账上。

②剪力墙结构体系装配式成本高。我国住宅建筑特别是高层住宅较多采用剪力墙结构体系，这种结构体系混凝土用量大，钢筋细、多，结构连接点多，与国外装配式建筑常用的柱、梁结构体系比较，成本会高一些。

③技术上的审慎消弱了装配式的成本优势。我国目前处于装配式高速发展期，而我国住宅建筑主要的结构体系是剪力墙结构，国外没有现成的装配式经验，国内研究与实践也不多，所以，技术上的审慎非常必要。但这种审慎会削弱装配式的成本优势。

④推行装配式初期的高成本阶段。装配式初期工厂未形成规模化、均衡化生产；专用材料和配件因稀缺而价格高；设计、制作和安装环节人才匮乏也会导致错误、浪费和低效，这些因素都会增加成本。

⑤没有形成专业化分工。装配式构件企业或大而全或小而全，没有形成专业分工和专业优势。

⑥装配式企业大而不当的投资。我国企业普遍存在“高大上”心态，工厂建设追求大而不当的规模、能力和现阶段不实用的自动化生产线，由此导致固定成本很高。

⑦劳动力成本因素。发达国家劳动力成本非常高，装配式建筑节省劳动力，由此会大幅度降低总成本，结构连接点增加的成本会被劳动力节省的成本抵消。所以，装配式建筑至少不会比现浇建筑贵。

我国目前劳动力成本相对不高，装配式减少的用工成本不多，无法抵消结构连接等环节增加的成本。

（3）“脆弱”的关键点

装配式建筑的结构连接点属于“脆弱”的关键点。

这里，“脆弱”两个字所以打引号，不是因为其技术不可靠，而是强调对这个关键点在制作、施工和使用过程中必须严肃认真地对待，严格按照设计要求和规范的规定做，禁止在关键点砸墙凿洞。因为，结构连接点一旦出现问题，可能会发生灾难性事故。

这里举几个国内工程的例子：

有的工地钢筋与套筒不对位，工人用气焊烤钢筋，强行将钢筋搣弯。

有的预制构件连接节点灌浆不饱满。

有的预制构件灌浆料孔道堵塞，工人凿开灌浆部位塞填浆料。

以上做法都是非常危险的。

（4）人才匮乏问题

中国大规模推广装配式，最缺的就是有经验的技术人员、管理人员和技术工人。

12. 什么是PC构件？什么是建筑部件、部品？

PC是英语Precast Concrete的缩写，是预制混凝土的意思。国际上装配式建筑领域把装配式混凝土建筑简称为PC建筑。把预制混凝土构件简称为PC构件（PC构件分类见第3章第98问，相应的PC构件图片见文前彩插图C10），把制作混凝土构件的工厂简称为PC工厂（图1-24、图1-25）。为了表述方便，本书也使用这些简称。

图1-24 采用艾巴维生产线的德国慕尼黑预制混凝土构件厂

图1-25 采用固定模台的日本川岸预制混凝土构件厂

按照国家标准《装标》的定义，部件（component）是指在工厂或现场预先生产制作完成，构成建筑结构系统的结构构件及其他构件的统称，比如预制混凝土楼梯、预制叠合楼板等；部品（part）是指由工厂生产，构成外围护系统、设备与管线系统、内装系统的建筑单一产品或复合产品组装而成的功能单元的统称，比如整体式厨房、整体式卫生间（图1-26）、整体式收纳柜等。

通俗一些地解释，可以理解为建筑部品部件是构成一个建筑的某个单元的成品或半成品，它具有相对独立的功能，是由建筑材料、单项产品构成的部件、构件的总成，是构成成套技术和建筑体系的基础，如木制品、幕墙和铝合金门窗、装饰部件、外挂墙板、保温墙、预制板、叠合梁、预制楼梯、叠合楼板等预制建筑构件等。

图1-26 预制部品—整体卫生间

13. 什么是预制率？如何计算？不同结构体系预制率与预制部位的对应关系是怎样的？

（1）预制率（precast ratio）概念

预制率一般是指建筑室外地坪以上的主体结构和围护结构中，预制构件部分的混凝土用量占对应部分混凝土总用量的体积比（通常适用于钢筋混凝土装配式建筑）。其中，预制构件一般包括墙体（剪力墙、外挂墙板）、柱、梁、楼板、楼梯、空调板、阳台板等。

国标《工业化建筑评价标准》GB/T 51129—2015 给出定义是：预制率——工业化建筑室外地坪以上主体结构和围护结构中预制部分的混凝土用量占对应部分混凝土总用量的体积比。

（2）预制率计算方法

具体公式如下：

钢筋混凝土装配式建筑单体预制率 =（预制部分混凝土体积）÷（全部混凝土体积）×100%

预制构件混凝土总体积 = 主体和外围护结构预制混凝土构件总体积

全部混凝土总体积 = 主体和外围护结构预制混凝土构件总体积 + 现浇混凝土总体积

上海、沈阳等城市基本都是采用这种计算方式。

（3）预制率参考表

钢筋混凝土装配式建筑不同的结构形式，预制率也不相同，根据经验制成参考表 1-2 供读者了解。

表 1-2　钢筋混凝土装配式建筑预制率参考表

结构体系	建筑高度	预制率	预制部位								说　明
			外墙	内墙	楼板	梁	柱	楼梯板	阳台板	空调板、其他构件	
框架结构	多层	30% ~60%	◎		◎	◎	◎	◎	◎	◎	多层建筑为 6 层及 6 层以下建筑，由于规范规定首层柱、顶层楼板需要现浇，多层建筑预制率较低
		20% ~40%	◎			◎	◎	◎			
		10% ~25%				◎	◎	◎			
	高层	50% ~80%	◎		◎	◎	◎	◎	◎	◎	按照《高规》[㊀]的规定，框架结构在 6 度抗震设防地区最高建 60m，7 度设防地区为 50m，8 度抗震设防地区为 40m 和 30m
		40% ~70%	◎			◎	◎	◎			
		30% ~60%				◎	◎	◎			
剪力墙结构	多层	40% 以上	◎	◎	◎			◎	◎	◎	多层建筑为 6 层及 6 层以下建筑，由于规范规定低层剪力墙、顶层楼板需要现浇，多层建筑预制率较低
		20% ~40%	◎	◎				◎	◎	◎	
		10% ~25%	◎					◎	◎	◎	
		5% ~10%			◎			◎	◎	◎	
		小于 5%						◎	◎	◎	

㊀ JGJ 3—2010《高层建筑混凝土结构技术规程》的简称，余同。

（续）

结构体系	建筑高度	预制率	预制部位								说　明
			外墙	内墙	楼板	梁	柱	楼梯板	阳台板	空调板、其他构件	
剪力墙结构	高层	50%以上	◎	◎	◎			◎	◎	◎	按照《高规》的规定，剪力墙结构在6度抗震设防地区最高建130m，7度设防地区为110m，8度抗震设防地区为90m和70m
		30%～50%	◎	◎				◎	◎	◎	
		20%～30%	◎					◎	◎	◎	
		5%～15%			◎			◎	◎	◎	
		小于5%						◎	◎	◎	

14. 什么是装配率？如何计算？

（1）装配率（assembled ratio）概念

装配率一般是指建筑中预制构件、建筑部品的数量（或面积）占同类构件或部品总数量（或面积）的比率。

国标《工业化建筑评价标准》GB/T 51129—2015给出定义是：装配率——工业化建筑中预制构件、建筑部品的数量（或面积）占同类构件或部品总数量（或面积）的比率。

（2）装配率计算方法

装配率的计算方法通过概念可以进行计算，并根据预制构件和建筑部品的类别，或采用面积比，或采用数量比，或采用长度比等方式计算。

比如，上海市住建委在2016年出台的《装配式建筑单体预制率和装配率计算细则（试行）》中，有较为系统的计算方法。下面以上海市的计算方法为例，来了解单体建筑的构件、部品装配率。试举几例：

1）预制楼板比例 = 建筑单体预制楼板总面积/建筑单体全部楼板总面积

2）预制空调板比例 = 建筑单体预制空调板构件总数量/建筑单体全部空调板总数量

3）集成式卫生间比例 = 建筑单体采用集成式卫生间的总数量/建筑单体全部卫生间的总数

（3）预制率、装配率综述

预制率、装配率是评价装配式建筑的重要指标之一，也是政府制定装配式建筑扶持政策的重要依据指标。然而现阶段国家层面还没有清晰统一的计算方法，各地方政府文件中，预制率、装配率、预制装配率、预制化率、标准层混凝土的预制率、结构构件的预制率多种名称并用。比如深圳市按照标准层计算预制率，有预制率和装配率两个名称；上海也分为预制率和装配率两个指标，概念接近于国标《工业化建筑评价标准》；湖南和沈阳等一些省市使用预制装配率概念，将国标中的预制率和装配率组合成一个指标，但计算方法也有差异。

笔者认为，各地方政府在起草推进装配式建筑发展的政策时，制订预制率和装配率的方向易遵循如下原则：

1）预制率、装配率尽量按国标概念确定。

2）计算方法宜简单明了，工作要求和扶持政策可以因地制宜。

3）预制率和装配率指标设定易先低后高，循序渐进，不易操之过急。

4）各地方政府可根据工作实际，比如将非承重内隔墙板、全装修、铝模板等属于建筑工业化范围的产品或技术作为加分项，鼓励推进。

15. 政府要求预制率与装配率有什么意义？应当注意什么？

从装配式建筑的发展历程来看，在欧洲兴起伊始，发展的主要原动力是成本低、大批量、建造速度快等，市场起主导作用，政府是助推但并不是主导，因此并没有出现明确的预制率和装配率的概念和计算方法，一般都是根据建筑项目实际情况确定建设方式。发展较早的国家如瑞典、德国、法国、英国等，都是经历了数十年才逐步发展完善起来。

我国装配式建筑发展自从20世纪八九十年代停滞以来，已经全面落后于欧美日等发达国家，近10年才开始起步，特别是一些地方政府出于环境保护、解决质量通病、打造地方产业等因素积极推动，装配式建筑才得到逐步发展。为了推动产业快速发展，在一些地方政府如沈阳市等率先提出了预制率等概念。

（1）政府要求预制率和装配率的作用和意义

1）便于量化考核的需要。有了预制率和装配率概念及计算方法，在衡量建设项目结构系统、外围护系统和内装系统等预制装配化程度方面，显然具有重要的指标意义，便于量化，易计算，易考核，易推广。同时，因为有了量化指标，我们在推进过程中，可以分阶段的提高目标，比如推进初期，要求低预制率和装配率；随着经验的积累和技术的成熟，可以提高指标，并最终实现建筑工业化和双指标都高的理想状态。

2）快速推进装配式建筑的需要。发达国家装配式建筑的发展，是市场与政府的互相作用，特别是市场的作用，而我国装配式建筑发展是政府起主导作用，要快速追赶发达国家的步伐，需要确立指标体系，有了量化指标，政府易于出台鼓励和强制文件，快速推进装配式建筑发展。

因此，发展到目前，无论是国家层面的政策和标准，还是地方政府的计算细则等，都无一例外地采用了预制率或装配率的概念，江苏、沈阳等省市干脆直接将预制率和装配率捏合到一起为预制装配率，没有进行细分。

（2）应用预制率和装配率需注意的事宜

1）不能“为了预制而预制，为了装配而装配”。预制率等无疑是衡量装配式建筑技术水平的重要指标，但是单纯地以预制率等指标衡量建筑产业现代化水平又显得片面，比如混凝土建筑技术中的“快装早拆”工具式模架的现浇技术、免拆模和免模板技术都有很好的前景。无论采用哪一种方式，都会达到“快、好、省及环保”的目的，但是这些技术方式并不提高预制率，那么政府和企业是不是就不鼓励应用呢？答案当然是否定的。

再比如，应用预制夹心保温外墙，采用装配式施工，会给政府主管部门、企业和媒体等带来视觉冲击，容易给人以“高大上”的感觉。但是应用预制夹心保温外墙这种方式，对于造型复杂的建筑是不经济、不适用的，而我们如果不进行区分，一味强调预制率，不根据建设项目具体实际出发，那么后果将是十分严重的。因此我们不能“为了预制而预制，为了装配而装配”，这些都需要我们在推进装配式建筑过程中特别注意。

2）要求预制率和装配率是一个过渡性的措施。随着社会的不断发展，预制率和装配率会作为一种阶段性产物而逐渐失去或部分失去它诞生时的作用，它是一个过渡性的措施。随着市场的作用逐渐占据主导地位，政府作用将逐步弱化，企业会自发采用装配式方式进行建造。比如，未来随着我国人口红利的逐渐消减，人工成本逐渐上升及工人对劳动环境等要求的提高，我们已经无法再采取过去那种建筑工地依靠的“人海战术”，推进建筑工业化就将势在必行。在建筑工业化高度发达的日本，人工成本高，环保要求严，日本知名的鹿岛建筑公司总部，就是一栋装配式高层建筑，这就是市场的力量，是企业的主动行为，这时再计算预制率、装配率意义就不大了。

16. 什么是SI体系？有什么特点？政府应如何引导和推进SI体系？

（1）SI体系

SI体系是指支撑体S（Skeleton）和填充体I（Infill）相分离的建筑体系（主要是住宅）。

国家标准《装标》中，没有明确给出“SI体系”这个名词，但是将类似的一个名词“管线分离”进行了定义，即：将设备与管线设置在结构系统之外的方式。并在“设备与管线设计”章节中进行了说明，表述为“装配式混凝土建筑的设备与管线宜与主体结构相分离，应方便维修更换，且不应影响主体结构安全。”

20世纪60年代，荷兰学者哈布拉肯（N. John Habraken）提出开放建筑思想，将其理念应用到住宅领域，力图通过支撑体和填充体的有效分离，使住宅具备结构耐久性、室内空间灵活性以及填充体可更新性特质，这一理念在西方国家得到应用和发展。尤其20世纪90年代后，日本在其住宅产业、部品技术趋向成熟之后，研发出新型SI住宅，同时兼备低能耗、高品质、长寿命、适应使用者生活变化的特征，体现出资源循环型绿色建筑理念，受到各国关注。

（2）SI体系特点

支撑体是指建筑的骨架，但并不等同于国内所说的主体结构，还包括外围护和公共管井等可保持长久不变的部分，强调耐久性；填充体是指填充进支撑体的部分，包括内装和内部设备管线等，强调灵活性与适应性。

SI体系从三方面着手实现建筑长寿化：一是支撑体、设备管线、内装部品三者完全分离，避免传统内装在墙体和楼板内埋设管线的做法；二是让主体结构更耐久，进行耐久性优化设计；三是实现套内空间灵活可变，具有较高的适应性。SI体系在提高主体结构和内装部品性能、设备管线维护更新、套内空间灵活可变三个方面具有显著特征，可保证住宅在70年到100年的使用寿命当中能够较为便捷地进行内装改造与部品更换，从而达到提高住宅品质，延长住宅使用寿命，减少建筑垃圾，构建资源节约型社会的目的。见图1-27～图1-32。

图 1-27　日本 PC 住宅顶棚吊顶，管线不用埋设在混凝土中

图 1-28　通风管道处局部吊顶

图 1-29　地面架空为管线布置和同层排水提供了方便

图 1-30　地面架空示意图

图 1-31　PC 外墙内壁架空做法

图 1-32　轻钢龙骨石膏板墙体示意图

SI 技术体系已经成为国际上建筑工业化的通用体系与发展方向。结构墙体的埋管埋线，是国外经过实践已被淘汰的做法。从这个意义上说，基于 SI 技术体系构建我国新型建筑工业化的通用体系至关重要。

（3）政府引导和推进 SI 体系

1）出台配套标准和制度措施。应出台适合 SI 体系推广的配套标准和制度措施等，比如：

①建筑实行管线分离、同层排水，就会形成类似日本建筑中的“上有吊顶、下有架空”，从而导致室内净高减小，我们就应该在计算容积率等方面出台配套措施。

②进行管线分离可能会导致室内墙体加厚，使得室内使用面积减少，因此应推进以使用面积为计量标准的房屋产权登记措施。

③提高建筑工程的质量安全标准、舒适度标准、抗震设防标准和使用寿命等，倒逼行业无法通过传统施工方式或只有用高成本才能解决高标准的建筑施工要求，从而达到实现SI体系的推广。

④建立标准化接口，大力推进面向全行业的通用构配件商品生产等。

2）政府出台鼓励和强制政策。政府应出台鼓励政策，比如：

①在土地、税收、基础设施配套费、容积率等方面给予开发商优惠政策，鼓励开发商推进SI体系。

②在政府项目率先应用，可在一些保障房等项目中率先试点，起到示范、积累经验和人才等作用。通过先试点后推广的循序渐进方式，先行在一些地区特别是发达城市试点应用推进SI体系，待条件成熟后再在全国推广。

③应通过支持和奖励示范项目、科技研发等措施，鼓励框架等结构体系在我国住宅上的应用。从建筑体系角度讲，我国住宅常用的剪力墙结构体系对SI体系适应性偏低，比如内剪力墙采用管线分离，需在墙体外再加一层空腔走管线，无疑会增加墙体厚度。而框架结构实心墙体少，很多采用轻质墙体或轻钢龙骨石膏板等模式，实行管线分离等较为容易。因此，应从政府层面采取多种措施鼓励框架等结构体系的应用。

3）加大宣传力度。强化宣传，使从业者清楚如何设计、施工等方法，使住房消费者了解它的好处，从而得到社会各界的关注和认可，利于工作推进。

17. 什么是全装修？我国住宅全装修现状如何？

（1）全装修概念

按照国家标准《装标》的定义，全装修（decorated）是指所有功能空间的固定面装修和设备设施全部安装完成，达到建筑使用功能和建筑性能的状态。

同时，在该《标准》的“基本规定”中，有“装配式混凝土建筑应实现全装修”的表述，这表明，装配式建筑必须同时进行全装修，换一句话表述，就是不进行全装修的“装配式建筑”不是真正的装配式建筑。

（2）我国住宅全装修现状

1）社会需求度不断提升。我国住宅全装修起步较晚，发展历程尚短，消费者对于全装修住宅的认知程度参差不齐。但是随着人民生活水平的提高，工作节奏的加快，对环保要求的提高，开发商对全装修管控能力的提高等因素影响，消费者对于全装修住宅的接受度和需求都在相应提高。

2）全装修住宅的供给不断增加。住宅全装修具有节能、环保的特点，符合国家产业发展政策；另外，当前房地产领域竞争激烈，全装修房已经成为诸多开发商的卖点及利润的关键点，目前包括万科地产、恒大地产等各大房地产开发商都在大力发展全装修住宅（图

1-33），未来全装修住宅的供给量将不断增加。

图 1-33　全装修住宅

3）政府政策助推全装修快速发展。每个家庭单独装修会带来大量的垃圾（据中国建筑装饰协会调查，毛坯房装修产生惊人的建筑垃圾，平均一户产生 2t 垃圾，其中 85% 是可回收再利用的资源），并且很多家庭装修时随意拆改变动房间布局带来的结构安全问题，多年来都是政府管理中一个非常棘手的难题。随着近些年来社会对环保要求越来越严格，政府强力推动全装修已经到了非做不可的地步。特别是随着装配式建筑推广热度在中国大地不断提升，相伴相生的全装修更是势在必行，无论是从国家层面的顶层设计，还是各地方政府的具体推动政策，都已经实实在在地将全装修写入了强制文件，目前已经出台推动全装修的省市有上海市、北京市、山东省、浙江省、江苏省、沈阳市等。除了市场的需求，政策的推动也必将助推全装修快速发展。

4）全装修产业链发展不均衡

①从政策机制角度而言，良好的政府政策配套环境还有待建立。包括政府强制力不够，开发商动力不足；与全装修相适应的招标投标、设计、施工、监理等环节的配套管理措施不足，质量保证体系尚未建立；全装修计税办法无引导性，开发商实施全装修增加了企业和购房者税负等。

②从社会配套角度而言，还有很多缺陷。比如标准化设计不够，通用部品体系还未建立起来，现阶段的装修方式还是以湿作业为主，而并不是以装配式装修为主等，社会配套能力还不足。

③从全装修建设模式而言，土建与装修互相脱节的问题还未解决。土建主体工程与全装修工程应是不可分割的整体，但当前存在三个脱节。一是设计脱节，土建设计与装修设计没有同步进行，还不是一个设计公司完成，造成诸多理念不合、装修定位不明、水电管线冲突等问题；二是施工脱节，土建与装修施工由不同公司完成，工序间的交接存在漏洞，一些隐蔽工程经常处理不合理，带来质量隐患；三是管理脱节，开发商工程分管人员、监理单位经常出现土建和装修不是一个人负责的情况，存在诸多协调问题。

④从能力建设角度而言，装修企业能力还有待提高。我国全装修产业发展较晚，尚不成熟，装修企业水平参差不齐，从业人员流动性很大，装修质量难以保证。

18. 什么是集成化建筑部件？什么是集成式卫生间、集成式厨房和整体收纳？

国家标准《装标》中，有明确概念，分别为：

建筑系统集成（integration of building systems），以装配化建造方式为基础，统筹策划、设计、生产和施工等，实现建筑结构系统、外围护系统、设备与管线系统、内装系统一体化的过程。

集成式卫生间（integrated bathroom），由工厂生产的楼地面、墙面（板）、吊顶和洁具设备及管线等集成并主要采用干式工法装配而成的卫生间（图 1-34）。

图 1-34　集成式卫生间

集成式厨房（integrated kitchen），由工厂生产的楼地面、吊顶、墙面、橱柜和厨房设备及管线等集成并主要采用干式工法装配而成的厨房（图 1-35）。

整体收纳（system cabinet），由工厂生产、现场装配、满足储藏需求的模块化部品（图 1-36）。

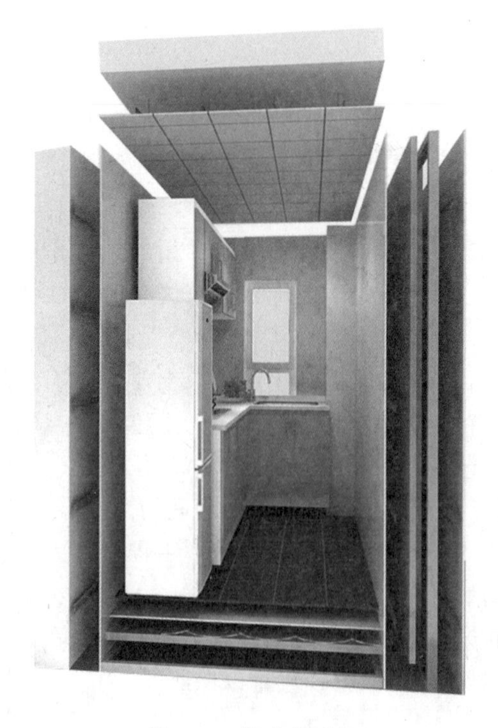

图 1-35　集成式厨房

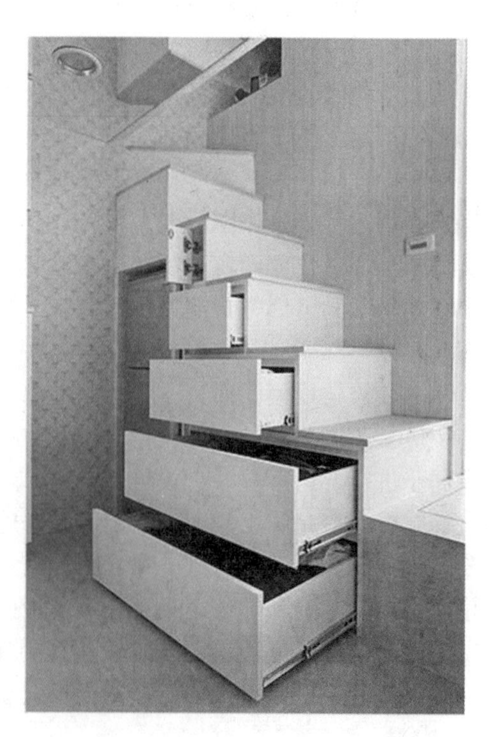

图 1-36　整体式收纳—楼梯下面的收纳柜

19. 为什么装配式建筑应当与全装修和集成化同步推进？

（1）三个效益的需要

装配式建筑只有与全装修、集成同步推进，才能显现出它的工期优势、品质优势和环保优势等，它的经济效益、环境效益和社会效益才能够得到显现。

（2）工序要求的需要

1）装配式建筑的预制构件是在工厂中提前生产的，必须要将装修工作中的预留孔洞或埋设管线等提前明确，这样才能在工厂生产中有所安排。

2）预制构件精确度极高，装修设计时所需的预设接口、管线等必须清晰定位，否则易出现装配式施工无法对接安装的问题。

3）装修与土建交叉作业的需要，如整体厨卫的规格和安装顺序，涉及和土建施工配合并交叉作业，如不提前同步设计，将会出现无法安装的问题。

（3）装配式建筑不易拆改的需要

传统现浇施工和湿作业装修，对精度要求不高，很多问题可以在现场进行随时调整，包括打洞穿孔都可以。而装配式建筑由于存在“脆弱”关键点，一般不可以轻易拆改，装修时调整余地相对较少，因此必须在设计时考虑周全。

20. 目前推动全装修和建筑部品集成化有哪些政策性的障碍？

主要有以下两个方面的障碍：

（1）政府强制力不够，开发商动力不足

自 20 世纪 90 年代末，国家实行住房商品市场化以来，在制度上一直实行的是商品房预售和毛坯房交付制度，形成了制度惯性和消费观念惯性。这种制度环境下对开发商要求较低，加之住房市场需求持续强劲，开发企业没有足够的压力和动力改变现状，市场和社会不易迅速改变。

（2）政策法规标准体系不健全，鼓励支持政策不明确或落实不力

多年来，国家和部分省市陆续制定出台了一些促进全装修住宅和成品住房发展的政策标准技术措施等，但大都是碎片化的，不成体系，有的相关政策标准和措施不相衔接、不相协调，或出台的时机不合适，不具操作性，实践中难以落地。关于成品住房发展的法律法规，少有提及。部分省市虽然出台了一些政策措施，但大都是原则性的，含金量不高，落地的更少，甚至有的政策措施还起到了反向激励作用，比如现行的商品房交易营业税、所得税、土地增值税和契税政策等。此外，国家商品房买卖合同示范文本中关于成品住宅交付标准及质量保证和说明的内容，没有统一规范标准，任由开发商自由掌握，消费者处于明显弱势地位。

21. 为什么一些开发商不愿意进行全装修？政府应采取哪些措施推动全装修？

（1）开发商不愿意进行全装修的原因分析

1）一些开发商还没有认识到进行全装修的紧迫性和必要性。

我国的房地产市场是从20世纪80年代开始起步，伴随着我国的住房制度改革、城市建设的发展模式出现的。进入90年代，特别是1998年我国取消了住房分配制度，房地产市场才算真正迈入市场化阶段，此时的全国还没有真正意义上的装修房。进入21世纪，我国房地产市场随即进入“房地产黄金十年”，全国房价普涨，可以说，房地产开发公司有房子不愁卖，是不是高品质、精装房都显得不那么重要。另外，我国在房地产市场管理上，从国家层面到地方政府的要求，还大都是提倡，强制要求做全装修的并不多，对开发商的倒逼动力还不够大。因此说，我国的房地产开发商在这些年的发展过程中，大都没有意识到必须进行全装修的紧迫性现实需要（政策及市场需要）。

2）开发商技术储备不够，对装修质量把控信心不足。

做全装修是一个长期摸索的过程，什么地方要改进，什么地方要做得合理，不是短期内就能做好的，需要长期的磨合，长期的实践。但是很多开发商在发展过程中对全装修的紧迫性认知不足，导致对技术储备和管理等经验积累不多，对把控装修质量信心不足，也导致了开发项目进行全装修的动力不够。

3）职业经理人出于“不出问题”的现实利益考虑。

房地产业经过多年发展，大浪淘沙，我国各个大中型城市的房地产市场大部分份额由全国性的上市公司占据，出现了庞大的职业经理人队伍，而职业经理人的特点首要目标即是保证集团公司利润和项目不出问题，这样才能保住自身位置。推动全装修，如果不从集团层面强制要求，各地方公司主动推动全装修的动力明显不足，甚至抵触，这里面主要有两个原因：一是对项目利润贡献和把控装修质量信心不足，房屋一旦出现质量问题，带来大量投诉，耗费财力和物力较大，费力不讨好，职业经理人大都会产生“多一事不如少一事”的心理；二是职业经理人基于自身利益考量，如果集团公司没有强制要求，地方公司主动求新（集团是否批准另当别论），做好了可能皆大欢喜，如果出现问题，可能自身职位都受到影响，“稳步前进”是职业经理人比较好的一种选择方式。万科和恒大集团是在全国推动全装修比较坚决也比较好的开发商，无一例外都是从上至下从集团到地方的推动。比如，沈阳万科目前在沈阳的项目全部都是精装修，但在推动初期，地方公司各个相关人员抵触情绪普遍较大，存在项目负责人担心项目不好卖，设计人员没有经验，工程人员不会管理，物业部门受理投诉和维修工作量巨大等问题。

4）开发商担忧购房者对全装修的“片面”认知。

购房者的“片面”认识，有些是真实的，有些是误解或理解的偏差造成的，但对开发商影响较大，主要有以下两个方面：

①购房者对房屋总价较为敏感。楼盘全装修后再出售，销售单价必然上涨，这导致很

多对房屋首付款敏感的购房者望而却步。在现实的房屋销售案例中，经常出现同一个园区的两栋待售楼，一个做了全装修，一个没做装修，没做装修的通常要先于全装修的卖出，对于开发公司资金回笼快，开发商当然要优选（即便是全装修利润可能会更高些）。大量的案例统计显示，很多购房者此时的考虑通常是能够筹集到首付款先买下这处房子，具体装修以后再考虑，由此房屋总价的高低就起到了非常重要的作用。

②购房者对装修房质量的疑虑。购房者通常担心全装修房的装修质量和装修材料是否环保，由于社会上经常有无良开发商以次充好、装修材料不达标、装修质量不过关的新闻报道或民间传说，导致购房者对装修房存在疑虑，购房者的担忧当然也是有道理的。

另外，购房者还有对装修价格的理解、对装修风格的要求差异化等，也都构成了开发商考虑是否装修房的因素。

（2）政府易采用的推动措施

政府在推动全装修的过程中，笔者建议宜从以下几个方面着手：

1）强化政策推进和政策落实。

一是出台指导意见，结合装配式建筑发展，同步研究推进住宅全装修指导意见，明确指导思想、发展目标和重点工作任务。各级政府要明确阶段性目标，新建全装修住宅面积占新建住宅面积的比例。直辖市、计划单列市及省会城市全装修保障房住房的面积占比应达到较高比例要求。二是基础较好地区应在住宅建设规划、土地出让时规定新建住宅中全装修所占比例、新建住宅中通用部品使用比例、集成技术应用比例等发展目标，通过政策引导形成示范效应。三是强化目标责任，将目标任务分解到各级政府，将目标完成情况和措施落实情况纳入各级人民政府节能目标责任评价考核体系。

2）针对开发商制定优惠政策。

建议针对房地产开发企业制订土地、金融、税收等优惠政策。一是在贷款审批、贷款利率、贷款额度、贷款担保方面给予全装修住宅开发商金融优惠政策，保证全装修住宅开发商资金来源稳定可靠；二是在征收开发商“销售不动产营业税”时，给予一定的税收优惠，可考虑减免部分营业税或扣除一定比例装修费用后再计税。对于以土地增值税、营业税为计税基础的城市维护建设税、教育费附加等予以一定程度的优惠。

3）针对购房者制订优惠政策。

一是对于全装修住宅购房者实行契税优惠，可以扣除装修价款后计算契税或直接调低契税缴付比例；二是对于购买全装修住宅的购房者予以财政等方式的补贴，提高其购买积极性。

4）建立和完善审批监管机制。

将是否采用全装修列入施工图审查内容。全装修住宅项目设计文件应做到土建与装修设计一体化。室内装修工程应连同土建工程一并申请办理建设手续。在销售合同中明确全装修标准并确保实施。对全装修住宅实施分户验收制度。加大对装修垃圾、噪声污染等的处罚力度，引导消费者逐步放弃费钱费力，且容易污染环境的“二次装修”。

22. 装配式建筑与建筑艺术性是否冲突？如何解决？

就某一个建筑而言，装配式与建筑艺术性是不存在冲突的。在某种情况下，装配式还会更好地实现建筑师的艺术构思，比如悉尼歌剧院（见本书文前彩插 C02、图 1-37a、b），方案设计好后，建造它的帆形壳顶在施工现场搭设模板进行现浇几乎是不可能的。而通过对帆形壳顶拆分，将拆分后的构件进行工厂预制，再现场装配，才得以实现悉尼歌剧院的艺术设计。

a）

b）

图 1-37　悉尼歌剧院帆形壳顶是用一块块预制混凝土拼接而成
a）局部特写一　b）局部特定二

因此说，如果一个建筑不考虑成本约束、工期要求等因素，装配式与建筑艺术性是不冲突的。

但是，当前我国推进的装配式建筑，主要指的是成规模的应用装配式，并需要考虑快速建造、成本控制、工期约束等条件。在这样的条件下，装配式建筑与建筑艺术性就存在一定的冲突。因为这样的装配式建筑（特别是 PC 建筑）须建立在规格化、模数化和标准化的基础上，对于个性化突出且重复元素少的建筑不大适应；另外，这样的装配式建筑比较适合简单简洁的建筑立面，对于“里出外进”较多的建筑，实现起来有些困难。

我们应该认识到，全世界还没有哪个国家或地区的新建建筑，全部都是装配式建筑。这也为我们做一个提醒，不是我国政府现在积极推广装配式建筑，将来我国所有的建筑就都是装配式建筑，这是不现实的，也是不可能的。一个新建建筑是否适合做装配式，取决于多重因素。

对于如何解决处理好装配式与建筑艺术性的问题，我们应从设计理念和技术进步等方面入手。比如，前面提到的 1966 年建造的悉尼歌剧院帆形壳顶，就是用一块块预制混凝土拼接而成；1976 年蒙特利尔奥林匹克运动场（见图 1-38）的建设同样是由预制混凝土拼接建成的。而这些建造案例，为我们提供了另一个思路，不是非标型的建筑一定要用现浇混凝土方式建设，因为非标建筑的模板搭设是一个难度极大的问题。而将非标建筑不规则平面进行拆分，由于工厂场地条件好，反而利于生产。

另外，在推进住宅装配式建筑中，设计师可以从立面的分割、质感、造型上多下功夫，毕竟住宅不同于公共建筑或标志性建筑，对造型、色彩等要求没有那么高，只要设计师下了功夫，很多建筑的设计通过装配式方式是可以实现的，如贝聿铭设计的美国费城装配式公寓，见图 1-39。

图 1-38　蒙特利尔奥林匹克运动场

图 1-39　贝聿铭作品—美国费城装配式公寓—有建筑美感又经济实用的大众化公寓

23. 什么结构体系适合装配式?

框架结构、框剪结构、筒中筒结构、剪力墙结构均适合装配式建筑，不同结构体系传力途径不同，预制构件的部位和种类、连接节点各不相同，各有特点，世界各国也没有一个国家或地区是单一结构体系的装配式建筑。不过基于国外的经验和理论分析，笔者认为装配式建筑应用在框架结构中优势更为突出，我国虽然大量的民用住宅都在采用剪力墙结构或框剪结构，但也应考虑框架结构体系的装配式建筑在民用住宅上的应用。两种结构形式比较内容如下：

(1) 预制装配率比较

框架结构是由框架梁、框架柱来承担水平和竖向荷载的柔性结构体系，预制构件主要包括预制叠合楼板、预制框架梁和预制框架柱，其中主要受力构件均可预制，后浇混凝土连接节点少，占总体混凝土体积比例较高，预制率较高。

框剪结构和筒中筒结构中剪力墙和核心筒部位为现浇混凝土，其他部位同框架结构，装配预制率较框架结构低。

剪力墙结构是由混凝土墙来承受水平和竖向荷载的刚性结构体系，预制构件主要包括预制叠合楼板、预制剪力墙内墙板和预制剪力墙外墙板，其中预制剪力墙板之间的后浇混凝土连接节点多，因此同框架结构相比预制率较低。

(2) 施工难易程度比较

框架结构中预制框架梁、柱钢筋竖向和水平连接均可采用灌浆套筒连接，套筒均在预制构件中预留，现场后浇混凝土量少，安装的难度较小。

剪力墙结构中预制墙板之间的水平连接均采用后浇混凝土节点连接，预制墙板中需要预留箍筋，连接节点数量较多，现场施工难度较大。

(3) 空间布置灵活

框架结构与剪力墙结构相比，框架结构柱网尺寸较大，空间布置灵活多变，可任意分割房间布局，适合时代的发展需求。

(4) 抗震性能好

在日本的装配式建筑中大多为框架结构体系，经历过大地震的考验，在实践中证明框架结构的装配式建筑的安全性能是很高的。

综上所述，框架体系的装配式建筑应在我国一定程度上加大推广力度。

24. 剪力墙结构装配式建筑有什么特点？

剪力墙结构装配式建筑是装配式混凝土建筑的一种类型，其定义是主要受力构件剪力墙、梁、板部分或全部由预制混凝土构件（预制墙板、叠合梁、叠合板）组成的装配式混凝土建筑。在施工现场拼装后，采用墙板间竖向连接缝现浇、上下墙板间主要竖向受力钢筋套筒连接或浆锚连接以及楼面梁板叠合现浇形成整体的一种建筑形式（见图1-40）。

剪力墙结构是我国多层和高层住宅中用得最多的结构形式，但国外应用不多，关于剪力墙结构装配式建筑的研究、试验和经验比较少。国内剪力墙结构装配式建筑应用时间不长，研究和经验也不是很多，因此，国家标准《装标》关于剪力墙结构装配式建筑的规定比较慎重。剪力墙结构的PC化还有许多研究课题和试验工作需要深入，是我国PC化最需要攻克的堡垒。下面从剪力墙装配式建筑的优缺点来介绍它的特点：

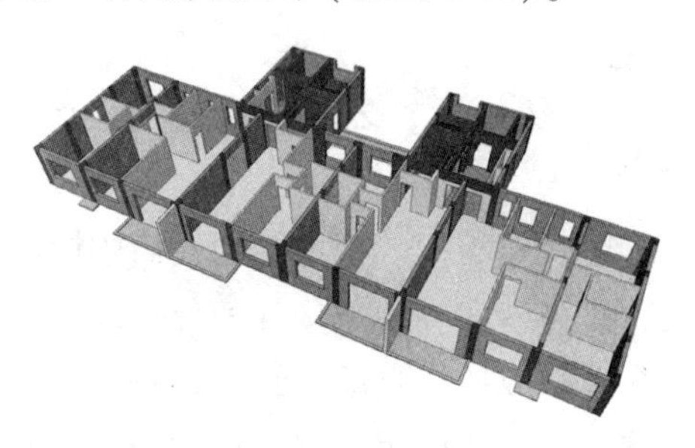

图1-40　剪力墙结构示意图
（选自辽宁省装配式标准化设计图）

(1) 优势

1）预制夹心剪力墙板节能环保。由于结构层和保护层中间夹保温层，其保温性能较传统建筑外墙外保温的性能更好，同时解决了传统建筑因为做了外保温而带来的外装饰面易脱落的现象，防火性能得到保证。最近几年，相继有高层建筑外墙保温层大面积脱落和火灾事故发生，主要原因是保温层粘贴不牢，刮浆保护层太薄。预制夹心剪力墙板解决了这两个问题。由于在工厂化生产使得施工现场的建筑垃圾大量减少，同时减少了环境污染和空气污染。

2）预制构件节省水资源。由于构件厂在生产预制构件时采用蒸汽养护，能较好控制养护时间和水汽量，而施工现场采用人工浇水养护，用水量较难控制。因此，预制构件更节省水资源。

3）预制夹心剪力墙板装饰结构一体化。夹心剪力墙内叶墙为结构竖向受力构件，外叶墙可采用石材反打方法，做成石材、瓷砖装饰面层，可省去建筑外架搭设和立面装修的费用。

4）预制构件质量好、精度高。现浇混凝土结构的施工误差往往以厘米计，而预制构件的误差以毫米计，误差大了就无法安装。预制混凝土构件在工厂模台上和精致的模具中生产，实现和控制品质比现场容易得多。预制构件的高精度会带动现场后浇混凝土部分精度的提高。

5）提高作业效率、改善工作环境。预制构件可在工厂内进行产业化生产，产品质量更易得到有效控制，施工现场可直接安装，方便又快捷。施工现场作业量减少，施工周转料具投入量减少，料具租赁费用降低，可在一定程度上降低材料浪费，构件机械化程度高，减少了现场施工人员配备。装配式建筑把很多现场作业转移到工厂进行，风吹日晒雨淋的室外作业转移到车间里，高处或高空作业转移到平地进行，不受气象条件制约，刮风下雨不影响构件制作，工作环境大大改善。

6）预制率高。由于预制混凝土外墙和预制混凝土内承重墙占整个建筑混凝土用量比例大，所以预制率容易达到要求。

（2）劣势

1）与建筑个性化复杂化冲突。剪力墙装配式建筑须建立在规格化、模数化和标准化的基础上，对于个性化突出且重复元素少的建筑不大适应。

2）节点连接多。由于预制混凝土墙板之间连接大多采用湿连接，预制墙板内预留套筒、钢筋、埋件、孔洞较多，节点连接处预留空间小，施工难度增加。

3）自动化程度低。由于按照我国目前的现行规范，剪力墙结构的楼板等需要出筋，因此工厂的高标准自动化生产线就不能使用，生产效率就提高不了，价格也必然不占优势，造成市场接受度降低。

4）造价高。材料增加，由于预制夹心剪力墙板外墙厚度增加，预制构件中有预埋套筒、拉结件、预埋吊点，剪力墙结构窗间墙用混凝土代替增加荷载等原因；运输成本增加，构件本身运输车辆费用，构件运输的专用吊具、托架费用，构件吊装需要大吨位起重机等费用；税收增加，预制构件比现浇混凝土税负高。

25. 推广 PC 建筑是否意味着现浇混凝土建筑会告别历史舞台？

推广 PC 建筑不意味着现浇混凝土建筑会告别历史舞台，装配式建造与现浇建造两种方式将会长期共存，互相发挥优势，主要有以下四个因素：

（1）现浇式施工的建造方式在建筑结构和施工便利性等方面仍具有一些优势

现浇式施工的建筑整体性好，抗震抗冲击性好，防水性好，对不规则平面的适应性强，开洞容易。

而装配式建筑对施工规范性要求高，有较多施工关键点，比如钢筋与套筒对位情况、灌浆饱满度、灌浆孔是否堵塞、不可轻易开洞等，这些易导致装配式建筑存在“脆弱”关键点。

（2）PC 建筑与个性化的适应问题不如现浇式混凝土建筑

PC 建筑须建立在规格化、模数化和标准化的基础上，对于个性化突出且重复元素少的建筑不大适应；另外，PC 建筑比较适合于简洁的建筑立面，对于“里出外进”较多的建筑，实现起来有些困难，而现浇式混凝土建筑在这方面就要灵活得多。因此说，不是所有的建筑都适合做装配式建筑，一种建筑是否采用装配式建造方式取决于多种原因。

（3）PC 建筑推广要求有建设规模和建筑体量，否则难以生存

PC 建筑必须有一定的建设规模才能发展起来生存下去。一座城市或一个地区建设规模过小，工厂吃不饱，厂房设备摊销成本过高，很难维持运营；另外，数量少的小体量建筑也不适合搞装配式。

（4）两种方式互相补充，同时也互相渗透、交织

比如一栋中等预制率的装配式建筑，它的外墙板可能是预制装配的，它的楼板却是现浇的，根据建筑的综合情况不同，采用的建设方式会不同，预制装配与现浇在一个建筑中会互相渗透、交织，你中有我，我中有你，是一个非常正常的现象。

26. 如何判定一种技术、材料、模式是否符合建筑产业现代化的要求？

我们在前文中已经对建筑产业现代化进行了描述，即建筑产业现代化是以绿色发展为理念，以住宅建设为重点，以新型建筑工业化为核心，广泛运用信息技术和现代化管理模式，将房屋建造的全过程联结为完整的一体化产业链，实现传统生产方式向现代工业化生产方式转变，从而全面提高建筑工程的效率、效益和质量。建筑产业现代化关注的是整个建筑产业链的产业化的现代化，着重在现代化。

这里有几个关键词，即：绿色、新型建筑工业化、提高工程效率、效益和质量。基于关键词，我们可以对应出每一项的标准和内容。

（1）建筑产业现代化的三个关键词的内容和标准

1）绿色的标准，一般叫作“四节一环保”，即节能、节地、节水、节材和环境保护。

2）新型建筑工业化的内容是“六化”，即标准化设计、工厂化生产、装配化施工、一体化装修、信息化管理和智能化应用。

3）提高工程效率、效益和质量，可以归纳为“两提两减”，即提高质量、提高效率、减少人工、减少浪费。

通过“四节一环保”+“六化”+“两提两减”作为标准，把技术、材料、模式等对号入座，就可以看出是否符合建筑产业现代化的要求。

（2）应用实践范例

1）工程总承包模式，工程总承包是国际通行的建设项目组织实施方式，但在我国特别是建筑领域推进较慢，它有利于提升项目可行性研究和初步设计深度，有利于实现设计、采购、施工等各阶段工作的深度融合，有利于发挥工程总承包企业的技术和管理优势，从而提升工程建设质量和效益，符合建筑产业现代化的要求，应大力推广。

2）建筑信息模型（BIM），应用在装配式建筑，会提高效率、质量等，带来节约，符合建筑产业现代化的要求，应大力推广。

3）铝模板（图 1-41），作为一种材料及系统在国外已有 50 多年应用，我国发展较晚，但是近些年已经受到了许多建筑商的青睐，它具有施工方便、效率高、稳定性好、承载力高、拼缝少、精度高、重复使用次数多、回收价值高等诸多优点，符合建筑产业现代化的要求，易广泛推广。

4）加气砌块（图 1-42），具有自动化生产线生产、精度高、安装可实现干作业、高效率等优点，符合建筑产业现代化的要求，易推广。

图 1-41　铝模板

图 1-42　加气砌块

5）双面叠合剪力墙（双皮墙，图 1-43），该技术在我国近些年逐渐兴起并应用，在欧洲特别是德国已有多年应用历史，该技术优点：流水线生产，产量大，安装简单，减少人工，缩短工期；整体性好、拼缝数量少、防水性能好，提高质量。基于这些优点，该技术符合建筑产业现代化的要求，易推广。

6）预应力楼板（图 1-44），在国内外都有较多应用，具有抗裂性好，刚度大，节省材料，减小自重，利于大规模生产等优点，符合建筑产业现代化的要求，易推广。

图 1-43　夹心保温双面叠合剪力墙板

图 1-44　预应力楼板

第 2 章　政府如何进行管理

27. 国外及一些地区的政府如何推广、管理装配式建筑？有哪些经验？

从 20 世纪 20 年代开始，一些现代建筑大师，包括格罗皮乌斯、密斯、勒·柯布西耶、赖特、路易斯·康、奈尔维和贝聿铭等，就极力提倡并在自己的设计中尝试装配式建筑。到 20 世纪 50 年代，北欧和东欧的一些国家（如苏联、瑞典等）在政府主导建设的保障性住宅时大规模采用了装配式建筑。后来，其他欧洲国家、北美和亚洲的日本等一些国家和地区借鉴其模式、技术和经验，走上了以市场为主导的装配式建筑发展道路。

目前看，装配式建筑发展较好的国家主要是西方发达国家，实行市场经济体制，推动技术和产业的发展主要依靠市场的力量，但政府在市场经济体制总体框架下的推动作用也体现得比较充分，包括：在政府项目中采用装配式建筑技术；制定有利于装配式建筑发展的法律制度、技术标准和支持政策等。即政府做好规则制定，其他交给市场。国外推动装配式建筑的发展主要有以下几方面做法值得借鉴：

1）政府投资项目采用装配式建筑，除了前面提到的北欧国家外，现在新加坡的组屋工程、中国香港地区的廉租房等政府项目大都采用装配式建筑。

2）制定有利于装配式建筑发展的市场规则和法律制度，如日本的《基本居住生活法》、美国的《国家工业化住宅建造及安全法案》等，这些法律制度是产业发展的顶层设计和基本规则，在这些法律制度的框架下促进产业发展。

3）制定相应的技术标准或技术法规，并按计划逐步提高这些技术标准，类似于欧洲国家对汽车排放标准的逐步提高。在装配式建造领域，如日本的《住宅建设计划法》《日本住宅品质确保促进法》等，提出了促进住宅产业化发展和性能品质提高方面的要求，还有新加坡的易建性评分体系等。

4）政府在产业化初期对装配式建筑给予财政补贴和税收等方面的支持，或出台长期的“奖惩政策”。譬如日本，对建筑垃圾排放收费很高，对建筑垃圾分类回收则给予奖励，如此，大大减少建筑垃圾排放的装配式建筑就“有利可图”。

5）鼓励技术进步，在审慎的前提下，政府主管部门对新技术、新产品、新模式持开放、积极、鼓励的态度，干预和限制较少，能充分发挥市场的作用推动技术创新和科技进步，使装配式建筑技术迅速发展。比如灌浆套筒技术是美国人发明的，在没有先例也没有技术标准支持的情况下，经过技术评估后就大胆应用在夏威夷的高层建筑上，使之很快成为装配式建筑特别是高层装配式建筑的核心连接技术。我国当前一些规范和标准对装配式建筑技术的规定比较保守，装配式建筑的技术优势、效率和效益没有得到充分体现。对此，可以借鉴国外鼓励技术创新的做法。

28. 在简政放权的大环境下，地方政府如何推动装配式建筑的发展？如何定位角色？

中国装配式建筑的发展是由政府主导的。中央政府制定了总目标，地方政府通过诸如将装配式建筑指标与建设用地捆绑的政策，强制性推广装配式建筑。在这种情况下，如何处理好政府主导与简政放权的关系，如何确定政府作用的边界，如何定位政府的角色，是非常重要的课题。

笔者认为，装配式建筑发展真正的发动机还是市场，中国发展装配式建筑类似于汽车的"坡起"，需要发动机以外的力量推动一下，一旦汽车发动起来了，市场将发挥决定性作用。

走市场经济道路是中国改革开放最成功的经验之一。近年来，国家从顶层设计上明确提出了发挥市场在资源配置中的决定作用，市场决定资源配置是市场经济的一般规律，市场配置资源最有效率。市场经济条件下，政府的角色与计划经济体制完全不同。在计划经济条件下，政府的角色既是裁判员，又是教练员和运动员。市场经济条件下，政府的角色是裁判员，中介机构和企业是教练员和运动员。发挥市场在资源配置中的决定性作用，不等于否定或弱化政府的作用，在现代经济社会中，市场和政府的角色不同，着眼点、作用点不一样，但缺一不可。就像只有教练员、运动员而没有裁判员，比赛无法进行一样。我国市场经济在很多方面还不完善，一个重要问题是政府对资源的直接配置过多，不合理的干预过多，产能过剩等问题的主要原因是与政府干预过多分不开的。因此，中央提出政府简政放权，重点解决政府职能定位不清，即越位、缺位和不到位并存的问题，这是适应市场经济的必然举措。政府的作用是引导和影响资源配置，做好裁判员，而不是靠行政强制力直接配置资源。政府的职能主要体现在宏观调控、市场监管、公共服务、社会管理、保护环境等方面，吸引更多运动员参加比赛，监督管理比赛的公平、公正，维持比赛的精彩竞争和持续发展。至于在比赛中怎么去竞争、想用什么技术和方法是运动员（企业）自己的事情。

在装配式建筑这个特定领域和发展市场经济的背景下，建筑产业化发展较好国家的政府定位值得我们学习借鉴，如：

1）政府做好顶层设计（法律、制度、规则）。

2）提供政策支持和服务，引导企业进入这个市场。

3）进行项目、工程和市场监管。

4）鼓励科技进步等。

这里笔者想强调的是：

1）不宜制定冒进的发展目标，不应搞"大跃进"，而应审慎地、扎实地推进，循序渐进，厚积薄发。

2）在装配式建筑涉及结构安全的关键环节上，如结构构件的连接、夹心保温板内外叶板的拉结等，监管要到位有效，确保安全。在其他方面则不宜管得太具体、太宽泛。有的地方政府甚至制定招标条件时连企业采用什么工艺都要规定，这就属于越位了。

3）要克制作秀冲动，不搞大而不当的“高大上”，而应当紧紧盯住三个效益——经济效益、环境效益和社会效益的实现。

4）不应鼓励大铺摊子，形成新的产能过剩。

5）中国目前住宅的结构体系主要是剪力墙结构，而高层剪力墙结构装配式建筑既没有国外现成的经验，国内的试验和经验也不多，规范制定得比较审慎，由此，政府应大力鼓励和推动这方面的技术研发。

总而言之，在当前我国政府强制性推广装配式建筑、设定了刚性目标的情况下，政府更须注意发挥市场的决定性作用，更要尊重市场规律。装配式建筑能否在市场竞争中保持优势、能否持续发展下去，其经济指标、具体目标甚至技术创新等都应交给市场，充分发挥企业这个市场主体的主动性和积极性来推动和发展。

29. 推广装配式建筑政府部门有哪些职责？主要工作是什么？

中国幅员辽阔，地区差异较大，从政府管理角度，中央政府的行业主管部门和地方政府尤其是市一级政府的职责在推动产业发展方面应有不同之处。

（1）在国家行业主管部门层面

笔者建议做好装配式建筑发展的各项顶层设计，从以下几方面统筹协调各地装配式建筑发展：

1）制定装配式建筑通用的强制性标准、强制性标准提升计划、技术发展路线图。近年来，中央政府制定了我国发展装配式建筑的目标，就是用十年时间使装配式建筑占新建建筑比例达到30%的目标，可以说其发展速度、建设规模、技术进步跨度和发展难度在世界建筑工业化历史上前所未有。因此如何确保装配式建筑的安全性、可靠性和耐久性，是中央政府在制定相关政策和技术标准时需要重点考虑的内容。

2）制定有利于装配式建筑市场良性发展的建设管理模式和有关政策措施，如推行工程总承包模式，EPC（设计、采购、施工）一体化模式，全过程工程咨询和监理，推行建筑质量保险等。

3）制定奖励和支持政策。对装配式建筑项目、成套技术研发、技术引进和吸收、科技创新给予财税、金融方面的补贴和奖励政策，特别是在发展初期，为调动企业的积极性，可制定容积率奖励政策，也可参考补贴电动汽车的做法给予装配式建筑项目资金补贴，以及降低全装修商品住宅的税费和交易成本等税收政策等。

4）奖惩并重，在给予装配式建筑相应的奖励支持政策时，加大对其他建设方式的监管，不断提高建筑的质量、安全、环保、节能和绿色建筑的指标要求。建立统计评价体系，做好对地方政府的考核监管等。

5）改革不利于装配式建筑发展的法律、法规和相关制度，营造适于装配式建筑发展的法律环境。政府必须依法行政，而装配式建筑作为新兴产业必然带来与原有法律法规的冲突和矛盾，因此中央政府应及时消除这些法律法规上的障碍，使发展装配式建筑有法可依。

6）开展宣传交流、国际合作、经验推广、技术培训等工作。

（2）在地方政府层面

笔者在地方政府多年从事装配式建筑相关管理工作，对地方政府的工作有较深体会。笔者认为，地方政府应在中央政府制定的装配式建筑的顶层框架内，结合地方实际和特点，制定有利于本地区产业的发展政策和具体措施并组织实施。具体包括：

1）制定适合本地实际的产业支持政策和财税、资金补贴政策。地方政府在土地出让环节有更大的自主权，因此，可以在土地出让环节中的出让条件、出让金、容积率等要求中给予装配式建筑支持政策，参见图2-1。

2）编制本地装配式建筑发展规划。

3）完善地方技术标准体系。

4）推动装配式建筑工程建设，开展试点示范工程建设，做好装配式建筑建设各环节的审批、服务和验收管理，负责工程技术指导和推广工作。

5）制定装配式工程监督管理制度并实施，重点关注工程质量安全的监管，而不应“唯预制率”。

6）推进相关产业园区建设和招商引资等工作。装配式建筑包括结构系统、外围护系统、内装系统、设备与管线系统的集成，这四个系统形成的产业链条很长，因此招商引资时应注意形成产业链齐全、配套完善的产业园区格局，同时还应支持和鼓励本地企业投资建厂，参见图2-2、图2-3。

图2-1　沈阳万科春河里商业住宅小区装配式建筑施工现场

图2-2　沈阳市铁西区现代建筑产业园新闻发布会

7）开展宣传交流、国际合作、经验推广等工作，举办研讨会、交流会或博览会等会议活动，参见图2-4。

8）开展技术培训。装配式建筑专业性、经验性比较强，因此需要从不同层面对开发、设计、施工、监理等进行专业细分的培训，可通过行业协会组织开展，培养技术、管理和操作环节的专业人才和产业工人队伍。

9）地方政府的各相关部门应依照各自职责做好对装配式建筑项目的支持和监管工作。

万科春河里项目（图2-1）是中国第一个在土地出让环节加入装配式建筑要求的商业开

发项目，也是中国第一个大规模采用装配式建筑方式建设的商品住宅项目。

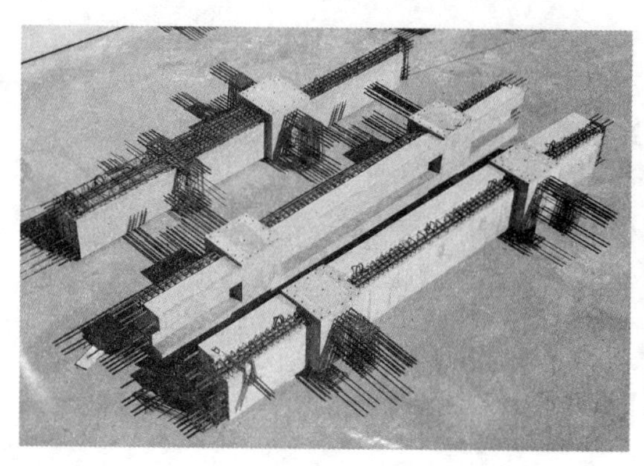

图 2-3　预制混凝土莲藕梁

图 2-4　国家建筑产业现代化示范城市——沈阳举办的一年一度的现代建筑产业博览会

图 2-2 是 2010 年 1 月沈阳市开始建设铁西现代建筑产业园的现场发布会，这是中国第一个以装配式建筑相关产业链企业为主要内容建设的综合性建筑产业园区。

图 2-3 是由铁西产业园入驻企业沈阳兆寰现代建筑产业公司生产的预制混凝土莲藕梁，该构件的制作难度、要求精度和施工安装技术要求都非常高。

30. 各地在推进装配式建筑过程中会遇到哪些重要问题？

作为一个新的生产方式，装配式建筑在我国推广过程中遇到了较多问题，主要包括：

1）开发建设单位对装配式建筑技术和管理不熟悉，对装配式建筑增加的成本不接受，从而对政府的装配式建筑推广要求处于被动、消极甚至抵制的状态，消费者也没有对装配式建筑的各项优势产生实际的市场需求。

2）技术标准体系不完善、不配套。装配式建筑的四个系统组成中，目前我国还存在重视结构系统，而对其他三个系统没有给予同样的重视，这也导致装配式建筑的系统集成优势没有发挥出来，相应地在这方面的技术标准体系也相对单一，配套不完善。

3）设计单位对装配式建筑的设计理念、深化设计等内容掌握不够，装配式建筑的设计还处于边缘化、局外化、后期化的状态。

4）构件工厂生产线、设备的建设问题。

5）施工单位对装配式建筑的施工工艺、技术要点和质量安全管理要求掌握不够。

6）装配式建筑管理人员、技术人员、劳务人员短缺。

7）监理单位对工厂内的构件制作环节的监理内容掌握不够。

8）装配式建筑的成本还较高，原有的工程建设模式、招投标办法、财税体制、监管措施等不完全适应装配式建筑。

9）政府原有的法律法规、工程管理方式和内容不完全适应装配式建筑工程建设。

以上这些问题可归为技术层面、管理层面和市场层面，这三个层面又相互交织和影响，这些问题在我国各地推进装配式建筑过程中都或多或少会遇到。

市场是配置资源的决定因素，因此如何把政府对装配式建筑的要求与消费者对建筑的实际需求结合起来，如何让市场接受装配式建筑是我国当前面临的首要问题，也是不可回避的问题。不可否认，装配式建筑目前还不完全被我国的建筑市场所接受，其主要原因有：

（1）开发单位是消费者市场需求的代表者，其开发建设行为是为了满足消费者对建筑的各项需求，目前看，我国消费者对装配式建筑在节能、环保、品质、性能等方面优势的认识还没有上升到愿意为其买单的程度，这与中国消费者对豪华汽车的消费理念和态度不同。

（2）开发建设单位是装配式建筑建设的最重要的主体，其本质是金融服务类企业，因此更加重视建筑产品的成本，即对成本的敏感性更强。在装配式建筑发展初期，规模效应和技术质量优势还没有显现出来，成本还高于现浇建设方式，特别是当一个地区的房价较低时，采用装配式建筑增加的成本压力会更高。

（3）除万科等少数几家对装配式建筑有过经验的开发商，中国其他开发商对装配式建筑的管理、技术等还不熟悉、不了解，不敢贸然采用，普遍对新技术、新方式比较保守，对现浇方式依赖的惯性较强。对于现浇方式，无论是剪力墙结构体系，还是施工管理的成熟度都更加适合我国现状，也即更容易控制成本，开发建设单位出于对技术管理的掌握程度也更愿意采用自身比较熟悉的建设技术和管理方式。

因此，在当前我国政府强力推进装配式建筑发展的背景下，政府要把发展产业的要求和市场需求有机结合起来，从而充分发挥市场的决定作用来推动装配式建筑发展。从我国建筑发展过程看，发展建筑节能、商品混凝土、绿色建筑等新的建设方式和新技术时，都要或多或少增加建设成本，有些成本的增加并不比装配式建筑方式低，但发展到现在也都逐步接受并成为主流的建设方式，其主要原因就是政府的要求适应了市场的需求，推动了建筑领域的技术进步。因此，走建筑工业化道路、发展装配式建筑作为我国建筑业转型升级的趋势和方向，也必然会被市场接受并逐步成为主流建设方式，但这需要一个过程，这个过程也是如何解决政府的要求与市场的需求相互结合、互相促进的过程。

31. 启动装配式建筑之初，地方政府应重点抓哪些工作？

在我国当前市场经济体制还不太成熟的环境下，政府作为一项新的生产方式的推动者，有许多工作需要政府部门去引导和推进。在装配式建筑启动之初，政府应重点从技术、监管和支持政策方面引导：

1）编制适合本地的技术标准。在国家标准的基础上，地方政府可在本地尚没有企业标准时，编制适合本地特点的技术标准，并通过试点项目完善相关配套标准。

2）树立样板，开展装配式建筑试点工程建设。地方政府可通过一些有意愿的开发建设单位开展试点工程建设，发挥试点示范作用，积累技术和管理经验，组织培训学习，发现和解决试点过程中的问题。

3）强化对装配式建筑工程的质量安全监管。针对装配式建筑的特点，重点对施工现场和工厂生产两个环节强化监管，制定符合实际和可操作的监管措施和办法。由于装配式建筑的主要构件大部分在工厂完成，对工厂生产构件的质量监管与传统建设方式不同，因此，监理必须要延伸至工厂生产。传统建设方式中，政府和监理对建筑工程的监管是在施工现场，工厂内由质量监督部门管理。施工现场的重点管理环节是在构件安装过程的监管，尤其是连接部位如吊装、套筒连接、灌浆等环节应重点关注。

4）制定适合本地的发展规划和目标。在中央政府提出的总体目标下，地方政府应根据本地实际状况如经济、人口增长、城市建设和房地产市场等因素，制定本地区的装配式建筑发展规划。但政府制定的规划切忌成为“鬼话”，因为市场情况瞬息万变，一个新兴产业的发展很少有通过政府的规划而发展起来的。政府出于对政绩的追求，往往按照理想状态来制定规划。如图2-5 所示。而现实中一个新兴产业的发展往往要经过反复波动才能进入上升通道。如图 2-6 所示。这就要求政府制定规划时要摆脱理想曲线，按照现实需求来制定发展规划。

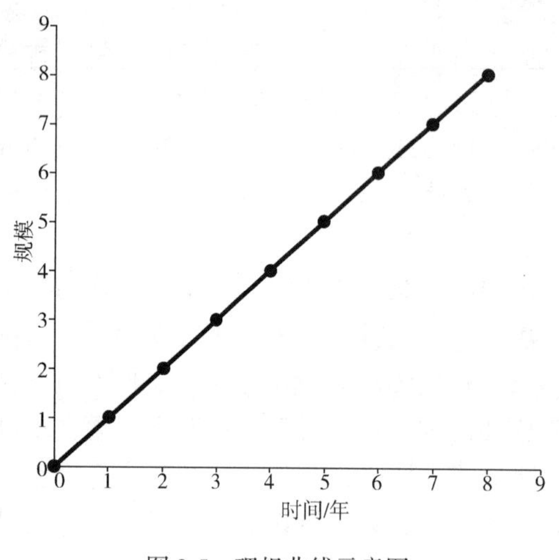

图 2-5　理想曲线示意图

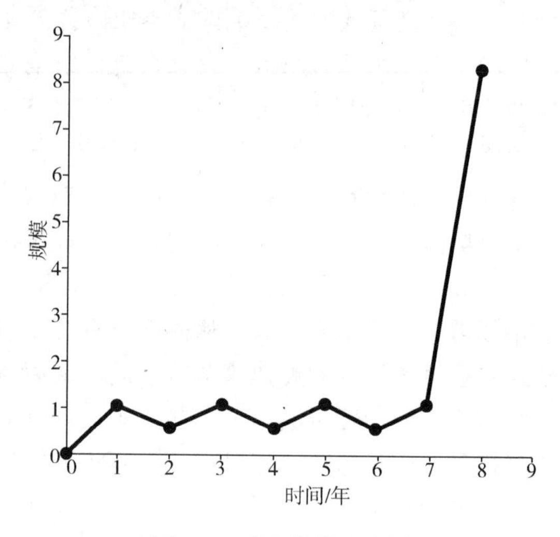

图 2-6　现实曲线示意图

5）制定支持和鼓励政策。地方政府应从两个方面着手，一是从工程项目入手，研究制定鼓励开发建设单位采用装配式建筑的政策措施，从招标投标、财税、审批等方面指定支持和鼓励政策，如对政府项目在招标投标时明确采用装配式建筑方式建设，减少相关审批费用、给予工程补贴或奖励等，减少开发建设单位在行政审批方面的开支，增强开发建设单位建设装配式建筑的积极性；二是从生产企业入手，吸引构件生产及配套企业投资设厂，加强招商引资政策的研究和制定。

32. 各地政府制定了哪些政策和措施鼓励和支持装配式建筑发展？效果如何？

近年来，我国各地方政府对装配式建筑和建筑产业化工作日益重视，特别是 2015 年以来，随着国家对装配式建筑的顶层设计日趋完善，上海、深圳、沈阳等各地方政府纷纷出台了许多鼓励和支持装配式建筑发展的政策文件。这些政策文件主要包括以下几类：

1）鼓励装配式建筑工程建设的政策措施。如各地政府都提出了政府投资项目率先采用；在房地产开发项目的土地招标投标环节加入装配式建筑要求，给予容积率奖励、资金财政补贴，在特定区域内的房地产开发项目的装配式建筑需达到一定比例要求等等。

2）给予装配式建筑工程在建设过程中的支持政策，如给予装配式建筑招标投标、审批办理等环节给予支持，减少审批环节的费用、鼓励装配式建筑的商品房销售等。

3）利用政府基金或财税政策，给予企业在科技创新、技术研发、投资建厂、引进高端技术装备等方面的补贴。

4）强化装配式建筑监管方面的政策措施，在设计、审图、施工、监理、验收等建设过程中，强化对装配式建筑的质量安全监管。

5）推行适应装配式建筑的建设管理模式，如制定鼓励工程总承包或 EPC 模式（设计、采购、施工一体化模式）、鼓励应用 BIM（建筑信息模型）技术等相关政策措施。

从地方政府角度看，上述支持政策在上海、北京、沈阳等城市以及江苏、浙江、河北等省级地方政府出台的政策都有这方面的内容。从目前的效果看，在这些政策中执行效果较好、作用较大的是一些强制性政策措施，如土地出让加入条件等措施效果较好，上海、沈阳等城市率先采用这一政策后，对装配式建筑发展起到了巨大推动作用，而一些鼓励性的措施应该说没有达到预想的效果。笔者认为，从国家到各地方政府出台的相关政策措施，对装配式建筑发展起到了极大的推动作用，使我国迎来了装配式建筑发展的新阶段，效果非常显著。可以说，装配式建筑由原来的个别地方政府和企业单打独斗，进入到了全国上下整体发展的新阶段，发展装配式建筑已成为我国建筑业的共识。

33. 装配式建筑领域或产业如何处理政府推动与市场配置的关系？如何让市场发挥决定性作用？

推动市场经济发展在我国已成为重要共识，党的十八大报告明确指出：“经济体制改革的核心问题是处理好政府和市场的关系，必须更加尊重市场规律，更好发挥政府作用”。正确处理好政府和市场的关系，使市场这只“看不见的手”和政府这只“看得见的手”各司其职、优势互补，才能更好地激发经济活力。装配式建筑作为一个新兴的生产方式，必将带来建筑业的转型升级。按照市场经济的理念，其长远发展也一样不能靠政府的计划和配置，还得尊重市场规律，靠市场这双“看不见的手”，应让市场发挥决定性作用。

发挥市场的决定性作用归根到底就是满足消费者的需求，而消费者的需求主要体现在两方面，一是质量性能基本相同的条件下，价格相对越低越好；二是价格高，但质量和性能也相对较高，消费者也愿意为其性能和质量买单，追求产品的性价比是市场经济中消费者永恒的需求。

因此，对装配式建筑而言如何发挥市场作用，核心在于消费者认同和喜欢装配式建筑，愿意使用和购买装配式建筑。那么如何让消费者能够接受并愿意掏钱购买装配式建筑，笔者认为也应从装配式建筑的三大效益（经济效益、社会效益、环境效益）中去寻求突破和发挥优势。其中消费者最关注的是经济效益，这也是市场发挥作用的原动力。如何体现装配式建筑的经济效益，为消费者提供更具性价比的建筑产品是市场发挥决定性作用的关键。

根据前文的论述，我们可以从以下两个方面探讨发挥市场作用的路径：

（1）降低装配式建筑的成本

成本的高低是一个相对的概念，当前我国装配式建筑成本高是相对于传统现浇建筑。如果装配式建筑的建设成本低于目前大量采用的现浇建筑，开发企业和消费者当然愿意开发和购买装配式建筑，市场自然会发挥作用。传统现浇建筑采用的剪力墙结构体系由于在我国发展较早，与之配套的技术、产品、管理和人才队伍等影响成本的因素都发展的极为成熟，建设成本优势明显。单纯对比建筑结构系统的成本，装配式建筑的结构系统成本与现浇混凝土结构成本对比无优势可言。因此，若降低装配式建筑的相对成本，一个思路是通过技术进步和精细管理，最大化地提高装配式建筑建设效率、扩大规模、节约材料、减少人工，加上政府提供的如容积率奖励、减免相关费用和资金补贴等支持政策，可进一步降低装配式建筑成本；另一个思路就是提高传统现浇建筑的建设成本，例如由于装配式建筑在环保、消防、节能等方面比传统现浇建筑有明显优势，政府应充分利用这些优势，对传统现浇建筑提高这些方面标准或要求，强化监督检查，这样传统现浇建筑就会相应的增加建设成本，使装配式建筑的相对成本降低。

（2）提供更多的功能、更高的性能、更好的质量

给消费者提供高性价比的产品，除了价格因素外，就是产品的性能、功能和质量方面的因素。与现浇建筑偏重结构系统不同，装配式建筑是四大系统（即结构系统、外围护系统、内装系统、设备与管线系统）的集成，在质量、环保、防火、节能、减排等方面具有较大优势。因此，装配式建筑要体现比传统现浇建筑更高的性价比，就需要给消费者提供更多的功能、更强的性能、更可靠的质量和更方便舒适的建筑产品。主要体现在：

1）装配式建筑要求的内装系统，即装配式建筑必须全装修，与目前住房市场上大量存在的毛坯房、清水房相比，装配式建筑为消费者提供了更多的使用功能，更舒适的居住环境，也大大减少了消费者自己装修花费的时间和精力。通过政府对装配式建筑提供的支持和鼓励政策，例如给予装配式建筑补贴、全装修商品住宅的税收优惠以及销售环节的金融支持政策，全装修的费用可包含在房屋销售总价一同贷款等支持，减轻消费者购房费用的压力。

2）装配式建筑实行管线分离，提倡 SI 住宅体系，即主体结构与内装分离，与传统现浇建筑的管线预埋在混凝土墙板或楼板中相比，更容易维护、维修和更换，为消费者提供了更加便利、省心的居住产品。

3）装配式建筑的围护系统，采用预制三明治外墙，其节能、防火、安全等性能都要高于传统现浇建筑通常采用的薄抹灰系统，可有效地消除传统现浇建筑外墙薄抹灰系统的脱落、火灾等事故隐患。

通过以上装配式建筑与传统现浇建筑的对比，装配式建筑的性价比优势就充分体现出来，消费者也一定会接受装配式建筑，并愿意为更多的功能、更高的性能和更好的质量买单。

另外，笔者认为，对建筑市场中的企业而言，应围绕消费者的需求来研究和开发建设建筑产品，通过满足消费者的需求让企业有利可图、有钱可赚，从而吸引更多企业积极进入装配式建筑领域。因此，政府一方面应做好建筑相关标准的提升并付诸实施，强化工程质量监管；一方面要研究制定引导、鼓励和扶持装配式建筑相关企业的政策，吸引更多企业进入这一市场，并向良性竞争的方向发展。然后政府这只“看得见的手”逐步退出，让市场这只“看不见的手”起决定作用。

34. 政府应该采取哪些措施引导市场发展装配式建筑？传统建筑市场推行装配式建筑后哪些领域应放开管理？

装配式建筑作为一种新的生产方式，在发展初期，政府应给予支持和引导，吸引企业进入这一领域，并使其走上良性竞争的发展道路。应该说，在一个新的生产方式的发展初期，特别是在我国现有经济体制下，政府的引导作用非常显著，并具有无可替代的作用。政府在引导企业时应避免追求高大上、铺大摊子、盲目投资等问题，要充分利用现有建筑或建材产业资源，引导现有建筑、建材企业走装配式建筑发展道路，提高产品的集成化、部品化水平，例如可利用现有混凝土搅拌站的基础条件，向制作混凝土预制构件方向引导，增加混凝土产品的集成度。现实中，我国也有许多构件企业如北京榆构公司、沈阳万融公司等都可追溯到其最初由混凝土搅拌站发展成为构件企业的经历。因此，政府的引导应把握好引导力度，不要用力过猛。笔者建议，政府在引导市场发展装配式建筑时应从以下几方面制定相关措施：

1）与时俱进地提高和完善建筑标准，政府应制定强制性标准及其提升计划，强制性标准应重点包括建筑整个生命周期的质量、环保、节能、安全等标准，这些强制性标准应纳入技术法规或法律范畴，作为政府依靠强制力实施监管的重要依据，即政府守住建筑标准的底线。

2）对先行先试的企业和项目给予支持和补贴，包括政府投资项目先行试点、给予项目资金补贴、优化审批及服务等政策，吸引其他企业进入装配式建筑领域进行市场竞争。

3）强化对装配式建筑市场的监督管理，依据强制性标准实施监管，保证装配式建筑工程的质量安全，维护市场良性竞争。

4）加强对装配式建筑的宣传，科普装配式建筑相关知识，引导消费者提高对建筑品质和性能的追求，好比当前我国消费者对高端汽车的消费，愿意为品质和性能买单。

从我国总的发展趋势看，政府对市场的监管是逐步放开的，政府也正在大力推动简政放权。对装配式建筑这一新的生产方式，原有的政府对建筑业的管理内容已不适应，一些领域和管理环节应放开或改革，交给市场，由企业自主决策：

1）放开企业招标投标管理。对非政府投资项目，目前国家和许多地方政府已出台了最新政策，可不采用招标投标自行确定承包单位，这样就给开发建设单位很大的自由选择空间，可以双方协商、自主选择，通过合同和契约明确权利义务并进行履约管理。对政府投资项目，应降低或减少对企业投标的限制，改革不适应装配式建筑发展的法律规章，以利于指导实际操作。

2）放开技术标准制定，推进标准化改革。从国家层面看，政府应做好强制性标准，并纳入技术法规或法律体系，保证其实施的强制力，政府负责守住标准的底线。其他如行业标准、企业标准、团体标准应逐步放开交给市场，即交给行业团体、企业制定相应标准的编制权，从而形成标准市场，企业可自主选择是否采用，通过契约明确采用标准双方的权利义务并加以约束，这是国家强制性标准的有益补充和完善，也更适合市场发展和科技成果转化和应用，充分发挥企业技术和管理创新能力。

3）放开造价定额管理。原有建设方式对工程造价定额的管理带有明显的计划经济特色，所有工程都依据定额进行管理。而市场配置资源的主要途径就是通过价格来配置，工程材料和劳动力等市场价格瞬息万变，尤其是装配式建筑大量采用新方式、新技术、新材料，原有的造价定额管理根本不能适应市场变化和企业竞争。因此，政府应放开原有的造价定额管理，对国有资金投资工程，作为其编制估算、概算、最高投标限价的依据，而对其他工程，政府编制的定额仅起到参考作用，不能作为工程决算的依据。同时，按照量价分离的原则，适应BIM和互联网等信息化技术的发展，向企业自主报价、竞争形成价格的方向发展。

4）放开地区间的建筑市场准入。一些地方政府为了发展本地经济，制定了许多以备案名义实施审批设立准入门槛或限制与外埠企业合作等政策，特别是在装配式建筑发展初期，一些地方还没有形成专业的装配式建筑技术人才队伍的情况下，把许多外埠有经验的企业拒之门外，往往不利于本地装配式建筑的发展。因此必须坚决消除地方政府的地方保护主义意识，在全国形成统一开放的市场，这样通过市场配置相关资源，促进技术、人才、资金向装配式建筑领域流动，促进市场良性竞争。

35. 地方政府推进装配式建筑有哪些典型路径？

中国近年来新一轮的装配式建筑发展是随着国内多个试点城市的率先探索开始的，这些试点城市的探索主要是依靠政府主导进行的。以试点城市和示范城市沈阳为例，地方政府推进装配式建筑发展主要经历了三条比较典型的路径：

（1）优惠政策引导式

2010年，沈阳第一个装配式建筑万科春河里开发项目，在土地出让招拍挂环节，沈阳市政府即规定该地块必须采用装配式建筑方式建设。为此，政府在土地出让时给出的地价低于当时该地块的市场价格，以吸引开发商来投资建设，最终沈阳万科公司凭借以前对装配式建筑积累的经验摘得该地块，并成为沈阳第一个装配式建筑示范项目。给万科春河里装配式建筑项目供应混凝土构件的是沈阳兆寰公司，也是在铁西现代建筑产业园的优惠政策支持下，第一个开始生产装配式建筑混凝土部品部件的企业。可以看出，这一路径主要是政府给予鼓励、优惠和让利给开发建设单位和相关企业，引导企业采用装配式建筑方式建设和部品部件的生产。上海、北京等城市在早期通过给予装配式建筑项目容积率奖励、补贴等方式也属于这种路径。

（2）政府项目示范式

2011年，随着国家大力推进保障性公租房建设，沈阳市又率先在丽水新城、惠民新城、惠生新城等保障房建设中全面采用装配式剪力墙结构建筑方式建设，参见图2-7。同时还在政府投资的南科大厦、安保大厦等高层公共建筑采用装配式框架结构建筑方式建设，参见图2-8。这些政府项目率先采用装配式为开发建设单位提供了很好的示范作用，给沈阳市发展装配式建筑吃了颗定心丸，同时也积累了建设管理经验。这一路径后来在合肥、济南等城市得到推广。

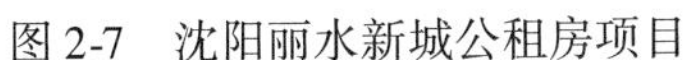
图 2-7　沈阳丽水新城公租房项目

图 2-8　沈阳南科大厦

（3）土地捆绑强制式

2011 年，在政府项目率先采用装配式建筑方式建设的同时，沈阳市政府又研究出台了在土地出让环节加入预制率、全装修等装配式建筑相关要求，依靠地方政府对开发项目提出的强制性要求，推动装配式建筑向房地产开发市场发展。目前看，这一路径非常有效，后来在上海、深圳等许多城市也得到了复制推广，成为目前推动装配式建筑在开发建设市场发展的主要模式。

沈阳作为国家试点城市，后来又成为示范城市，对以上三种路径都进行了探索和尝试，对推进装配式建筑发展起到了试点示范应有的作用。当然，国内其他城市如长沙、上海、绍兴等城市都结合各自城市特点和实际进行了许多有益的探索和实践，并且这些探索和实践都是在国家对装配式建筑的顶层设计和技术标准尚未出台时进行的，为我国装配式建筑国家顶层设计和技术发展提供了许多经验和教训，也做出了重要的贡献。

36. 地方政府在推广装配式建筑过程中有哪些典型做法？

由于我国各个城市的经济发展水平、建设规模、气候特点不同，发展装配式建筑所面临的主要问题和实际情况也不同。因此，并没有一个通行的、典型的做法，应从各个城市的实际情况和特点去探索和寻求相应的做法，而不是盲目照搬其他城市的做法和经验。在我国目前的多个装配式建筑试点城市探索过程中，各个地方政府都进行了有益的探索，特别是在向市场化发展的过程中，试点城市政府都出台了许多支持和鼓励装配式建筑发展的做法，主要有以下几种：

（1）在政府投资项目中全面推广应用装配式建筑技术、产品及管理模式。有些城市政府进一步要求在项目计划、土地划拨和立项阶段须明确采用装配式建筑技术建设，政府投资的装配式建筑工程项目还率先推行工程总承包、EPC（设计、采购、施工一体化总承包）模式以及BIM技术应用等。这一做法也是国内外政府推动和引导一项新技术和新兴产业发展的通常做法。

（2）鼓励装配式建筑在房地产项目中推广应用方面的做法，这也是装配式建筑能否市场化持续发展的重中之重。这里面又包括以下几个环节的具体做法：

1）在土地出让环节，政府在房地产开发的土地出让时，即明确按照装配式建筑要求建设，要求项目整体预制装配化率、全装修、绿色建筑以及BIM应用、工程总承包等技术和管理要求，并在出让时以契约形式明确并用来约束开发建设单位。笔者认为这一做法虽属于强制措施，但也是目前各个城市中推进最有效、符合市场经济理念的做法，沈阳市率先采用了这一做法，对推动装配式建筑从政府引导向市场化发展起到了积极作用。目前，深圳、上海等城市也都出台了类似的办法。

2）在规划设计环节，给予采用装配式建筑的开发项目面积奖励，其本质就是项目通过调整容积率给予奖励，一般是给予不超过实施装配式建筑工程建筑面积之和的3%。这一做法是学习借鉴了香港的经验，但对国内的有些地区城市不一定适用，如很多地方城市在确定容积率时，为了多卖地、多收取土地出让金，容积率已经达到最高限制，许多开发单位能做到给定的容积率都非常困难，而且由于容积率受国家相关法规的限制较多，操作过程复杂且周期较长，从北京已操作的案例来看没有达到预期效果。笔者建议，将3%容积率奖励这一做法提前到土地出让环节，在土地招拍挂时明确对装配式建筑给予3%容积率奖励，即对承诺采用装配式建筑方式建设的项目，直接给予高于未采用装配式建筑方式3%的容积率奖励；或一次性给予资金奖励或补贴，即一次性按3%比例减免土地出让金，也可按由于采用装配式建筑方式减少的容积率给予补贴，这样的做法更简单易行，也给开发企业减轻了相关审批负担。

3）在建设环节，一是减免装配式建筑项目建设过程相关费用，如建筑垃圾排放费、墙改基金、散装水泥基金、项目质量保证金、安全措施费、社保金等，这些费用随着我国政府的简政放权持续推进，大部分已取消或停收。二是装配式建筑项目开辟优先审批、优先评优评先等鼓励措施，使开发单位的行政成本进一步降低。三是给予项目资金扶持，政府设立装配式建筑工程建设扶持资金，对具有示范效应的、满足一定技术要求的装配式建筑项目，直接给予资金补贴。应该说这一做法简单有效，是开发单位最愿意接受的做法。

4）在装配式建筑销售环节，给予提前办理《商品房预售许可证》，给予消费者降低公积金贷款首付比例，以及享受普通商品住宅的相关优惠政策，特别对全装修住宅应进一步降低首付比例，有效推进全装修住宅的市场发展。

（3）鼓励装配式建筑的科技研发和生产企业技术升级方面的做法，例如给予生产企业先进技术和设备引进、固定资产投资补助或其他金融支持，优先推荐拥有成套装配式建筑技术体系和自主知识产权的优势企业申报高新技术企业，享受高新技术企业的相关优惠政策。

笔者认为，以上这些做法最有效的是两个，一个是在土地出让环节加入装配式建筑建设条件，利用市场经济的合同约束来推进装配式建筑工程建设，向市场化发展，这一做法应成为今后我国市场经济发展中政府推动产业发展的主要做法；另一个就是要奖惩并举，政府一方面要对非装配式建筑项目在垃圾排放、环保和节能减排上严格执法，加大处罚和监管力度，另一方面要通过给予装配式建筑项目优惠和资金补贴，降低开发企业装配式建筑建设成本，调动开发建设单位建设装配式建筑的积极性。

37. 在当前我国装配式建筑发展大干快上的热潮中，政府应如何有效控制发展节奏？如何避免出现“大跃进”、粗制滥造和新的产能过剩等问题？

当前，国家已提出了利用十年时间使装配式建筑达到30%这一总体目标，在这一目标的设定下，各地方政府也都相继制定了本地的发展目标和规划，由于各地发展不够平衡，一些地方政府制定的发展目标和规划已明显出现了冒进、甚至“大跃进”等问题。从我国过去地方政府推进经济或产业发展的经验和教训告诉我们，政府作为市场的监管者，无法控制产业发展的节奏，政府制定的发展指标多数无法实现，即使如政府自己所说的实现了发展指标，也是短期的、有较多水分的。因此，地方政府如何有效控制发展节奏是当前面临的重要问题。

笔者建议，地方政府在国家总体发展目标的设定的前提下，在制定本地的发展目标和规划时应本着审慎的原则，在发展前期应注重对装配式建筑的技术、管理等内容进行经验的积累和完善，多做研究和准备工作，积累经验，前期更加注重发展的质量，待发展相对成熟或找到市场认可的模式后，能够充分发挥市场的决定作用，使装配式建筑发展进入良性、持续发展的轨道，从而完成中央政府设定的发展目标。

装配式建筑作为一项新的生产建造方式，是需要大量实践经验积累的过程才能达到良性、健康、快速发展的阶段，没有足够的、成熟的经验积累和实践，极容易出现问题，例如我国20世纪50年代发展装配式建筑时的大干快上，出现了许多问题，又没有及时解决，才导致装配式建筑发展停滞下来。政府依靠行政强制力在短期内可使产业迅速发展起来，形成短期的市场繁荣，但快速发展过后，往往带来了产能过剩，导致产业大跃进，如果政府的监管水平没有及时跟上，粗制滥造、假冒伪劣也在所难免，这对一个产业的发展是致命的伤害。

笔者认为，避免装配式建筑“大跃进”应从两方面入手：

一方面要避免政府指标“大跃进”。政府如果确定的装配式建筑发展指标过高、过快，虽然可迅速推进装配式建筑市场发展，形成本地装配式建筑的短期繁荣，但随之带来的是原材料、技术管理人员及劳动力紧缺，造成这些要素的市场价格上涨，进一步提高了装配式建筑成本。市场本不愿接受增高的成本，高速发展反而阻碍了装配式建筑的市场化。同时，由于政府对政绩的追求，往往制定的指标完成时间太短，又易导致装配式建筑的质量和安全出现问题，无法体现装配式建筑的优势。因此，地方政府一定要充分考虑本地的实际情况，谨慎制定相关发展指标。

另一方面是要避免铺大摊子式的“大跃进”。这是在地方政府对装配式建筑的产业规划布局上容易出现的问题。装配式建筑涉及产业种类较多，地方政府通过大力推动，相关部品部件生产企业就会随着市场的需求快速反应，加大投资力度进入这一领域，形成市场激烈竞争。在装配式建筑发展初期，地方政府为了完成上级政府的工作指标，往往纷纷鼓励和推动企业投资上马相关项目，盲目铺产业摊子，而当市场还没有充分需求或市场步入稳定发展阶段的时候，则必然出现产能过剩。这种现象已经在国内出现，国内近几年上马了大量的构件生产线，其中大部分没有达到设计产能，甚至有的构件生产线还处于闲置状态，已形成了构件产能过剩。因此，地方政府在推动装配式建筑时要避免铺大摊子的“大跃进”，在产业规划布局上一定要结合市场的实际需求，合理谨慎规划产业布局。

38. 我国城市和地区发展不均衡，不同规模的城市是否应该“一刀切”推进装配式建筑？一个城市在推进过程中是否应该遵循预制率先低后高的发展思路？

我国幅员辽阔，各地区的经济、社会、发展很不均衡，地理气候等因素复杂多样，在制定发展计划或指标时，中央政府应本着因地制宜的原则，宜采取“一地一策”，给予地方政府更大的自主权，发挥各地方政府的积极性，而不宜采取“一刀切”的措施。地方政府在制定相关政策时，应本着实事求是的原则，依据本地的经济、社会发展的现实情况以及市场、技术、管理的客观发展水平制定，像深圳、上海、沈阳、北京、合肥等市场化发展水平较高或装配式建筑发展起步较早的城市，在技术、人才、管理等方面比较成熟，其制定的政策措施可相对超前些，而其他城市可相对保守一些。对于政府来说，最好的发展目标和指标是与其实际发展水平比相对略低，这样既可减少政府对市场的干预，符合当前我国简政放权的改革趋势，也利于政府部门有所作为，同时也给企业更多的自主权和决策权，从而更好地发挥市场的配置作用。

因此，政府在推进装配式建筑过程中，制定相应指标时应本着“就低不就高”的原则，应该遵循预制率先低后高的思路，但不能唯预制率论。从目前我国推进装配式建筑的主要技术指标看，大多数城市政府把预制率作为首要衡量装配式建筑的技术指标，甚至是刚性要求。预制率是指预制混凝土占总混凝土量的比例，这一指标虽然并不完全科学，但其更直观、更简单，也更便于评价装配式建筑的技术发展水平。从目前普遍的装配式混凝土建筑技术经济水平看，预制率越高，对技术和成本的要求也相对越高，市场接受程度越低，也必然影响预制率从低向高的路径发展。随着政府对建筑的环保、节能、绿色、质量、性能等强制性要求逐步提高，以及人工成本的不断提升，装配式建筑尤其是高预制率建筑的各项优势大大凸显，当高预制率成本低于低预制率成本时，才能自然形成预制率从低到高的发展态势。

预制率仅是作为评价装配式建筑四大系统中的结构系统的重要指标，发展装配式建筑必须要从其四大系统整体协调发展的角度来推进，在推进结构系统低预制率要求时，还应注重对围护系统、设备管线系统和内装系统的协同推进，尤其是内装系统，是实现装配式建筑的重要内容。同时，装配式建筑也必须要满足国家对建筑环保、节能、减排方面的要求，符合绿色建筑发展方向，不能进入唯预制率的误区。

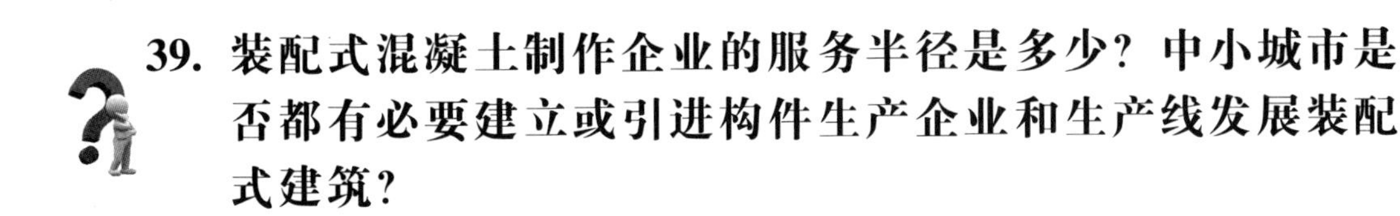

39. 装配式混凝土制作企业的服务半径是多少？中小城市是否都有必要建立或引进构件生产企业和生产线发展装配式建筑？

装配式混凝土构件制作企业的服务半径通常在 50km 以内为最优，但依据其所服务的装配式建筑工程的规模大小，还可增加至 100km 左右，再高的服务半径则运输成本相应增加，经济性无优势可言，可参考表 2-1。由于构件的市场价格会随着不同地区市场情况而变化，这个表只作为定量的参考。

表 2-1　运费占 PC 构件价格的比例关系%

序　　号	构件类型	运　　距			
		0 ~ 20km	20 ~ 50km	50 ~ 100km	100 ~ 200km
1	叠合板	4% ~5.5%	5.5% ~7%	7% ~11%	11% ~16.5%
2	墙板	2% ~3.5%	3.5% ~4.5%	4.5% ~7%	7% ~11%
3	柱梁	2% ~3.5%	3.5% ~4.5%	4.5% ~7%	7% ~11%
4	转角板、飘窗	4% ~5.5%	5.5% ~7%	7% ~11%	11% ~16.5%

日本的 PC 工厂的布局值得我们借鉴，其 PC 工厂布局通过市场自然形成，专业化比较强，也比较合理，一个 PC 工厂只做一类构件，并做到最精最好。尤其在较大城市周边建立了许多专业化构件的 PC 工厂，这样的 PC 工厂布局不仅提高了效率，而且成本较低，利于生产的标准化和自动化。而一些小城市由于建设和市场规模较小，更适合建设综合性的 PC 工厂，提供更多种类的构件产品。

从我国大中城市空间的规划布局看，工业企业包括装配式建筑构件制作企业都规划建设在城市周边，因此在我国大中城市周边的中小城市，可依托大中城市周边已有的构件制作企业，为本市提供构件服务，没有必要在本市新建构件制作企业。特别是在发展初期，装配式建筑市场需求还不足或不确定的时候，应尽量利用已有制作企业为本市提供构件制作和生产，贸然建立构件制作企业对投资者来说风险较大。当前国内有些地区预制构件生产线数量已过剩，有些投资者新建和正在新建许多流水线，甚至花巨资引进了世界上最先进的自动化流水线。有些地方政府更是把是否上构件流水线作为发展装配式建筑的必要条件和准入门槛，这个误区使我国一些城市的构件流水线已明显产能过剩，大多数流水线没有生产或未满负荷生产。因此，中小城市更适合建设综合性 PC 工厂，生产更多品类的 PC 构件产品，适应本地的建设规模和市场。

40. 如何协同推进装配式建筑、民用建筑节能和绿色建筑发展？

按照国家标准定义，装配式建筑是结构系统、外围护系统、内装系统、设备与管线系统的主要部分采用预制部品部件集成的建筑。

民用建筑节能是指在保证民用建筑使用功能和室内热环境质量的前提下，降低其使用过程中能源消耗的活动。目前国内大部分地区实行建筑节能65%的技术要求。

绿色建筑是指在全寿命期内，最大限度地节约资源（节能、节地、节水、节材）、保护环境、减少污染，为人们提供健康、适用和高效的使用空间，与自然和谐共生的建筑。

从以上定义可以看出：

1）装配式建筑是建筑节能和绿色建筑中的一个重要内容，例如装配式建筑的预制外墙节能保温效果更好，安全性、耐久性更强，生产和施工过程中大大节省材料，减少了建筑垃圾排放，其四大系统的有效集成也大大降低和减少了能源消耗，这些都属于建筑节能和绿色建筑应有之义。

2）建筑节能是绿色建筑的一项重要内容，绿色建筑内涵丰富，涵盖了建筑节能、绿色建造、绿色建材、绿色运营管理及建筑固废物综合利用、可再生能源利用等内容。

3）绿色建筑是包含了建筑节能、装配式建筑等内容的更大的概念，是指引我国建筑未来发展方向的大旗，由于涵盖了建筑绿色发展理念的所有内容，因此必须要协调、统筹推进。其中，绿色设计是龙头，BIM的推广属这一范畴；绿色建造是对建筑生产施工方式的转型升级，装配式建筑属于这一范畴；绿色建材是绿色建筑的物质材料基础，绿色运营管理是体现绿色建筑节能、节地、节水、节材、生态环保的重要环节。

绿色建筑、装配式建筑和节能建筑的关系可参见图2-9所示。

从我国推进绿色建筑的历程看，开始阶段是从材料的角度推动建材向绿色节能方向发展，主要做法是采用推广“四新”技术（如新型墙材、散装水泥、商品混凝土等），禁止、限制、淘汰落后建材（如黏土砖等）；第二阶段发展从建筑节能的角度，主要从建筑围护保温结构、建筑能耗监测、可再生能源利用等方面推进。随着多年的发展，建筑节能已成为国家强制性建筑标准，形成了较为系统地管理体系，得到了全面推进；现阶段推进装配式建筑阶段，是在我国推动建筑节能、墙材改革等工作的基础上，进一步在建造方式上的转型升级，通过采用工业化的生产方式理念即装配式建筑来推动建筑业向绿色建筑发展。应该说，装配式建筑是绿色建造过程的主要内容，是建筑领域节能减排发展的新阶段。

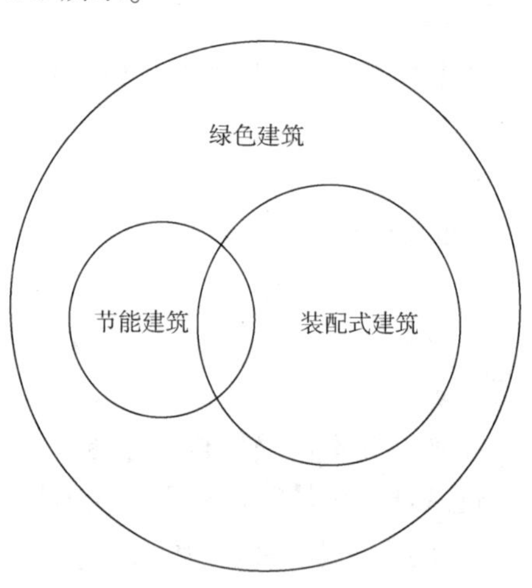

图2-9　绿色建筑、装配式建筑、节能建筑关系示意

如何协同推进装配式建筑、建筑节能和绿色建筑？笔者认为应从如下几个方面加以理解和把握。

1）地方政府首先要把装配式建筑和建筑节能、绿色建筑作为一项总体工作来推进。从我国政府推进装配式建筑的组织机构和工作职责看，往往把绿色建筑、装配式建筑、建筑节能（包括墙体材料改革、散装水泥推广等工作）由一个部门来负责推进，这样不仅有利于统筹协调发展，也能体现出不同时期我国对绿色建筑发展的连续性和侧重点。但我们应该看到，我国幅员辽阔、经济社会发展不均衡，有些地方还处在建筑发展的初级阶段，例如有些城市尤其是中小城市还停留在禁限淘汰落后建材或建筑节能起步阶段，这些城市应把工作重点放在建筑节能工作上，把已列入强制性标准的建筑节能工作做好，夯实基础工作，然后再把装配式建筑作为重点来推进。发展装配式建筑对当地的经济社会水平以及技术、管理人才队伍要求较高，如果盲从跟风，不利于绿色建筑及装配式建筑的长远健康发展。

2）要充分利用和发挥建筑节能作为当前国家强制性标准的促进作用，推动装配式建筑和绿色建筑发展。从我国当前的情况看，建筑节能的法律地位已等同于建筑质量、安全、消防等工作，建筑节能的技术标准是国家强制性标准，所有民用建筑都必须满足建筑节能强制性标准要求。而装配式建筑、绿色建筑还不具有建筑节能相同的法律地位和强制性。建筑节能强制性标准还在随着国家经济、社会、技术的发展不断提高，北京、河北、山东等省市建筑节能率已由 65% 上升到 75%，其他省市也都按照节能率 75% 的要求开展相关技术标准编制及其实施的前期准备工作。许多地方政府还将进一步提高建筑节能标准，正在开展超低能耗建筑、被动式建筑的研究和试点项目建设，随着我国建筑节能标准的不断提升，也必将促使装配式建筑发挥更大的节能减排优势。

3）在推进建筑节能强制性要求的过程中，要注重通过装配式建筑这种新型建造方式向绿色建筑的目标协同推进。装配式建筑对围护系统、设备管线系统和内装系统的要求，都能满足建筑节能的强制性要求，甚至有所提升和扩展。装配式建筑预制三明治外墙的保温性能、防火性能以及质量安全都要高于现浇建筑；装配式建筑在构件制作、施工安装阶段更能体现绿色建筑的理念，例如构件制作时把太阳能装置集成安装，参见图 2-10 ~ 图 2-12 应用实例。构件制作和安装过程中的垃圾排放更少，更节约资源，更能有效回收和利用建筑垃圾。可以看出，装配式建筑的生产方式更易满足建筑节能的要求，也更易实现绿色建筑的总体目标。

图 2-10　日本太阳屋顶一体化建筑

图 2-11　日本绿色草坪屋顶一体化建筑

图 2-12　沈阳兆寰公司生产的太阳能一体化外墙构件搭建的门卫房

41. 政府对装配式建筑的质量监管应该侧重哪些方面？

政府作为市场中企业竞争的裁判员，其监管重点首先应是装配式建筑产品的质量和安全，特别是装配式建筑的结构安全是重中之重，为居住者提供一个质量可靠、安全舒适、绿色环保的建筑产品是整个装配式建筑行业发展的终极目标。

（1）设计环节

强化对设计施工图审查的管理，对装配式建筑应重点对设计的结构节点、连接部位进行重点审查，看是否符合相关技术规范的要求，同时要明确拆分设计、装修设计等深化设计单位和项目总设计单位的职责，项目总设计单位应对装配式建筑的各个深化设计负总责。

（2）构件制作环节

要充分发挥监理单位的作用，改变原来监理单位只负责施工现场监理的做法，还应延伸至构件生产工厂内部和主要部件工厂（如桁架筋加工工厂）进行监理。装配式建筑的重要特点就是大量的构件生产和隐蔽工程在工厂里完成，而这一环节是影响建筑质量的重要内容，也是质量监管的重点。政府也应定期组织对工厂制作环节进行抽查或巡检，以保证构件质量。检查和监管的主要内容是灌浆套筒、拉结件、预埋件、吊装件、保温板、钢筋和原材料等环节，对关键环节应实行旁站监理。

（3）施工安装环节

构件之间以及构件与现浇结构的连接是装配式建筑现场管理的核心，直接影响装配式建筑整体性。建设单位和监理单位应对这些部位的施工进行旁站监理，进行拍照或录像留存记录，政府应组织抽查巡检。这一环节除了必要的检测工作外，还应强化对连接部位和隐蔽工程的验收，验收通过后方可进行下一步施工安装。

（4）验收环节

为了发挥装配式建筑的工期短、施工安装快的特点，特别是需要全装修的工程，政府出台了装配式建筑可采用分段验收的管理方式，不同于现浇建筑必须要在主体全部完工后才需要验收的做法。比如对高层装配式建筑，在主体完成1/3时，即可进行分段验收。装配式建筑采用分段验收后，主体完成后也应进行全面验收和检测，如建筑整体是否发生沉降、节能热工检测验收等。在总体验收环节，应注意对工程档案和各项记录的收集和整理，确保档案的真实、齐全，参见图2-13。

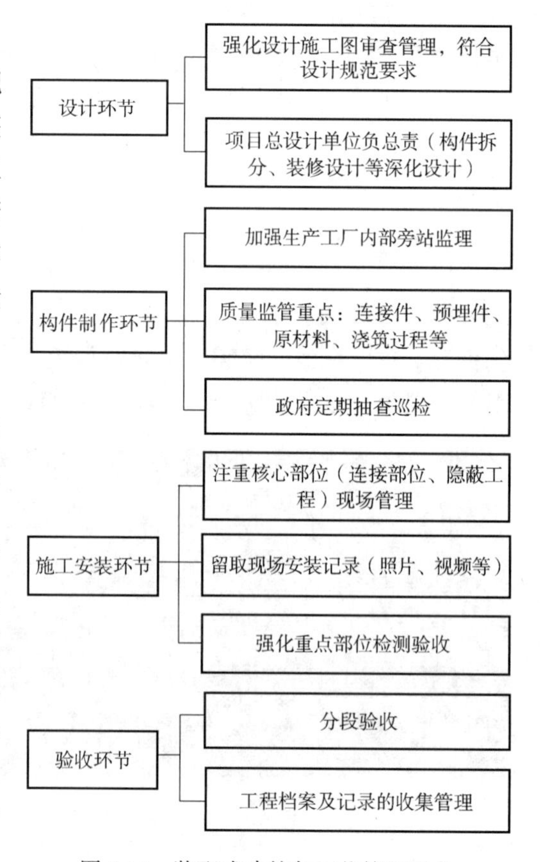

图2-13　装配式建筑各环节管理要点

42. 政府推进装配式建筑过程中容易存在哪些误区？

装配式建筑在我国还处于起步阶段，各地政府和企业进行了许多有益的探索和实践，但在这一阶段，一些政府和企业对装配式建筑的技术路线、管理方式等还存在着一些误区，主要包括：

（1）装配式建筑大干快上的误区

国家提出通过十年时间装配式建筑占新建建筑30%的总体目标后，国内的各个城市推进装配式建筑迎来了大干快上的热潮，很多地方政府和企业都积极开展装配式建筑的相关推进工作，装配式建筑的技术、管理、建设规模等都得到了快速发展，可以说我国装配式建筑正迎来高速发展的历史性阶段。但在这个热潮中，许多地方政府和企业由于急于求成的心态，也不可避免地出现了很多盲目的、过度的、急躁的问题，出现了只追求数量和速度，忽视了质量和安全，很多地方还没有完成相关技术和管理经验的准备和技术人才积累，就盲目上规模、上速度，这是一个新兴产业发展的大忌，最终会彻底伤害甚至毁灭这一产业。前文已提及，装配式建筑作为一个新的生产方式，涉及的内容量大面广，对经验积累的依赖性非常强，需要做大量的准备工作、积累大量的实践经验才能发展起来。如果在发展的初期就大干快上、盲目跟风，在准备不充分、没有足够的经验积累的情况下，必然会出现问题，阻碍今后健康持久发展。笔者认为，在发展初期，地方政府一定要克制大干快上的冲动，不要用力过猛，应把这个冲动更多地用在积累实践经验、培训技术管理人才、多做基础性研究等基础性工作中，为今后的快速健康发展夯实基础。

（2）装配式建筑工厂高大上的误区

在当前我国装配式建筑大干快上的热潮中，一些地方政府由于对装配式建筑的本质和内涵了解认识不够，投入大量资金，盲目地追求工厂规模、国外高端设备生产线，明显进入了追求高大上的误区。装配式建筑的本质就是要追求经济效益、社会效益和环境效益，而不是单纯地追求工厂规模、国外高端设备等不符合我国现实情况的目标，要努力避免大而无当、华而不实，应把制作出高质量的、精美的构件部品作为首要目标。笔者曾经参观过日本的高桥工厂，高桥工厂是日本最著名的专门生产PC外墙板的工厂，也被认为是世界上质量最好的PC墙板工厂，其生产的墙板如图2-14所示。但该工厂车间却很简陋，在中国相当于作坊水平，其表面处理车间和钢筋加工车间就是搭的塑料棚，如图2-15、图2-16所示。这也从侧面说明，我国目前装配式建筑发展盲目追求高大上，投资大、效能低，可能是造成我国装配式建筑成本高企的因素之一。

图2-14 日本高桥工厂生产的PC外墙

图 2-15　日本高桥工厂的表面处理车间

图 2-16　日本高桥工厂的钢筋加工车间

（3）唯预制率误区

目前，我国许多地方政府和企业把预制率的高低作为衡量和评价装配式建筑的首要技术指标，去推动装配式建筑的市场化应用，甚至出现了唯预制率的现象。笔者认为，装配式建筑是涵盖了多种内涵的新的建筑生产方式，涉及整个建设领域的许多方面，是建筑业转型升级的方向，不仅仅是技术层面的问题，还涉及体制机制、管理模式、市场环境等。国家标准定义的装配式建筑主要内容包含四个系统：即结构系统、外围护系统、内装系统、设备与管线系统，预制率仅是结构系统和外围护系统的一个技术指标。仅唯一个指标的做法，类似于我国地方政府的唯 GDP 崇拜，在我国目前装配式建筑起步阶段，如果仅把这一技术指标作为主要抓手，从而忽视了整个建筑业的管理水平、市场环境和技术体系的整体提升，最终也将使装配式建筑走向歧途。因此，必须破除当前的唯预制率的误区，政府必须建立多维度、多体系、多指标的评价体系，要严格按照市场导向、该预制则预制的原则确定评价指标，从而制定出更加符合市场发展的评价指标体系。

（4）唯流水线误区

近几年，我国发展装配式建筑在构件生产环节走入了误区，各地大量上马构件流水线，致使目前有的地区构件流水线产能过剩。构件制作方式在工厂生产的环节主要有两种类型：固定方式和流动方式。很多国外的所谓高端自动化流水线并不适合中国的装配式建筑技术体系，参见图 2-17。由于结构体系的不同，很多欧洲的构件生产线生产的墙板和楼板都不出筋，而我国装配式剪力墙结构体系的墙板和楼板都需要出筋，限制了生产线的效率和构件种类。还有很多自动化钢筋加工设备并不能完全做到自动化，很多国外的高端设备和生产线的技术适应性较差，需要针对我国的技术体系和实际情况加以调整和改进。固定模台工艺是目前世界 PC 制作领域应用最广的工艺，见图 2-18，适合制作各种类型的构件产品，适用范围较广且灵活，日本鹿岛公司在沈阳设立的工厂就是采用这种方式，投资也较低。而流水线工艺主要适合板式构件，适用范围较窄，且投资高。笔者曾对沈阳亚泰预制工厂就两种方式生产进行调研，在满负荷生产状态下，固定模台工艺的实际生产效率更高，且维护成本更低。应该说在启动阶段，构件制作最好的方式和最适合我国现状的方式是固定模台方式，其效率更高，且投资更少、维护成本更低，也更加适合我国的国情和技术发展水平。

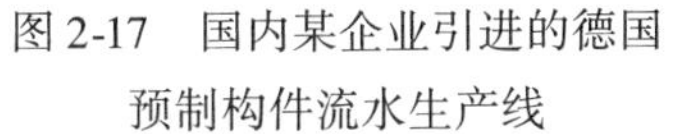

图 2-17　国内某企业引进的德国预制构件流水生产线

图 2-18　日本高桥工厂的预制构件固定模台

（5）唯建筑主体结构的误区

当前，我国提到装配式建筑，绝大部分人首先想到的是对建筑的主体结构进行装配施工，甚至首先是混凝土主体结构的装配施工。我国建筑占比较大的建筑施工方式主要采用混凝土现浇方式，推行装配式建筑当然首先是针对混凝土现浇这一方式。但装配式建筑具有更多的内容，上文提到的装配式建筑应包含的四个系统，都不单单是围绕主体结构的系统，其他如内装系统、围护系统等都是同等重要且缺一不可的，内装系统是装配式建筑的重要内容，甚至比结构系统更加重要，更能体现装配式建筑的各项优势。如日本大量应用的集成式卫生间，有价格低、节能等特点，把装配式建筑的优势体现得更加充分。另外，由于混凝土建筑在我国处于主流市场地位，也由此进入到唯混凝土结构误区。从结构材料分，除混凝土结构建筑外，还有钢结构、木结构等结构建筑，且采用装配式建筑方式具有先天的材料优势，也应是我国发展装配式建筑的重要内容和应有之义。

（6）唯剪力墙结构的误区

剪力墙结构是我国目前应用规模最大的混凝土结构方式，其设计、施工和管理都较为成熟。因此，目前我国的装配式混凝土建筑依据剪力墙结构技术体系的结构计算原理，采用“等同现浇”的原理来进行装配式建筑剪力墙结构的深化设计。但这一做法对建筑结构的安全性还存在争议。剪力墙结构是适应混凝土现浇施工的结构体系，在此结构体系基础上采用装配式建筑理念衍生出了装配整体式混凝土结构，也因此装配整体式剪力墙结构无法做到高预制率或全装配，施工效率与其他装配式建筑相比较低，且其管线须预埋构件里，无法适应 SI（支撑体与填充体相分离）体系的内装原则，因此装配整体式剪力墙结构未来发展存在瓶颈。就结构而言，框架结构、框架-剪力墙结构、筒体结构和剪力墙结构都可用装配式建筑技术，但这些结构体系中，笔者认为框架、框剪结构是最适应采用装配式建筑的结构形式，日本、美国等国家都大量采用这一装配式建筑结构形式，比较而言，剪力墙结构是不大适宜、效率较低的装配式建筑结构形式。

43. 装配式建筑的管理涉及政府哪些部门？这些部门有哪些管理职责和具体工作？

由于各个地方政府的机构设置不同，所以装配式建筑管理涉及政府部门也不尽相同。装配式建筑作为一项跨产业的系统工程，需要政府的多个部门予以推进和配合，通常应涉及以下部门：住房城乡建设管理部门，发改部门、经信部门、科技部门、财政部门、规划和国土资源部门、环保部门、统计部门、税务部门、相关区级政府等部门。这些部门的职责和具体工作如下：

（1）住房城乡建设管理部门

这是政府管理装配式建筑的首要部门，也是总牵头部门。负责推进日常工作，牵头负责制定发展规划和工作计划，确定重要事项、重点项目和工作措施，协调解决遇到的问题，研究提出相关政策措施，统筹协调和检查指导、通报宣传等工作。具体工作包括编制相关技术标准、强化装配式建筑工程监管、研究提出装配式工程在工程审批、房屋销售环节、质量监管全过程的政策措施并实施；负责政府投资工程采用现代建筑产业化方式建设。负责装配式建筑工程建设全过程的监管，包括工程招标投标、施工图审查、质量安全监督、工程监理、工程验收等建设环节的监管。目前，国内很多城市为推进装配式建筑专门成立了相应的管理机构，也有在原来的建筑节能或墙体材料改革机构的基础上增加装配式建筑相关工作职责和内容。

（2）发改部门

负责研究提出工程项目建设及生产企业的扶持政策，包括产业发展资金支持、项目立项审批支持、节能减排指标及优先享受国家、省有关产业扶持等政策措施，推动本级政府投资项目装配式建筑工程建设等政策措施并实施。

（3）经信部门

负责研究提出对生产企业的扶持政策措施并实施。

（4）科技部门

负责研究提出对拥有成套装配式建筑技术体系、自主知识产权的优势企业给予高新技术企业同等待遇等政策措施，对装配式建筑关键技术、引进技术、科技攻关及应用项目给予科研资金方面的支持政策措施并组织落实。

（5）财政部门

负责研究提出给予装配式建筑项目建设、生产企业、科研攻关、园区建设等方面的财政支持和补贴政策，并保障相应资金拨付和使用。

（6）规划和国土资源部门

负责研究提出装配式建筑工程在土地出让和规划审批环节的支持奖励政策，加强项目建设规划管理，在土地出让环节对装配式建筑提出相关要求，逐步扩大装配式建筑建设范围。

（7）环保部门

负责提出对装配式建筑工程建设的环保、减排方面的扶持措施，减少建设过程中的施工粉尘、噪声污染和建筑垃圾，强化对建筑工程的环保执法监管。

（8）统计部门

负责借助 BIM 和大数据技术，研究提出装配式建筑相关统计指标体系，强化统计分析和预测研究，为政府决策提供依据。

（9）税务部门

负责研究提出在税收体制方面给予装配式建筑的商品住宅、生产企业的支持政策，减少生产企业税费负担和消费者购买装配式建筑商品住宅税费。由于税收政策法规由中央政府的税务总局制定，地方政府在税收方面的自主权较弱，因此税务部门的职责主要在地方税种上研究相关扶持政策和措施。

（10）相关区级政府

负责本区域内的产业园区建设，完善配套服务功能，加大对装配式建筑生产企业和科技企业招商引资力度，加强区域内装配式工程建设，区级政府投资的公共建筑、保障性住房等政府投资项目采用装配式建筑方式建设，强化本区域内项目的跟踪监管，保证工程建设符合技术和质量要求。

当然这些涉及的政府部门都属于配合部门，主要还是以住建部门为主开展工作，如图 2-19 所示。

图 2-19　发展装配式建筑政府部门职责

44. 市级政府应如何考核区县和有关政府部门装配式建筑工作？

上一级政府对下一级政府进行绩效考核是我国各级政府推动相关工作的主要方式，这一做法可追溯到明朝张居正的考成法，后来由于考成法致使明朝各级官员大肆造假、瞒报绩效、鱼肉百姓而废除。笔者认为，虽然政府内部的绩效考核有可能导致政府对市场的过度干预，但现行的行政体制下，采取绩效考核也是推动政府相关工作的有效手段，能促进政府发挥其应有的作用。

对于装配式建筑这一新的生产方式，同时既面临着国家简政放权的大趋势，又要完成国家对发展装配式建筑的刚性要求，如何充分发挥绩效考核的推动作用，又能尽量小地干预市场和企业行为是政府制定绩效考核指标需要重点考虑的问题。笔者认为，如果政府的绩效考核指标对企业和项目建设要求过于具体，干预过多，则企业的自主性、积极性会受到影响，甚至抵触装配式建筑发展，应给予市场和企业接受的过程，并尽可能用市场的力量去调节和配置。因此在制定考核指标时应宜低不宜高、宜粗不宜细，注重对工作过程考核，而不宜唯结果论好坏，以市场结果为导向。同时在实施考核时应本着可量化、简单化、易操作的原则。对装配式建筑的政府绩效考核应注意以下几个问题：

1）要充分把握政府开展装配式建筑绩效考核的目的。绩效考核的目的是推动装配式建筑发展，实现经济、社会、环境效益，而不是被考核部门的政绩，因此，必须把装配式建筑的三个效益目标作为考核的根本目的。从装配式建筑这三个效益出发，考核的重点就更加明确，考核指标要关注装配式建筑发展的质量，而不是数量，重点考核在装配式建筑中创新改革的做法和经验，取得较好的经济、社会、环境效益的试点示范项目，以及制定的政策措施执行落实等情况。

2）绩效考核的内容要结合本地装配式建筑的实际情况分类来制定，避免考核指标制定得过高、过快，过于理想化。对中央政府来说，要充分考虑各地的经济发展水平和地域特点等方面的差异，比如有些地方适合发展钢结构，而有些城市适合混凝土结构等；对地方政府来说，要充分考虑本地建设规划和城区、郊区的差异，分类制定考核指标。考核内容要完整准确地体现装配式建筑的四个系统，而不单单关注结构系统，更应关注全装修等技术落实执行的情况。要加强对政府自身制定的相关政策措施的执行和落实情况进行考核，比如对特定区域采用装配式建筑的要求、给予资金补贴等优惠政策的执行情况等，但不建议制定具体的量化指标要求，特别是那些有可能对企业和项目干预过多的经济和技术指标要求，如各级政府必须完成多少个装配式建筑项目或面积的指标，宜改为完成装配式建筑面积占本区域内建筑的比例要求。

3）考核指标的制定要经过被考核部门同意，并具有可操作性，在征求被考核部门意见的基础上实施绩效考核，让被考核部门意识到发展装配式建筑的重要性，提高工作的积极性。考核指标的制定应依据本地装配式建筑的发展情况进行调整和逐步完善。

45. 为什么要发挥行业协会作用推动装配式建筑产业发展？行业协会应重点做哪些工作？

行业协会是指介于政府、企业之间，商品生产者与经营者之间，为其服务、咨询、沟通、监督、公正、自律、协调的社会中介组织。行业协会是一种民间性组织，它不属于政府的管理机构系列，而是政府与企业的桥梁和纽带。行业协会属于我国《民法》规定的社团法人，是我国民间组织社会团体的一种，即国际上统称的非政府机构（又称 NGO），属非营利性机构。

当前我国正在大力推进市场经济和政府的简政放权，政府的这只“看得见的手”在市场中正在逐步收缩，政府和企业间出现大量的真空地带，这就需要行业协会来填补。行业协会要把原来政府不能做、不应做的职能，甚至政府做不好的工作承担起来。我们看到，市场经济发达国家的行业协会在市场中的作用相当大，承担着大量我们认为应由政府承担的职能和工作。装配式建筑的起步和发展正伴随着我国新一轮改革开放、向市场经济发展的历史时期，政府的简政放权正在大力推进，因此，如何通过市场的力量去推动，而不是依靠原计划经济时期政府来推动，是装配式建筑产业发展所面临的新课题，行业协会必然要发挥重大作用。

行业协会作为政府与企业之间的桥梁，重点应做好以下工作：

1）做好政府的助手，向政府传达企业的要求，协助政府制定和实施行业发展规划、产业政策、行政法规等。在装配式建筑发展初期，政府尤其要听取企业的需求和呼声。在制定相关政策和落实、执行时，通过协会能听到企业和市场的反馈，如此可以防止装配式建筑发展进入误区，为政府充分调动市场的力量推动装配式建筑发展提供参谋作用。

2）制定并执行行规、行约和各类标准。国家关于标准改革的原则是政府主要制定强制性标准，鼓励行业协会和企业制定相应标准。因此，行业协会标准制定工作将大幅增加。同时，协会还要通过制定行业的规章制度协调本行业企业之间的经营行为。例如，美国之所以技术进步较快，一个原因就是其技术标准均由行业协会依据市场的需要编制，而不像我国需要政府等待技术发展较为成熟后才制定标准。目前我国装配式建筑还有很多细分的技术标准没有制定，如集成内装系统标准、部品部件生产管理标准等，这些标准完全可以由行业协会制定，在国家标准尚没有制定出来前，使装配式建筑工程建设有标准可遵循。

3）开展装配式建筑的教育与培训服务。这是行业协会的一项重要工作，尤其在装配式建筑这一新的生产方式的发展初期，存在大量的技术、管理人才和产业工人缺口，行业协会开展专业技能学习培训是当务之急和重中之重的工作。

4）对本行业产品和服务质量、竞争手段、经营作风进行行业自律和监督，鼓励公平竞争，杜绝违法、违规行为。我国一些地方在装配式建筑发展初期，由于项目较少，开发企业为了完成政府的装配式建筑要求尽可能压低构件价格，而构件企业为了生存通过低价竞标获得项目，这必将导致装配式建筑市场进入恶性循环，最终将使企业无法生存。因此必须要发挥协会的作用，为构件企业在市场竞争中争取话语权，通过行业自律抵制恶性低价中标等行为，确保产品和服务质量。

5）行业协会还可在政府对装配式建筑市场没有相应管理的情况下，制定行业标准和市场管理制度，对装配式建筑企业进行行业资格审查、发放行业证照等市场管理，有效弥补政府由于简政放权而形成的市场管理空白，避免装配式建筑发展出现无序竞争问题。

6）对本地区装配式建筑的基本情况进行统计、分析，并发布结果，研究本地装配式建筑发展过程中面临的问题，向政府提出相关建议，供企业和政府决策参考。开展信息服务、咨询服务、举办展览、组织论坛会议等一些具体工作，不断扩大舆论影响，形成全行业全社会推动装配式建筑发展的良好氛围。

46. 如何协同消防、环保等部门共同推进装配式建筑？

政府推动一个新的产业发展是一项系统工程，需要政府相关部门形成合力、协调推进。推进装配式建筑在政府部门分工中除了牵头的住建部门外，消防和环保部门对促进装配式建筑发展的作用和影响也很大，这是由于装配式建筑在消防、环保和节能减排方面的优势较为明显。

（1）装配式建筑在安全防火和节能环保方面的优势

1）安全防火方面的优势。目前，我国建筑外墙保温工程多采用外墙外保温薄抹灰工艺，以粘锚的方式将保温材料固定在外墙面。这种外墙薄抹灰工艺由于施工管理、材料质量和监理缺失（由于薄抹灰施工需在楼体外挂吊篮高空作业，监理人员无法旁站监理，施工质量完全靠施工人员的责任心）等问题，经常造成外保温材料脱落、导致火灾等事故发生。而采用装配式建筑预制三明治外墙可有效解决这一问题，保温材料被内叶墙和外叶墙紧密地夹在中间，使防火性能大大提高，而且内、外叶墙靠拉结件这种物理连接方式，更加安全坚固，可使其脱落的隐患大大降低。

另外，由于建筑消防事故频发，国家对建筑消防工作越来越重视，建筑防火的标准越来越高。2015 年 5 月执行的国家最新的《建筑设计防火规范》（GB 50016）对外墙保温工程的防火要求进一步提高，标准中的 6. 7. 3 条和 6. 7. 4 条文规定，在建筑高度在 27m 至 100m 这一我国住宅建筑量最大的区间内，若采用外墙薄抹灰系统，其外墙保温材料的防火等级应达到 B1 级且应安装防火隔离带和耐火完整性门窗，或者外墙保温材料的防火等级应达到 A 级要求。这样的防火要求，使采用外墙薄抹灰系统保温工程的建设成本相应增加。按照该标准的要求，当采用预制夹心保温复合墙体（简称预制三明治外墙）时，其保温材料的防火等级可以为 B2 级，比采用外墙薄抹灰系统的外墙保温材料防火等级低一级，成本也随之降低。因此，在这样的消防技术标准条件下，装配式建筑预制三明治外墙的经济性也凸显出来，其建设成本更具市场竞争力，见图 2-20。

2）节能环保方面的优势。装配式建筑在节能环保方面的优势较多，具体体现在：

①装配式建筑可节约原材料最高达 20%，自然会降低能源消耗，减少碳排放量。

②运输装配式建筑构件比运输混凝土减少了罐的重量和为了防止混凝土初凝转动罐的能源消耗。

③装配式建筑会大幅度减少建筑垃圾，工地建筑垃圾最多可减少 80%；并且装配式建

筑产生的建筑垃圾也更容易回收和利用，见图 2-21。

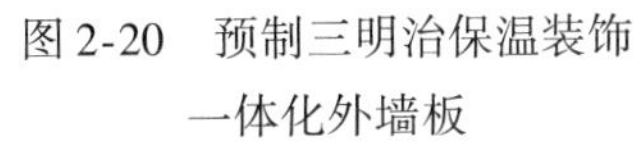

图 2-20　预制三明治保温装饰一体化外墙板

图 2-21　日本装配式建筑工地的垃圾分类回收设施

④装配式建筑可大幅度减少混凝土现浇量，从而减少工地养护用水和冲洗混凝土罐车的污水排放量，预制工厂养护用水可以循环使用，装配式建筑可节约用水 20% ~50%。

⑤装配式建筑会减少工地浇筑混凝土的振捣作业，减少模板、砌块和钢筋切割作业，减少现场支拆模板，由此会减轻施工噪声污染。

⑥装配式建筑的工地会减少扬尘，装配式建筑内外墙无需抹灰，会减少灰尘及落地灰等扬尘污染及 VOCS（挥发性有机物污染）的排放。

可以看出，装配式建筑相比现浇建筑，在减少垃圾排放、粉尘扬尘污染等节能环保方面的优势相当明显，对促进我国大气污染治理和生态城市建设具有积极作用。

（2）住建、环保、消防部门需协同推进装配式建筑发展

政府好比裁判员，通过制定规则（标准）逐步提高比赛水平（产业升级）。从上述装配式建筑在消防和节能环保方面的巨大优势可以看出，消防部门和环保部门在推进装配式建筑发展中应发挥更大作用，协同住建部门，各司其职，加强管理，形成推进装配式建筑的工作合力。

1）住建部门作为推进装配式建筑的政府牵头部门，在其职责范围内，一方面要制定支持政策，加大力度鼓励装配式建筑项目建设；另一方面要加强对传统现浇建筑的监督管理，逐步提高质量、安全、节能等方面的标准和要求，对不符合相关技术标准要求的工程加大执法处罚力度。这样，通过奖惩并举的办法，推动开发建设单位走装配式建筑发展道路。

2）环保部门应本着扶持装配式建筑、严管传统现浇建筑的思路，进一步加大对传统现浇建筑的环保执法监管力度。例如，从减少大气污染、防止雾霾产生的角度，提高对传统现浇建筑的施工现场的扬尘管理要求，可要求施工现场必须安装喷雾降尘设施、材料堆场苫盖、现场道路全面硬覆盖、运输车辆冲洗设备、安装粉尘检测设备、提高垃圾收费标准等。环保部门应强化对传统现浇建筑工地落实相关要求的监督执法，而对装配式建筑施工现场可降低相关环保要求。这样使开发建设单位意识到，采用传统现浇建筑虽然建筑施工的成本相对较低，但付出的环保成本则较高，导致总体建设成本与装配式建筑的成本相比没有优势，且质量、性能、安全等方面也没有优势。通过疏堵结合、奖惩并重，促使建设开发企业走装配式建筑道路。

3）消防部门要逐步提高建筑防火标准，尤其是建筑外墙薄抹灰系统保温工程的防火要求，采取扶持预制三明治外墙、严管外墙薄抹灰系统的思路，强化对外墙薄抹灰系统的质量、安全、验收管理，严格执行防火标准，加大消防安全执法检查力度。同时要积极引导开发建设单位采用装配式建筑预制三明治外墙，提高安全和防火性能，确保装配式建筑不出现安全和消防事故。

47. 政府在装配式建筑实施过程中应如何确定相关责任主体的责任？

政府推动装配式建筑的发展和实施的主要职责是确保装配式建筑工程的质量和安全，因此政府对相关责任主体承担的责任重点就是各个主体所承担的质量和安全责任。装配式建筑与传统现浇建筑最大的不同就是质量责任更易追溯。我们知道，传统现浇建筑的施工主要是将建筑材料运至现场，再进行浇筑、砌筑和安装工作，施工队伍和施工人员以施工现场为主要工作地点，工程完工后就转移至下一个工地或解散，再加上施工总包单位层层转包和挂靠等行为，使可追溯性大大降低，无法构建有效的质量和安全责任追溯体系。而装配式建筑大量的部品构件在固定的工厂中制作完成，从而大量地减少了传统现浇建筑的现场现浇和砌筑作业，这就使部品构件制作工厂的地位、作用和责任在建筑工程责任体系中凸显出来。制作工厂地点固定，其生产设备、厂房等资产和人员相对于以现场施工为主的传统现浇方式都更加固定和稳定，在工厂内对产品的质量管理也更容易实施和控制。同时，政府还要求在构件和部品中加入芯片等信息化管理技术，使得部品构件质量更容易追溯，这也倒逼制作工厂更加重视质量管理，增强企业和人员的责任心。

装配式建筑的制作工厂应作为责任主体的一方。按照我国《建筑工程质量管理条例》和住房城乡建设部出台的《建筑工程五方责任主体项目负责人质量终身责任追究暂行办法》的规定，建筑工程五方责任主体是建设单位、勘察单位、设计单位、施工单位和监理单位，其中，勘察方也通常与设计方作为一方。五方项目负责人对工程质量负终身责任，指参与新建、扩建、改建的建筑工程项目负责人在工程设计使用年限内对工程质量承担相应责任，并且是终身责任。装配式建筑由于部品构件在工厂内完成，直接影响建筑整体的质量和安全。因此，对装配式建筑工程而言，构件工厂和整体厨卫等部品制作工厂也应作为建筑的一方责任主体，五方责任主体应为建设单位、勘察设计单位、制作单位、施工单位和监理单位。

建设单位是建设工程质量和安全责任的第一责任人。建设单位出资进行项目建设，通过招标投标将设计任务、施工任务和监理业务委托给各方。建设单位分别与设计单位、施工单位和监理单位签订合同，而其他几方之间没有合同关系，全部为建设单位（业主）服务。可以说，建设单位是整个建设活动的发起方和总管理方，是采用装配式建筑还是现浇建筑的决策者。因此，其在质量责任体系中处于首要地位。而勘察设计方、制作方、施工方、监理方在装配式建筑实施过程中，应按照与建设方签订的合同，承担相应的责任。除合同规定的责任外，这几方主体的责任与传统建设方式所承担的责任有所不同，例如监理方不仅要负责施工现场的监理，还要负责构件生产过程的监理，延伸至工厂内，扩大了监理的责任范围。施工方要负责构件的安装和装修工程，施工内容增加；制作方有的还承担施工安装，而不单单是制作部品部件。这里，笔者重点对装配式建筑中设计方的责任为例进行论述。

在装配式建筑中，设计单位的主体责任与现浇建筑方式有所不同。由于装配式建筑更加注重对建筑各个环节的协同和建筑整体性，按照装配式建筑定义的四个系统（结构、围护、设备管线、内装系统）要求和建设特点，设计单位不仅要对建筑的主体结构等原有工作内容负责，还要对部品构件深化设计单位的拆分或集成设计和装修设计负责。这是与传统现浇建筑设计最大的不同，可以说装配式建筑设计单位的职责和工作内容更加广泛，责任也更大。这也更能体现设计环节是整个建设过程中技术含量最高的重要环节。

对现有的拆分设计而言，我国目前普遍采用的装配式混凝土剪力墙结构是按照等同现浇结构的设计原则来进行构件拆分，负责拆分的设计人员如果不了解整个装配式建筑的四个系统，就会打乱整体系统、形成质量问题甚至事故隐患，因此拆分设计必须要经总体设计单位的审定后方可交付施工和制作。

装修工程设计也是同理，装配式建筑的四个系统缺一不可，内装系统是重中之重，没有内装系统就不能称之为装配式建筑。因此工程总设计方必须要对装修工程设计负责，指导装修工程设计。由于我国原有的装修工程设计均由装修公司来承担（对装修工程来说是设计、施工一体化总承包模式），装修工程设计时不与工程设计方沟通，各自为战，导致出现大量的砸墙凿洞、破坏主体结构、跑冒滴漏等装修工程带来的问题。因此，装配式建筑的设计方必须要对工程建设的全过程和各个环节承担责任，设计方的责任比原来更大，范围更广，这也是装配式建筑的组织管理模式更适合工程总承包、建筑师总负责制的重要原因。笔者认为，装配式建筑必然带来我国建筑设计行业的巨大变革，设计方需要承担更大的责任，提供更多的设计服务，也能带来更大的利润和产值。而装饰装修行业也应适应装配式建筑的需要和发展趋势，这也必然随之带来整个设计行业的转型升级。

48. 什么是工程总承包？有哪些优势？装配式建筑为什么宜推行工程总承包？

工程总承包是一种国际上通行的工程建设项目组织实施形式，是指从事工程总承包的企业按照与建设单位签订的合同，对工程项目的设计、采购、施工等实行全过程的承包，并对工程的质量、安全、工期和造价等全面负责的承包方式。其优势主要体现在：

（1）有效控制投资

采用工程总承包通常签订固定总价合同，一般不得以因设计深度、施工组织等因素引起合同总价调整，这些因素均由总承包单位承担，若在施工过程中发生设计变更，可能会引发索赔。因此，业主可有效规避承包单位通过各种手段变相增加费用的风险，使工程投资可控。

（2）有效控制工期

按照我国的基本建设程序，非总承包方式一般要等施工图设计全部结束后，业主才进行施工承包的招标，设计阶段与施工阶段有一段间隔期，使建设周期较长。而工程总承包方通过对设计、施工、采购的统筹安排，效率显著提高，可以缩短工期。

（3）有效控制质量安全

工程总承包可以方便高效地对各环节实施管理，实现建设全过程的协同，因此能够更有效地克服设计、施工、采购分离而造成的相互制约和脱节的矛盾，从而在机制上确保了工程建设质量。工程总承包也更易明确工程建设中的安全责任，保证工程建设安全。

工程总承包是国际通行的工程组织方式，发展较为成熟，但我国还处于起步阶段。国际上的工程总承包有三种主要方式：一种是建筑师总负责的工程总承包方式，即建筑师从建筑设计到工程竣工甚至使用质保期的全过程，全权履行建设单位赋予的领导权利，最终将符合建设单位要求的建筑工程完整地交付建设单位。建筑师的角色从传统的设计师变成了工程总负责人，也可以说是由建筑师负责的“交钥匙工程”。这一方式中，建筑师从传统单一的设计工作扩展到了建造施工阶段，直到工程竣工，其权力职责和服务范围、内容远大于常规建筑设计服务，也大于设计总包服务。其主要的服务内容包括项目设计、施工管理和质保跟踪三大部分。国际上有许多著名的建筑大师如弗兰克·盖里、贝聿铭等大师都作为建筑师总负责的方式承包过工程，这些建筑大师出于对自己作品的完美追求，通过总承包的方式拥有更大的主导权，从而发挥自己最大的能力建设出精美的作品。但这一方式由于建筑师的精力有限，往往无法对工程建设过程中的具体细节投入太多精力，对施工安装和制作工厂的管理相对较少，只能关注一些相对重大的技术和资金管理问题。

第二种方式是由具有工程总承包资质的企业作为工程总承包方，这种方式要求这个企业必须有设计能力、施工安装能力和构件部品制作的能力，企业规模和资金实力都有一定的要求，因此目前在我国能具有相应资质和能力的企业为数不多。国际上这样的工程总承包企业较多，如日本鹿岛公司、大成建设公司等，这些公司都有自己的设计公司、施工安装公司和构件制作合作工厂，履约能力极强。例如鹿岛公司的设计院承担了很多鹿岛公司承建的工程设计任务。

第三种方式由设计、施工、制作等专业企业组成联合体进行工程总承包的方式。这是一种较为松散的模式，由于一些专业企业的规模、业务范围等能力不够承接工程总承包项目，国际上采用联合体投标方式，联合体内的企业之间通过签订合同明确总负责单位及各自的权力义务，共同承接工程总承包项目建设和管理。这一方式适合在我国目前具有工程总承包资质和能力企业较少的情况下采用。

与现浇建筑相比，装配式建筑更需要对建筑全过程各个环节有效协同，尤其对设计、施工、部品部件制作这三方的相互协调提出了更高的要求。例如，装配式建筑设计时要充分考虑制作、安装甚至后期管理环节的要求和可能出现的问题，一个预制构件可能涉及的预埋件就十几种，如果各个专业和环节相互协同不够，很难在制作时设置好相应的预埋件，可能导致施工现场的修补和后期装修时砸墙凿洞等问题，带来结构和建筑质量隐患。实行工程总承包更加有利于促进设计与施工、制作过程的组织集成和协调，克服了由于设计、施工、制作分离导致的责任分散、投资和成本增加、工期延长、技术衔接、质量管控难等弊病，也利于勘察、设计、施工、生产企业调整经营结构，加快与国际工程承包和管理接轨。除以上优势外，在我国装配式建筑发展的初期，构件生产成本相对较高的情况下，采用工程总承包更加有利于装配式建筑的成本控制，总承包方可在设计时从更有利于降低施工和生产成本方面提出方案，从而在整体上进行成本控制。可以说，适合装配式建筑的工程组织形式是工程总承包，而技术形式就是运用 BIM（建筑信息模型）技术。

笔者认为，国内推行工程总承包，一种思路是利用具有资质和能力的大型建筑公司开展工程总承包，这些大型建筑公司或集团具有自己的设计、施工企业和管理能力，但目前这样的大型建筑公司和集团还较少，无法满足我国装配式建筑市场的发展规模，现实推进过程中困难也较大。另一种思路是采取联合体方式的工程总承包，这种方式可以充分利用我国现有的企业资源推进工程总承包。这两个思路可以并行推进，但无论采用什么模式，工程总承包都只是工程组织的表面形式，其本质就是要设计、制作、施工三方的密切协同，形成各种资源、功能、信息的集成应用，这应是工程总承包的终极目的所在。

49. 面临装配式建筑人才的缺口，政府如何推动行业培训？重点培训哪些环节哪些岗位？培训什么内容？

建筑产业体量巨大，任何一个技术环节的升级都会有牵一发而动全身的影响。装配式建筑近年来从国家顶层设计到地方各级政府的大力推动，迅速形成了声势浩大、趋势鲜明的发展浪潮，在原有建筑业主要依靠农村剩余劳动力的情况下，面临着装配式建筑管理人才、技术人才和技术工人的巨大缺口。国家提出的十年达到 30% 装配式建筑比例的发展目标，不仅是装配式建筑巨大的市场空间，也是建筑行业人才发展的巨大空间，这就需要整个行业的管理、技术人才和技术工人掌握相关的知识技能，进行知识扩充、提升和应用。

在面临巨大人才缺口的情况下，政府部门应该加强引导、加大投入，支持装配式建筑人才培养和培训工作。笔者认为应重点做好以下几方面工作：

1）做好学习培训计划，明确培训岗位、内容和目标。政府作为装配式建筑的推动者和引导者，要针对装配式建筑产业链中的关键环节和薄弱环节，制定培训计划和内容、重点培训岗位以及目标等。例如设计环节的拆分深化设计、施工安装的套筒灌浆作业等内容要率先进行培训，以利于装配式建筑工程建设顺利实施。同时，针对开发、设计、制作和施工等环节，结合装配式建筑的特点，在政策解读、设计规范、质量标准、管理模式等方面的培训也应加大工作力度。装配式建筑的培训岗位参见表 2-2。

表 2-2　装配式建筑专业培训一览表

单位	岗位	主要培训内容	培训组织
开发商	决策层	装配式建筑基本知识，装配式建筑优点，缺点和难点，如何提升装配式建筑性价比，如何降低成本，开发商决策要点	房地产协会
	项目管理人员	装配式建筑基本知识，装配式建筑项目管理重点，装配式建筑质量要点	房地产协会
监理	总监	装配式建筑基本知识，装配式建筑构件生产监理重点，装配式安装工程监理重点	监理协会
	驻厂或工地监理	装配式建筑基本知识，装配式建筑构件生产监理项目、程序与办法，装配式安装工程监理项目、程序与方法	监理协会
设计	建筑师	装配式建筑基本知识，装配式行业标准与国家标准、建筑设计与集成	设计勘察协会
	结构设计师	装配式建筑基本知识，结构设计原理、规范，拆分设计	设计勘察协会
	机电设备设计师	机电设备、管线设计的集成相关知识	设计勘察协会
	室内装修设计师	装配式装修相关知识	设计勘察协会
制作工厂	厂长	装配式建筑构件生产管理知识	装配式行业协会
	技术、质量人员	装配式建筑构件技术与质量管理知识	装配式行业协会
	试验室人员	装配式建筑试验与检验项目、方法	装配式行业协会
	生产线维护工	生产线维护操作规程	装配式行业协会
	组模工	模具组对、检查、脱模操作规程	装配式行业协会
	钢筋工	钢筋制作与入模、套筒、预埋件等操作规程	装配式行业协会
	混凝土搅拌工	混凝土搅拌操作规程	装配式行业协会
	混凝土工	PC 构件制作操作规程	装配式行业协会
	修补工	PC 构件修补操作规程	装配式行业协会
	构件堆放、运输	PC 构件堆放、装车操作规程	装配式行业协会
施工企业	项目经理	装配式建筑施工管理与技术知识	工程协会
	技术、质量人员	装配式建筑施工技术与质量知识	工程协会
	安装工	装配式构件安装作业操作规程	工程协会
	灌浆工	装配式构件连接灌浆作业操作规程	工程协会

2）发挥行业协会、大专院校、科研院所和相关企业的作用，分层面、分领域地开展培训活动。政府要做好引导和监管，行业协会重点对装配式建筑的设计、施工、制作、监理等在职和从业人员包括技术管理人员和产业工人进行学习培训，可颁发学习培训证明等证书；大专院校重点开展装配式建筑相关专业的基础技术学习教育，开设相关课程和专业，针对大学生等装配式建筑初学者；科研院所重点对装配式建筑的专业技术和管理进行学习

培训，主要针对行业的高端管理和技术人员；装配式建筑的相关企业开展的培训，主要针对企业内部技术和管理人员，可以结合具体的装配式建筑项目的设计、制作和施工等环节进行培训，重点注重装配式建筑工程的实际操作和具体工作。

3）通过组织论坛、博览会、研讨会等会议活动形式，开展学习培训活动。虽然这些活动的学习是碎片化的，不够系统，但也是学习培训的重要补充，对建立系统的、完整的装配式建筑知识体系有很大的帮助。同时，这些会议活动也能很好地营造发展装配式建筑的良好舆论氛围，使更多的技术管理人员投入装配式建筑发展浪潮中。

4）通过互联网等信息技术开展在线网络学习培训。网络学习和培训可大幅降低装配式建筑人才个人学习的成本，政府要引导和促进装配式建筑职业教育体系不断完善，将在线学习体系、社交学习体系、职业教育体系、终身学习体系与决策支持体系、专家库体系、情报分析体系相结合，通过网络在线学习，形成建筑产业职业教育完整的数据信息收集和应用体系。

50. 从政府角度应如何推进装配式建筑领域的技术创新？

中国的建筑业应该说是当前几乎所有产业中技术进步相对较慢的产业，这从建筑业从业人员中大量存在的农村劳动力可以看出来，农村剩余劳动力进入城市后，在没有其他技能的情况下，首先进入建筑业，产生了“农民工”这一名词，说明我国的建筑业的进入门槛和科技含量都较其他产业低。因此，我国的传统建筑施工方式一直都占有较大的比重。装配式建筑采用工业化的生产方式，意味着传统的建筑业迎来了技术创新的高速发展期，相关的技术和产品的创新步入了快车道。技术创新是企业发展的永恒主题，因此企业是技术创新的主体。政府作为裁判员，应重点做好政策支持和服务，要为企业的创新活动提供广泛的、各种可能的机会，优化创新环境，拓宽企业创新渠道，引导企业开展装配式建筑领域的自主创新。政府应注重做好以下工作：

1）加大对技术创新的投入和支持。可通过财税、金融等手段对企业的装配式建筑技术和产品创新给予资金方面的补贴和支持，鼓励企业引进、吸收国外先进技术、开展研发和资金投入。中国装配式建筑还处于起步阶段，有很多技术课题需要解决，如现行的装配式整体式剪力墙结构如何进一步减少现场现浇作业、如何提高构件工厂的自动化生产线效率，政府应通过调研，针对装配式建筑的实际问题列出课题清单，鼓励和支持企业和科研院所研究解决。

2）政府要对企业的技术创新给予产权保护。装配式建筑必将催生出大量的技术和产品甚至是管理模式的创新，而如果这些创新成果和知识产权得不到有效保护，则必然损害创新企业的利益和积极性。这是我国当前阻碍技术创新的主要问题，装配式建筑涉及许多专利技术和产品，但知识产权得不到有效保护，使企业和创新者得不到市场上应得的回报，会极大地打击企业创新的积极性。因此政府推动装配式建筑的科技创新，必须承担起保护知识产权这一职责，在装配式建筑发展之初就应该下大力气做好。

3）政府必须要重视技术创新的市场应用。市场的接受是任何一项技术创新的核心环节。如何针对市场需求去开展技术创新是政府需要引导和支持的内容。例如装配式建筑的构件自动化生产线，国外的生产线由于结构体系与我国不同，构件大部分都不出筋，更利于自动化控制，而我国的剪力墙结构体系的构件都需要出筋，不利于自动化控制。如果我国的企业针对这一特点，研发适应剪力墙结构的自动化生产线，则可使生产效率大大提高。类似这样的技术创新在装配式建筑领域内还有很多，但政府要引导企业向有市场需求的技术创新开展研发，通过市场检验的技术创新才能有生命力。

51. 在工程总承包和BIM技术的条件下，什么样的组织管理模式更适合装配式建筑项目建设？

有数据显示，我国工程建设30%存在返工现象，40%存在工期延误和资源浪费现象，造成这些问题的因素很多，但本质上是由于参建各方责任主体间的信息不能相互共享、交流不畅，不能相互高效合作。装配式建筑工程须把建筑全过程作为一个整体考虑，各个参建主体必须要高效协同。

按照国家标准对装配式建筑的界定，其应由四大系统的集成组成，即结构系统、围护系统、内装系统和设备管线系统。在项目开始的决策阶段就要全面统筹解决四大系统在设计、施工、生产和运维等过程中可能存在的问题。随着近年来BIM技术迅猛发展，给装配式建筑工程管理带来了新的组织形式——BIM总承包（即使用BIM技术进行工程总承包管理），使装配式建筑项目建设管理向集成项目交付（Integrated Project Delivery，简称IPD）的组织模式方向发展。

IPD是一套项目交付的方法，其最早应用于工业产品的开发和生产，美国建筑师学会将其定义为：将建设工程项目中的人员、系统、业务结构和实践全部集成到一个流程中，所有参与者将充分发挥自己的智慧和才华，在设计、制造和施工等所有阶段优化项目成效，为业主增加价值、减少浪费并最大限度提高效率。装配式建筑依托于BIM技术可以实现全生命周期（包括设计、招标、构件制作、施工等）、各参与方（包括业主、设计、施工、监理、材料供应商等）的高效协同。

BIM技术作为从管理、设计、制作、施工等开发建设全过程的集成管理技术，为装配式建筑带来诸多的综合效益：

1）设计上，通过三维设计、构件拆分及协同设计，大大减少了错漏碰缺和项目实施过程中的设计变更。

2）生产上，通过构件加工图设计、构件生产可视化指导及数字化加工制造，减少生产误差，提高生产效率。

3）施工上，通过施工现场组织及工序模拟、施工安装培训、施工模拟碰撞检测、成本算量以及质量管理可追溯等手段，确保工程预算不超标、提高工程质量、加快施工进度。

传统工程项目交付模式存在生产效率低、工程成本不易控制、各方关系对立等问题。项目集成交付（IPD）模式包含精益与合作的理念，与传统项目交付模式相比，具有团队的协作与信任度较高、新型的多方关系合同、风险共担和收益共享机制、设计与管理信息高效传递等优越性。这一模式在日本、美国、澳大利亚等发达国家都得到较好普及，但我国还有较长的路要走。

52.《建筑法》等法律法规针对装配式建筑发展应该做哪些修改和完善？

《建筑法》是建筑行业的最根本的法律。从 1997 年开始实施到现在已经近 20 年，这期间，我国建筑行业已发生了深刻变化，一些条文已不适应，尤其是近几年装配式建筑的快速发展，其工业化发展理念与现行法律法规存在冲突，甚至有些条款束缚和阻碍了建筑业的发展。2016 年，国务院启动了《建筑法》的修改工作。从有利于促进装配式建筑发展的角度，笔者提出如下相关建议：

1）针对第七条关于施工许可证的问题，笔者建议施工许可证的发放应逐步弱化或取消，特别是针对一些非政府投资项目，应取消发放施工许可证。第七条原文如下：“建筑工程开工前，建设单位应当按照国家有关规定向工程所在地县级以上人民政府建设行政主管部门申请领取施工许可证；但是，国务院建设行政主管部门确定的限额以下的小型工程除外。按照国务院规定的权限和程序批准开工报告的建筑工程，不再领取施工许可证。”

从目前我国的实际情况看，未取得施工许可证而开工建设的项目大量存在，违法开工的现象较为普遍，已经达到了法不责众的地步。对装配式建筑项目而言，是否开工的标志已不是传统工程项目满足开工条件的时点，而是提前至构件制作阶段，甚至提前至项目设计阶段，无法满足现有工程开工的条件要求。如果采用工程总承包模式，工程是否开工完全是总承包企业的自主决策行为，施工许可证已无法对企业的建筑活动起到约束作用。因此，施工许可证这种事前审批事项应逐步弱化或取消，从而顺应我国装配式建筑发展和简政放权的要求。

2）针对第九条、第十条、第十一条关于开工期限的要求，笔者建议取消对工程建设开工时间的相关要求。这三条的原文如下：

“第九条　建设单位应当自领取施工许可证之日起三个月内开工。因故不能按期开工的，应当向发证机关申请延期；延期以两次为限，每次不超过三个月。既不开工又不申请延期或者超过延期时限的，施工许可证自行废止。

第十条　在建的建筑工程因故中止施工的，建设单位应当自中止施工之日起一个月内，向发证机关报告，并按照规定做好建筑工程的维护管理工作。

建筑工程恢复施工时，应当向发证机关报告；中止施工满一年的工程恢复施工前，建设单位应当报发证机关核验施工许可证。

第十一条　按照国务院有关规定批准开工报告的建筑工程，因故不能按期开工或者中止施工的，应当及时向批准机关报告情况。因故不能按期开工超过六个月的，应当重新办理开工报告的批准手续。”

装配式建筑更加注重对项目设计、构件制作、施工安装等整个建筑过程的协同，决策和设计的前期阶段要把在施工及运维阶段可能出现的问题都尽量解决，这一阶段对装配式建筑的质量安全尤为重要。装配式建筑由于大量的构件制作在工厂内预先完成，相对于施工安装阶段要求的时间更长，因此装配式建筑的设计阶段和构件制作阶段需要更长的时间，施工安装阶段的开工时间相对较晚。笔者建议，取消或弱化原法对装配式建筑开工时间的要求，若必须要求，可将构件模具制作的开始时间视为开工时间，同时对装配式建筑项目的总工期提出要求。

3）针对第13条企业资质管理的内容，笔者建议应淡化工程建设企业的资质管理，第十三条的原文为“从事建筑活动的建筑施工企业、勘察单位、设计单位和工程监理单位，按照其拥有的注册资本、专业技术人员、技术装备和已完成的建筑工程业绩等资质条件，划分为不同的资质等级，经资质审查合格，取得相应等级的资质证书后，方可在其资质等级许可的范围内从事建筑活动。”

从我国目前对建筑企业资质管理存在的主要问题看，由于企业资质的层次类别繁多，导致行业分割严重，原法规定企业只能在资质登记许可的范围内中进行建筑活动，不能凭借企业自身的能力在整个建筑市场上自由选择，降低了市场选择的灵活性和企业自主自由扩展的积极性。装配式建筑在我国还处于起步阶段，很多建筑企业还没有相应的企业资质，如果按照原法的规定，很多目前从事装配式建筑的企业都属于违法经营。同时，我国建筑施工企业资质管理更加容易导致政府越位管理，按市场经济理念，行业的进入门槛应是企业间的市场竞争建立起来，而不是通过获得政府认定的许可资质后方可从事相应的活动。这也造成了一些拥有高资质等级的企业依靠贩卖资质生存，增加了企业惰性，缺乏市场竞争力。而一些拥有装配式建筑技术和实力的新企业由于资质的限制而无法承揽更大的工程，无法参与到更广阔空间的市场竞争。笔者建议应淡化建筑工程企业的资质管理，应强化个人执业资格的管理，这样使建筑工程的相关主体的责任更加明晰，强化相关主体单位负责人的责任意识，更有利于追责。

4）对第三章第十九条关于建筑工程发包内容，笔者建议应明确对非政府投资项目招投标不予强制实施。第十九条原文为“建筑工程依法实行招标发包，对不适于招标发包的可以直接发包。”

政府应对政府投资的工程要求必须履行招标发包程序，而政府对民营企业间的合法经营和契约行为不应强制干预。因此不是所有建筑工程必须进行招标发包活动，这一条款应予以明确。同时应规定参建各方的招标投标，不得以价格作为唯一的中标条件，避免低价中标。目前，对非政府资金投资的工程项目可由建设单位自主决定是否进行招标投标的改革措施已经在国内许多地方实施，应尽快对法律进行相应的修改。

5）针对第四章第三十一条关于监理内容，笔者建议监理单位不一定受建设单位委托，而应推行相对第三方监理。第三十一条原文如下：“实行监理的建筑工程，由建设单位委托具有相应资质条件的工程监理单位监理。建设单位与其委托的工程监理单位应当订立书面委托监理合同。”

目前，我国的监理制度没有充分发挥其对工程质量安全的监理作用，这主要是由于监理单位受建设单位的委托管理，其监督话语权弱，成为建设方或总包方的附庸。笔者建议，增强监理单位的监督职能，更好地发挥监督作用，应探索和推行第三方监理，监理单位可以受保险机构等委托进行监理，装配式建筑还应明确进行驻厂监理。

6）针对第六章第六十二条的关于质量保修制度，笔者建议应推行建筑工程质量强制保险制度。第六十二条原文为：“建筑工程实行质量保修制度。建筑工程的保修范围应当包括地基基础工程、主体结构工程、屋面防水工程和其他土建工程，以及电气管线、上下水管线的安装工程，供热、供冷系统工程等项目；保修的期限应当按照保证建筑物合理寿命年限内正常使用，维护使用者合法权益的原则确定。具体的保修范围和最低保修期限由国务院规定。”

在建筑领域引入质量保险制度是国外建筑界行之有效的一种模式和做法。装配式建筑的发展使建筑各责任主体的责任更利于追溯，质量责任体系更加完善，这为推行建筑工程质量保险制度奠定了基础。笔者建议，应参考机动车强制保险的做法，用法律明确强制推行建筑工程质量强制保险。由保险公司介入到工程建设过程中，可委托监理机构进行质量安全监管，形成第三方监理，这样三方责任主体为了各自利益可充分相互监督，更有利于保证工程质量。政府管理工程建设由原来企业所交的各种质量保证金、房屋维修基金等可改为保险费，其他工程建设的保证金都可取消，在这方面我国个别省市已有试点，应全面推行。

以上这些对《建筑法》的意见，主要从适应装配式建筑的发展角度提出，笔者认为，装配式建筑是建筑业发展的必然趋势，必须要以装配式建筑的理念去改革现有不适应其发展的相关法律法规。

53. 如何开展装配式建筑相关产业经济统计?

装配式建筑作为一种新的建筑生产方式，必然会带动相关产业的发展，如何能客观地对相关产业进行统计，从而为经济政策决策提供依据是政府高度重视的一个问题。目前我国对装配式建筑相关产业经济统计还处于探索阶段，统计指标体系还没有建立起来，这主要是由于：

1）目前的《国家产业分类》和统计体系中，没有将装配式建筑所形成的产业（或简称为建筑产业）作为一个独立的产业，因此在各级统计体系中，也没有把建筑产业作为一个独立的产业来进行核算，而是将其分别计入其他相关产业中，而与其紧密相关的房屋建筑、建筑材料制造、室内装饰装修、服务业等领域的生产成果则被计入相应的产业部门中，与建筑产业相关联的产业部门约有 50 个左右。

2）传统的统计制度和方法是基于计划经济的，按主管部门进行统计的“条条”管理体制，其数据收集也存在很大的问题，存在大量的数据误差，收集样本的客观性无法保证，不适应企业经营方向多元化的变化和市场经济活动中复杂的企业行为。

3）装配式建筑作为一个新的建造方式，其采用工业化生产为主要特征所形成的整个产业链，与传统建筑业统计中有相同的内容，也有不同的内容，应该说比建筑业统计的内容更多更广。

由于以上的原因，也使得很多地方政府对建筑产业的统计数值都非常乐观，甚至有虚假夸大的成分。可以说我国现有的统计制度和体系都不能适应装配式建筑和市场经济的快速发展。笔者认为，针对装配式建筑的统计，应结合国家提出的目标要求和装配式建筑的特点，制定相关统计指标。笔者建议制定以下指标进行统计：

1）装配式建筑面积指标。国家提出的装配式建筑占新建建筑比例30%的目标，是一个地区的建筑面积的统计指标。这个统计指标应是各个地方政府必须完成的指标，因此也必须纳入装配式建筑统计。

2）采用预制装配的部品部件、配件及其安装的投资占整个工程投资的比例，可以称为装配式建筑投资率。资金可以作为一个通用的计量标准来衡量装配式建筑所涵盖的内容，也可以更容易得出装配式建筑的产值等经济指标。

3）主体结构预制率，按预制构件体积进行统计。这一技术指标目前已是我国评价装配式建筑的主要指标，且已走入了唯预制率的误区。这一指标的重大缺陷就是仅对主体结构进行评价，而非装配式建筑所涵盖的四大系统的整体评价指标，因此不能总体评价装配式建筑的技术水平。

4）内装率，可按建筑面积来统计。内装系统是装配式建筑四大系统的重要内容，没有内装系统就不能称为装配式建筑。但这一指标也不能完整地评价装配式建筑，应结合主体结构预制率等指标进行装配式建筑总体评价。

当然还有很多技术和经济指标需要进行统计，但笔者认为以上四个指标应该纳入装配式建筑统计范畴，为政府决策和企业市场竞争提供参考。此外，近年来，随着互联网和信息技术的高速发展，大数据的概念给现有的统计学带来巨大影响。大数据简单地说就是对大量的数据特别是互联网数据进行分析统计和应用，大数据结合云计算、BIM 等技术，必然将对现有的统计制度和方法产生革命性的影响，对装配式建筑所产生的相关数据进行统计应用也会发生质的飞跃。但目前这些技术和应用还都处于探索和起步阶段，还有待于在实际工作中不断修改和完善，逐步建立起一套更为科学、准确和完整的建筑产业统计指标体系和调查方法制度，更好地为政府和企业决策管理服务。

54. 在降低装配式建筑成本方面，政府可以做哪些工作？

装配式建筑在欧洲兴起伊始，发展的主要原动力是成本低、能大批量快速建造，受到了市场欢迎，市场起了主导作用。而我国目前的装配式建筑发展的主要推动者是政府，推进中面临的一个极其重要的问题就是成本高，建设单位不愿意用。如果高成本最终由消费者买单，那将会受到消费者的抵制。降低成本有政府政策、建设体制、项目管理、设计、生产、施工等诸多因素，我们在这里讨论政府在降低成本方面应该采取的措施。

装配式建筑的增量成本控制可以分为两类，一类是政策性带来的增量成本控制，另一类是包括管理、新技术、设计、生产、施工等建设全过程的增量成本控制。

（1）政策性带来的增量成本控制

1）加大政策扶持力度，弥补部分增量成本。

①增大装配式建筑市场体量。笔者建议在有条件的省市（特别是经济条件好、建设规模较大的地区）加大政策推进力度，主要有两个方面：

一是保障房等政府项目必须采用装配式建造方式。

二是推进在商业地产特别是商品住宅上的强制应用，在商业地产土地出让环节中，明确预制率、装配率及全装修比例。

通过该政策实施，可以促进预制部品部件等生产规模扩大，降低工厂固定成本摊销，实现成本控制。

②面积奖励，一般有两种办法：

一是给予容积率奖励，以北京等城市为代表。如北京市规定建设项目达到要求条件后，在原规划建筑面积的基础上，奖励一定数量的建筑面积，奖励面积不超过实施装配式建筑项目规划建筑面积的3%。

二是预制外墙不计入建筑面积，以上海、长沙等城市为代表。如上海市规定装配式建筑外墙采用预制夹心保温墙体的，其预制夹心保温墙体面积可不计入容积率，但其建筑面积不应超过总建筑面积的3%（奖励原理与容积率奖励类似，但需要处理好与现行房屋测绘规定之间的关系）。此项措施解决了建设项目采用预制夹心保温墙体，带来的墙体加厚住房使用空间降低的问题，避免购房者利益受损，导致开发商采用装配式建筑动力不足问题。

③土地出让金返还。政府与开发商形成契约，建设项目达到装配式建筑约定标准，可缓交或返还部分土地出让金。

④商品房提前预售。沈阳、深圳等城市采用给予开发商提前预售的鼓励措施。比如沈阳市规定，在项目达到投资额要求的前提下，施工进度达到±0.00时，即可办理《商品房预售许可证》。这项措施操作较为简便，开发商资金回笼较快，因此认可度较高，在我国多个省市都有应用。

⑤给予资金奖励或补贴。笔者认为，奖励和补贴应重点从以下四个方面考虑：

一是奖励创新和用新，主要指奖励率先应用新技术、新建设模式的排头兵，使相关企业重视技术进步、重视创新，这样才能使“钱花在刀刃上”。通过技术进步，使成本降低，逐步推进装配式建筑技术的不断完善和成熟。比如推进BIM初期，企业会多花钱，政府可以适当给予补贴，企业掌握了BIM技术的优势，势必会习惯成自然，可持续应用下去。

二是奖励具有示范意义或科技含量较高的装配式建筑项目，比如采用高预制率、应用管线分离技术、高比例应用干法作业等建设项目。

三是奖励企业用于先进技术设备引进和固定资产投资、首台（套）重大技术装备研发、生产等。

四是奖励装配式建筑科技研发、推广培训和设立科技公共研发检测平台、工程技术研发中心和重点实验室等。

以上这些情况适当可以考虑资金补贴或奖励，但是这里我们要特别说明的是，政府奖励或补贴，是一个初期推进过程中的阶段性政策，政府不会长期补贴下去，否则企业会产生惰性和依赖性。

⑥推进建筑行业费改税及保险等试点工作。针对建筑行业的各种费用，如环保排污费、质保金、农民工保证金、安全措施费等，尝试采用税收的杠杆调节作用及保险机制的引入，引导和鼓励相关企业放弃原有的建筑行业管理和建设模式。同时，对于推进全装修住宅工作，建议对购买全装修住宅和毛坯房收取不同的税率，对于毛坯房收取更高的税率等措施。

2）推广工程总承包（EPC），实现项目实施方案最优化。

工程总承包模式可以使工程设计、施工等建设环节有机结合，系统优化设计方案，统筹预制装配作业，有效地对质量、成本和进度进行综合控制，提高工程建设管理水平，缩短建设总工期，降低工程投资，保证工程质量。另外，由于预制部品部件的设计、生产、施工一体化，减少了交易环节，使得流转税费支出大大减少，从而使装配式建筑的成本大幅降低。

基于以上原因，政府应出台推进工程总承包政策，并通过改革建设领域招标投标等管理制度来保障工程总承包模式的推广。同时，有条件的政府项目应采用工程总承包模式，为社会起到带头示范效应，逐步推动工程总承包模式发展。

3）推广住宅全装修，发挥工期缩短的财务成本优势。

装配式建筑推广全装修，可提前室内装修作业进场时间，缩短外墙装饰作业时间，提前室外工程开始时间。以沈阳万科项目为例，综合工期可缩短1~3个月，开发商财务成本优势明显。因此，政府应将推进装配式建筑与全装修并行，才能更好地发挥装配式建筑缩短工期带来的成本优势。

另外，全装修还会弥补其他结构成本的增加，因为开发商采用全装修依靠的是规模效应，会增加利润，降低成本，这样就实现了“绝对成本上升，相对成本下降”。

4）培训产业工人队伍，发挥降低人工费的优势。

随着我国人口红利的逐渐消减，建筑业出现了较为明显的用工荒和人工费上涨趋势，政府应从制度、财政等方面支持培训建筑产业工人，改变过去四处流动的农民工建筑队伍，满足装配式建筑产业工人的需求，逐步发挥装配式建筑人工费减少的优势。

当然，还有改革工程建设管理制度，简政放权、放开市场、促进充分竞争，扶持优势龙头企业，打造产业集群及产业链等措施，都会间接降低装配式建筑的成本增量。

（2）建设全过程的增量成本控制

1）实行标准化设计及通用部品体系。

政府应推动标准化设计及通用部品部件体系，这样才能更好地实现工程建设的专业化、协作化和集约化，从而实现工程建设的社会化大生产，达到增量成本控制的目的。主要有两个方面：

①构建完善的装配式建筑标准体系。

一是从建筑技术体系入手，梳理各个不同类型装配式建筑标准体系构架，及其相关技术标准内容，调整和完善技术标准。

笔者要特别强调，装配式建筑（这里主要指PC建筑）当前在我国推广缓慢的一个极其重要的原因就是技术体系不成熟，特别是在住宅建筑中广泛应用的剪力墙结构，对装配式建筑的适应性较低，成本也降不下来。主要原因有两点：第一点是节点连接多，且大多是湿连接，预制墙板内预留套筒、钢筋、埋件、孔洞多，节点连接处预留空间小，这些因素导致生产和施工难度大；第二点是由于现行规范的谨慎性，带来大量的现浇、大量的出筋，导致工厂的自动化生产线无法使用，也无法实现机械化快速安装，效率自然无法提高，致使价格不占优势。

解决的办法，一种是加快技术研发，解决剪力墙结构对装配式建筑的适应性问题，研发出新的技术方式，减少现浇和出筋，提高生产率；另一种就是改变结构体系，推动成熟的、适合装配式建筑的结构体系。

构建易推广的建筑技术体系，适合市场的需要，是当前装配式建筑发展的一项极其重要的工作内容。

二是完善基本模数标准，在装配式建筑全产业链的各个环节强制推行或优先选用。

三是编制装配式建筑整体结构及节点结构设计标准和施工图集，最终建立起基于建筑设计、部品部件生产、现场施工装配、竣工验收管理全过程的系统化、多层次、全覆盖的装配式建筑标准体系。

②建立装配式建筑中部品部件和配件的通用体系。

通用体系是通过将建筑的各个构配件、配套制品和构造连接技术标准化、通用化，使各类建筑所需的构配件和节点构造可互换通用的工业化建筑体系。目前我国还未形成成熟可靠的、可供规模推广的技术体系，因此需要在各企业逐步完善专用体系的基础上，通过充分的市场竞争优胜劣汰，逐步构建区域通用体系，形成区域社会化大生产，有些如预埋件等还可形成全国性的通用体系。具体大致分为三类：

一是构建部件（主要指构成建筑结构系统的结构构件及其他构件）的企业内和区域内的通用体系。不强调全国的通用性，因为结构构件通常有服务半径，一般 100km 以内为合理服务半径，服务区域太大经济性差；另外，我国幅员辽阔，南方、北方的居民住宅因气候、民俗、经济、城乡现状等多种原因导致的住宅模式不同，通用性不强。

二是构建部品（如轻质隔墙、整体厨卫和收纳柜等）的企业内和区域内的通用体系。不强调全国的通用性，同样基于地域差异带来的住宅模式不同导致的通用性不强。

三是构建配件的全国性通用体系，比如预埋件、吊具、螺栓、螺母等构配件，无地域性区别。

可以看出，地域性的标准化就是使地方政府要有所作为。比如，一个中心城市可以在结构构件、配套部品等方面推动周边区域城市采用统一标准，形成地域性标准化，这样利于形成规模经济，降低企业的成本。推动地域性标准和通用体系，可以保有地方特色，还可以把标准化与差异化统一起来，充分调动地方资源。

2）积极推动建筑信息模型（BIM）技术的应用。

BIM 技术可使工程建设逐步向工业化、标准化和集约化方向发展，促进工程建设各阶段、各专业主体之间在更高层面上充分共享资源，有效地避免各专业、各行业间不协调问题，有效地解决设计与施工脱节、部品与建造技术脱节等问题，提高工程建设的精细化、生产效率和工程质量。政府应出台政策，推进 BIM 技术在工程上的应用，引导市场实现设计、生产、施工、运维等各环节协同，并强制在政府项目中率先推广应用。

55. 政府如何对装配式建筑综合效益进行评价？有哪些主要指标？

从 20 世纪 90 年代以来，装配式建筑主要用于工业建筑上，就是将预制构件运到工地上，并在工地上装配而成。随着装配式建筑近几年在民用建筑上的大力推广应用，取得了极大的综合效益。

关于对装配式建筑的综合效益，可以从经济效益、环境效益和社会效益这三个方面来进行分析。

由于我国装配式建筑技术开展得比较晚，还有诸多问题有待解决，关于装配式建筑效益分析方法的研究也不够深入。为此，要评估装配式建筑综合效益，需要以项目为依托，与传统现浇建筑进行对比（本题仅做PC建筑与传统现浇建筑进行对比），通过多个不同地区的项目比较，综合分析出装配式建筑的综合效益，各地因建筑模式、地理位置、资源条件等不同，也会有所不同。

这里从建筑全生命周期和拉动地方经济方面讨论经济效益，从“四节一环保”和碳排放方面讨论环境效益，从建筑品质提升、质量安全提高、产业工人转化等方面讨论社会效益，当然这几个效益也是互相关联，互相转化的。本题以沈阳市的某工程项目为例，装配式建筑的综合效益数值量化受多种因素影响，具体数值会有所不同。

(1) 经济效益

可以分为建筑全生命周期的经济效益和拉动地方经济的效益两个维度。建筑全生命周期的经济效益分为：建造成本、工期变量、运维成本等，我们逐项讨论它的相关指标：

1）建造成本。装配式建筑就是通过可靠的连接技术和现代化机械设备将预制构件进行连接，使其具备工业化生产的建筑技术。在建筑成本上的分析主要是集中在建筑部件生产成本、运输和安装成本核算所具有的经济效益。

与传统现浇方式相比，特别是当前我国装配式建筑发展初期，装配式建筑工程造价普遍比传统方式高（预制率高低、项目体量大小等都是影响造价的重要因素），其主要原因在于技术方案不符合装配式建筑特点，导致标准化部品不足、现场后浇混凝土较多、预制构件出筋太多，无法充分发挥工业化批量生产的价格优势。随着我国装配式技术的进步，标准化、模数化的广泛应用，提高通用产品应用比例，形成规模化的大工业生产，绝对的工程造价可与传统现浇方式基本持平。

另外，装配式建筑减少人工的优势，与我国人口红利逐渐消减、人工成本逐渐上升具有相关性，当曲线达到一定拐点时，必然会促动企业基于成本考虑而更加积极主动地采用装配式建筑。

2）工期变量。装配式建筑由于大量采用预制构件，主要工作在工厂里进行，如能实现大规模穿插施工，则现场施工工期可大幅缩短，可以大大加快开发周期，节省开发建设管理费用和财务成本，从而在总体上降低开发成本。

3）运维成本。由于装配式建筑在建筑工艺、建筑品质、材料应用等方面优于传统建筑，所以在全生命周期上装配式建筑具有突出的经济效益。综合分析有如下几个方面：

①能耗成本。由于装配式建筑外墙采用预制混凝土夹心保温墙板，提高了建筑节能水平，其能源的消耗成本要比传统的建筑明显偏低。其主要的能源消耗集中在采暖、电费和燃气等日常使用费用上。

②维修成本。在装配式建筑结构上通常采用的材料都具有优良的强度和耐久性，所以在日常的维修和保养上的成本投入要比传统的建筑低。比如外墙采用预制混凝土夹心保温墙板，可实现与建筑同寿命，仅需要维修保养外墙胶，而现浇建筑外墙保温薄抹灰系统的设计使用年限只有20~25年。

③残值利用。装配式建筑达到使用寿命后，其自身有一部分材料可以进行回收再使用，能够将其转变成为具有新型节能保温材料重新利用。

(2) 环境效益

对比装配式建筑与传统现浇建筑在环境效益方面有较大差异，环境效益我们可以按照

“四节一环保”（节能、节地、节水、节材和环境保护）的要求进行综合评估。下面具体从能源、水资源、钢材、混凝土、木材、保温材料、水泥砂浆、建筑垃圾及粉尘和噪声等方面进行对比：

1）能源消耗。装配式建造方式相比传统现浇方式电力消耗量减少约 20%。主要原因包括四方面：

一是现场施工作业减少，混凝土浇筑时应用的振捣棒、焊接所需电焊机及塔式起重机使用频率减少，以塔式起重机为例，装配式建造方式施工多是大型构件的吊装，而在传统现浇施工过程中往往是将钢筋、混凝土等各类材料分多次吊装。

二是预制外墙若采用夹心保温，保温板在预制工厂内同结构浇筑为一体，减少了现场保温施工中的电动吊篮的耗电量。

三是由于装配式建造方式相比传统现浇方式，木模板大量减少，加工耗电量也相应减少。

四是由于预制构件的工厂生产，减少或避免了夜间施工，工地照明电耗减少。当然，预制构件等在工厂生产也需要能源消耗，但由于批量生产的能源消耗摊销到工程上，要远远低于施工现场的能源消耗。

2）水资源消耗。建筑施工的大多数工序都离不开水，但目前施工环节的用水量大，水利用效率较低。

装配式建造方式相比传统现浇方式，单位平方米水泥砂浆消耗量减少 20% 以上。原因主要有三个方面：

一是由于构件厂在生产预制构件时采用蒸汽养护，养护用水可循环使用，并且养护时间和输汽量可以根据构件的强度变化进行科学计算和严格控制，大大减少了构件养护用水。

二是由于现场混凝土浇筑施工大大减少，进而减少了施工现场冲洗固定泵和搅拌车的用水量。

三是现场施工人员的减少导致施工生活用水减少。

3）钢材消耗。由于不同建筑高度和设计方案导致的钢材消耗量差异，会对两种建造方式的钢材消耗量产生较大影响，在进行对比时，应采取相同建筑高度和设计方案的项目进行对比。下面，笔者将影响钢材消耗的项目和原因进行简要分析：

①增加的钢材消耗，主要有六个方面：

一是所有竖向连接部位的套筒位置的箍筋加密，增加钢筋较多。

二是后浇混凝土区域钢筋增加较多。

三是由于施工叠合楼板，较现浇楼板增加了桁架钢筋。

四是采用预制混凝土夹心保温外墙板，比传统住宅外墙增加了 50mm 的混凝土外叶板，增加了这部分的钢筋用量。

五是预制构件在制作和安装过程中需要大量的钢制预埋件和套筒，增加了部分钢材用量。

六是由于目前预制装配式建筑在我国仍处于前期探索阶段，部分项目为使建筑安全可靠，在一些节点的设计上偏于保守，导致配筋增加。

②减少的钢材消耗，主要有三个方面：

一是预制构件的工厂化生产大大降低了钢材损耗率，提高了钢材的利用率。

二是预制构件的工厂化生产减少了现场施工的马凳筋等措施钢筋。

三是预制构件厂采用钢模台，几乎是永久性使用，另外工厂用的钢模板，周转次数都在百次以上，而一些工地采用的钢模板周转次数则比较少。

通过案例分析，装配式建筑与现浇建筑在钢材消耗上进行对比，没有明显优势。

4）混凝土消耗。与钢材消耗对比类似，不同建筑高度和设计方案导致的混凝土消耗量差异会比较大。下面将混凝土消耗的增量和减量做以分析：

①增加的混凝土消耗，主要有两个方面：

一是由于使用叠合楼板增加了楼板厚度，导致混凝土消耗量增加。一般情况下，住宅现浇楼板为 100～120mm 厚，而 PC 叠合楼板一般为 130～140mm 厚（预制部分一般为 60mm，现浇部分一般为 70mm 以上）。

二是部分项目的预制外墙采用夹芯保温，根据结构设计要求，比传统现浇外墙增加了 50mm 的混凝土外叶板，而在传统建筑中，外墙外保温一般采用 20mm 砂浆保护层。

在增加的混凝土消耗项目中，比如楼板的厚度也不是必然增加的项目。如果我们的住宅项目按照国家标准《装标》中实行管线分离的全装修方式，类似于日本住宅体系中普遍应用的顶棚做吊顶和地面做架空方式，楼板就不需要做得很厚，因为楼板增加厚度是仅仅为了埋设管线。另外，一些大跨度结构的建筑，楼板本身就需要设计得厚些，因此采用叠合楼板的方式混凝土消耗也不会增加。

②减少的混凝土消耗，在于预制构件厂对混凝土的高效利用，避免了以往在现场施工受施工条件等原因造成的浪费，提高了混凝土的使用效率，混凝土损耗率可以降低 50%。

5）木材消耗。装配式建造方式相比传统现浇方式，单位平方米木材节约 50% 以上，优势明显。主要有两个原因：

一是预制构件在生产过程中采用周转次数高的钢模板代替木模板。

二是施工过程中，叠合楼板等预制构件在现场起到模板作用，减少了木模板的应用。另外，预制墙板可以直接安装，不像现浇方式需要采用大量的木模板支模。

6）保温材料消耗。装配式建造方式相比传统现浇方式，单位平方米保温材料消耗量减少 50% 以上。主要有两个原因：

一是由于保温材料保护不到位，竖向施工操作面复杂，以及工人的操作水平和环保意识较低，导致现浇住宅在现场施工过程中保温材料的废弃量较大。

二是外墙采用预制混凝土夹心保温墙板，可实现保温与建筑同寿命，而现浇建筑外墙保温薄抹灰系统的设计使用年限只有 20～25 年。

7）水泥砂浆消耗。装配式建造方式相比传统现浇方式，单位平方米水泥砂浆消耗量减少 50% 以上。原因包括：

一是外墙粘贴保温板的方式不同，装配式建造方式的预制墙体采用夹芯保温，保温板在预制构件厂内同结构浇筑在一起，不需要使用砂浆及粘结类材料。

二是预制构件无须抹灰，减少了大量传统现浇方式的墙体抹灰量。

8）建筑垃圾排放。装配式建造方式相比传统现浇方式，单位平方米固体废弃物的排放量降低 80% 以上，减排优势明显。减少的固体废弃物主要包括废砌块、废模板、废弃混凝土、废弃砂浆等。装配式建筑施工现场干净整洁，各项措施完善，管理严格，废弃物的产生量大大减少。同时预制构件厂在构件生产过程中控制严谨、管理规范，混凝土的损耗率很小。

9）施工现场粉尘污染。装配式施工现场的PM2.5和PM10的排放减少。原因主要有以下四个方面：

一是由于采用预制混凝土构件，减少了建筑材料运输、装卸、堆放、挖料过程和运输车辆行驶过程中产生的扬尘。

二是外墙面砖采用反打工艺直接浇筑于混凝土中，预制内外墙无须抹灰，大大减少了墙体抹灰等易起灰尘的现场作业。

三是基本不采用脚手架，减少了落地灰的产生。

四是减少了模板和砌块等切割工作，减少了相关污染物扬尘的产生。

10）施工现场噪声污染。装配式建造方式相比传统现浇方式，施工现场最高分贝噪声持续的时长减短，噪声分贝也有所降低。主要原因有：

一是由于采用工业化方式，构件和部品在工厂中预制生产，减少了现场支拆模板和混凝土振捣的大量噪声。

二是预制构件安装减少了钢筋切割的现场工序，避免了高频摩擦声的产生。

由此可以看出，装配式建筑环境效益极为显著，在节能、节水、节材和环保方面有突出效益（装配式建筑在节地方面效益不是很明显），这是中央政府和地方政府关注的核心原因之一。

（3）社会效益

在社会效益上，我们把建筑质量、安全生产、劳动效率、产业工人转化等方面进行评估，下面简要分析：

1）提升质量和效能，提高居住舒适度。采用装配式建造方式可以确保诸多建筑工程质量关键环节得到有效控制，提高工程质量，减少系统性质量安全风险，有效解决质量通病问题。如通过采用预制外墙保温体系、预制楼梯、外墙窗一次成型、外墙装饰面反打工艺等，解决外墙渗漏、保温开裂等问题，并提升了建筑质量和品质。通过装配式建造方式，提高了建筑产品的效能，实现“成本小增量，效能大增量”，也符合我国供给侧改革的理念。

2）有利于安全生产，推动产业技术进步。采用装配式建造方式，大幅减少了工程施工阶段对施工人员的需求，仅需要较少的起重人员、组装人员和管理人员进行现场的吊装、拼装工作。同时，装配式建筑需要专门从事建筑工业化生产的工人，这些产业工人技术水平相对较高、专业知识较多、安全意识较强、综合素质较好，从而减少了施工生产过程中人为的不安全因素的影响。在提高产业工人的综合素质的同时，装配式建造方式有利于提高建筑业的科技水平，推动技术进步，提高生产效率，促进生产方式转型升级。

3）提高劳动效率，节约人力成本。由于装配式建筑将大量的工作从工地转入到工厂，工地采用的多是手工作业，需要大量人工，效率低下。而工厂采用的是工业化的生产方式，利用机械、生产线等设备，效率提高，人工减少。

4）促使农民工向产业工人转变，改善工作环境、提高劳动人员归属感。随着50后、60后农民工逐渐退出建筑市场，70后、80后农民工已成为我国建筑业劳动力市场的主力，他们大都不愿意从事脏而笨重的体力劳动，劳动力市场结构性短缺已开始显现。

装配式建筑的生产施工模式会带来诸多益处：

一是因为借助大量机械化作业，无论是工厂生产还是现场吊装，使得工人不必从事大量的重体力劳动，改善了劳动强度。

二是大量人员从风吹日晒雨淋的施工现场，转入到工作条件相对较好的室内工厂工作，改善了工作条件。

三是由于工厂的位置固定，就使得工人不必住在工棚，而住在宿舍或家里，大大改善了生活条件。

四是装配式建造方式，提高了农民工的劳动技术含量，有助于引导农民工转型为产业工人，促进其稳定就业，并在城镇定居，实现农业转移人口城镇化，符合社会发展趋势。同时，对于当下存在的农民工夫妻长期分居、留守儿童、空巢老人等社会热点问题的有效解决也会带来益处。

5）提升行业竞争力，培育产业内生动力。装配式建筑以工业化住宅制造取代了传统的住宅建造，实现了工业化与信息化的深度融合，不仅使相关企业通过转型升级提高了自身竞争力，而且提高了建设行业的工业化水平，推动了相关领域和产业的发展，有利于形成国际竞争力，实现制造强国的战略目标。

综上所述，通过对装配式建筑综合效益的分析评价，我们会更深刻地认识它的意义和作用，而不是简单地片面进行成本价格对比，而应更多地考虑综合效益，这也会为政府、企业乃至普通民众的生活带来益处。

56. 政府对装配式建筑工程项目招标投标管理的要点是什么？

装配式建筑工程项目招标有两种类型：一是设计施工分开招标，二是设计施工一体化的工程总承包招标，下面分别讨论两种类型的管理要点：

（1）装配式建筑工程项目设计、施工分开招标投标的管理要点

在装配式建筑工程项目进行传统招标投标中，设计、施工单位除了应具备常规要求外，在装配式建筑发展初期，笔者建议可以采用如下办法：

1）在建设单位招标时，不建议将装配式建筑工程项目业绩作为设计、施工招标必须条件，因为目前建筑市场上具备业绩的企业较少，不利于推动行业发展，但是我们可以将业绩作为加分奖励、同等条件下优先中标等鼓励措施，促进企业积极进入到装配式建筑领域。

2）在条件具备地区，可采用邀请招标方式确定装配式建筑工程项目的设计和施工单位。比如合肥市在推进初期，在部分试点项目上采用单一来源方式确定装配式建筑施工企业，造价的确定是运用传统方式和装配式方式对比，给予装配式企业一定的利润空间，逐步与市场接轨。经过几年运行，企业和政府都积累了经验后，再公开招标。

（2）装配式建筑工程项目工程总承包招标投标的管理要点

工程总承包是指从事工程总承包的企业按照与建设单位签订的合同，对工程项目的设计、采购、施工等实行全过程的承包，并对工程的质量、安全、工期和造价等全面负责的承包方式。一般采用设计 – 采购 – 施工总承包或者设计-施工总承包模式。

在工程总承包模式下，装配式建筑招标的委托范围主要包括：设计、采购、施工。组织实施原则为提早统一策划、统一组织、统一指挥、统一协调。应当从建设规模、建设标准和责任划分等方面对招标需求进行制定。装配式建筑招标对投标人的要求主要包括：

1）具有工程总承包管理能力的企业，可以是设计、施工或其他项目管理单位，或者是由具备相应资质的设计和施工单位组成的联合体。

2）以联合体投标的，应当根据项目的特点和复杂程度，合理确定牵头单位，并在联合体协议中明确联合体成员单位的责任和权力。

3）工程总承包单位（包括联合体成员单位）不得是工程总承包项目的代建单位、项目管理单位、监理单位、招标代理单位，或者与以上单位有控股或者被控股关系的机构或单位。

4）具有相应资质等级的设计、施工或项目管理单位。

5）由于目前建筑市场上具有工程总承包业绩的单位较少，在招标时不宜将工程总承包业绩作为投标条件，以促进工程总承包行业的发展。虽然不把业绩作为必要条件，但可以把业绩作为加分奖励、同等条件下优先中标等鼓励措施，以促进企业积极进入到装配式建筑领域。

工程总承包招标在需求统一、明确的前提下，由投标人根据给定的概念方案（或设计方案）、建设规模和建设标准，自行编制估算工程量清单并报价。建议采用总价包干的计价模式，但地下工程不应纳入总价包干范围，而是应采用模拟工程量的单价合同，按实计量。如果需约定材料、人工费用的调整，则建议招标时先固定了材料、人工在工程总价中的占比，结算时以中标价中的工程建安费用乘以占比作为基数，再根据事先约定的调差方法予以调整。

装配式建筑招标投标对评标和定标也有要求。要谨慎认定投标人的工程总承包管理能力与履约能力，投标人深化的设计是否符合招标需求的规定，考核投标报价是否合理。

57. 政府对装配式建筑工程项目开发建设单位的管理与服务包括哪些主要内容？

市场是配置资源的决定性因素，而开发建设单位是装配式建筑建设最重要的环节，是消费者市场需求的代表。那么，如何让开发建设单位愿意用、主动用、用得好装配式建筑是必须要解决的课题。下面，我们从以下两个方面讨论政府对开发建设单位管理与服务的主要内容：

（1）落实国家标准，提供技术指导

除万科等少数几家开发商对装配式建筑有过经验，其他开发商对装配式建筑的管理、技术等还不熟悉、不了解，“人对未知领域有一种恐惧感”，导致不敢贸然采用。因此，政府应积极宣传国家政策，使包括开发商在内的广大相关企业了解、接受、会做装配式建筑。政府通过组织培训会、研讨会、办展会等形式，提高广大相关企业对装配式建筑的认同程度和实践能力。

另外，政府可以通过组织房地产商协会和预制部品部件企业协会、设计协会等搭建平台开展项目对接会，组织论坛活动，使房地产商知道有哪些资源可以利用，与相关企业互通信息。

（2）政府出台政策，推动装配式建筑发展

1）出台强制措施。笔者建议，各地方政府可根据本地实际情况，研究制定本地区装配式建筑发展规划，政府项目应带头示范，强制政府投资的保障房等项目采用装配式建筑，为社会树立标杆，积累工程经验和企业、人才资源；另外，在商业地产项目上分节奏强制推进，可以采用得到住建部肯定的“三步走”模式，即先做水平预制构件（预制楼板、楼梯、阳台板、空调板等），后做预制非承重外墙，最后预制竖向承重结构。同时，强制或鼓励推进住宅全装修和其他部品集成工作。

2）制定激励政策。最常见的有七类政策支持方式（激励政策在本书中多有论述，如第2章34问中有较为详细的表述，这里仅做条目介绍）：

一是用地保障，在建设用地安排上优先支持发展装配式建筑产业。

二是进行面积奖励或容积率奖励。一般给予不超过3%的容积率奖励，预制外墙不计入建筑面积。

三是财政资金奖励（补贴）。如上海市规定，对装配式建筑每平方米补贴100元，单个项目最高补贴1000万元。重庆市规定，每立方米混凝土构件补助350元。

四是税收优惠，予以减免企业所得税或者享受增值税即征即退50%的政策。

五是规定装配式建造的商品房可提前预售。施工部位达到±0.00时，即可办理《商品房预售许可证》。

六是给予基金返还。免征新型墙体材料专项基金，竣工验收合格后新型墙体材料专项基金可优先返还。

七是对率先应用工程总承包或BIM技术的开发建设单位给予资金支持，带动其他开发单位应用。

3）以限制性政策建立倒逼机制，实现行业转型升级，主要可分为两大类：

①提高建筑综合品质，主要有三个方面：

一是提高建筑工程的质量安全标准。

二是提高建筑工程的抗震等级和使用寿命标准。比如提高建筑寿命设计标准由现在的50年提高到100年，在抗震设计方面由原来的“小震不坏、中震可修、大震不倒”提高到国际先进的“中震不坏、大震可修”的抗震设计原则。

三是提高建筑工程的节能环保标准和居住舒适性标准，比如推行管线分离、全装修等。

②提高传统建筑的各种税费，主要有三个方面：

一是提高建筑施工噪声、固体废物、大气污染物等应税污染物的征收标准。

二是参考香港经验，征收建筑垃圾处理费。

三是参考北京标准，征收施工工地扬尘排污费。

通过以上措施，逐渐使开发商适应装配式建造方式。在推进初期，政府进行一些税费、资金等补贴或奖励方式是可行的，一方面可以降低开发建设单位多付出的成本，另一方面也可以使推进工作更加高效。就如同滴滴打车在推广初期，依靠对出租车司机和顾客的双重补贴来吸引乘客，使司机感到高效、赚钱，使乘客感到方便并逐渐形成一种消费习惯。

58. 政府对装配式建筑总承包企业管理与服务的内容是什么？

政府应积极引导和鼓励建筑总承包企业进入到装配式建筑领域，并为总承包企业转型升级提供良好的管理和服务，主要包括如下内容：

（1）制定承揽装配式工程项目总承包门槛

政府应组织房地产协会、设计协会、建筑业协会、装饰协会等制定承揽装配式工程项目的总承包企业门槛，既不能唯资质论、业绩论，也不能没有标准，可以采用业绩作为加分奖励、同等条件下优先中标、具有一定经验的员工数量的企业才能入围等措施，通过制定标准引导总承包企业进入到装配式建筑领域。

（2）鼓励和支持建筑总承包企业升级为工程总承包企业或与设计单位等组成联合体

2016 年，住建部下发《住房和城乡建设部关于进一步推进工程总承包发展的若干意见》（建市【2016】93 号）的文件，各地方政府应根据地方实际情况，率先推动装配式建筑项目采用工程总承包模式。“有了梧桐树，就会引来金凤凰”，有了市场，建筑总承包企业必然有内生动力升级为工程总承包企业或与设计单位等组成联合体。同时，政府应对建筑总承包企业收购、并购设计院及预制构件生产厂家等提供政策支持，不可在资质审批等环节为企业设置过多门槛。

（3）鼓励和支持建筑总承包企业在装配式建筑工程项目上应用 BIM 技术

对率先采用 BIM 技术的建筑总承包企业给予资金或其他方式支持，树立榜样，带动其他单位应用。

（4）指导和支持建立装配式建筑产业技术创新联盟或协会

通过联盟或协会，集合大家的智慧和财力，加大研发投入，增强创新能力。

（5）加强业务培训，提高装配式建筑总承包企业员工能力和素质

政府应该通过组织培训会、研讨会、办展会等形式，推动广大相关企业掌握装配式建筑技术。

59. 政府对装配式建筑设计单位管理与服务的内容是什么？

基于装配式建筑的特点，必然要求设计更加精细。根据国外的经验，设计应统领装配式建筑的全过程。装配式建筑设计工作增加了一些内容。

（1）装配式建筑设计增加的工作量（以装配式混凝土结构建筑为例）

1）设计需要统筹建设项目各个方面。装配式混凝土结构建筑的设计要充分考虑生产、运输、构件堆放、施工安装等各个环节，各专业的设计如预埋件、预留孔洞等都要集中汇总到构件图上，因此需要设计统筹、深入、细化。比如生产方面是否满足标准化程度高、模具少、利于大工业生产等，运输方面构件尺寸是否符合车辆限制、方便装卸及成品的运输保护等，构件的设计是否利于堆放，安装是否易操作、便利及安全等。

2）精度要求高。现浇方式误差是以厘米计，而装配式建筑误差是以毫米计，同时装配式建造方式无法对施工现场的临时设计变更和施工调整，因此设计必须提高精度要求。

3）全装修与建筑设计的同步化。装配式混凝土结构建筑必须考虑装修对预制构件的要求，不可能交付后再砸墙装修，需要的预埋件、预留孔洞等都必须在设计中标出，因此装修设计需要与建筑设计同步进行。

4）预制构件拆分工作加大了设计工作量。

5）对预制构件脱模、存放和吊装的复核计算增加了工作量。

6）装配式混凝土结构建筑设计应当一个构件一张（或一组）制作图，不能让工厂自己从各专业、各个环节图样中去“找”技术指令。日本装配式混凝土结构建筑都是一件一图，不易出错，工厂制作非常方便。

（2）当前我国装配式建筑设计的现状

1）当前我国的装配式建筑设计一般是建设项目先进行传统建筑、结构等设计，再进行构件拆分设计。主要原因是当前的建设方还没有认识到装配式建筑的基本特点，大多数情况下做装配式建筑是政府要求不得不做。建筑设计院没有动力，也没有主动提升设计拆分能力，原因就是装配式建筑增加了工作量，但是建设单位并没有相应增加设计费。

目前多数装配式建筑项目采用的是原设计院传统设计，构件厂或其他拆分咨询公司进行拆分，原设计院进行复核盖章的模式。

2）建筑设计与全装修设计不同步。

（3）政府对装配式建筑设计单位应加强管理与服务的内容

1）明确设计院对装配式建筑设计责任的主体地位。政府应通过政策引导，强化设计院在装配式建筑设计中的主导地位。

2）进一步完善各项标准规范。装配式建筑的各项标准规范还有欠缺，设计院缺乏可参考的依据。虽然国外在装配式建筑方面已经比较成熟，但国外多为独栋或低层住宅，高层建筑为框架体系。而我国多为高层或多层剪力墙结构住宅，国情差异比较大，一些可借鉴经验还需与我国实际情况相结合，因此需要政府层面组织出台相应标准规范。

当然，在2017年住建部发布的《工程建设标准体制改革方案（征求意见稿)》中，强调了要“强化底线控制要求，建立工程规范体系”，“精简政府标准规模，增加市场化标准供给”等内容，这是一个积极的信号，那就是要改革单一的政府标准供给模式，充分发挥市场在标准资源配置中的决定性作用，这就意味着行业标准、企业标准将在未来“大行其道”，必将推动技术创新，形成“标准市场”，有助于装配式建筑推广。

3）推动设计单位进入到工程总承包领域。由于设计工作在装配式建筑中的引领作用，远远超过在传统现浇方式工程中的作用。而作为国际通行的建设项目组织实施方式的设计与施工的工程总承包模式，则是有效地突出了设计与施工的深度融合。因此，政府应积极扶持和推动设计单位进入到工程总承包领域，允许设计院申报工程总承包资质，与施工总承包企业组成联合体。

4）鼓励和支持设计院在装配式建筑工程项目上应用BIM技术。对率先采用BIM的设计企业给予支持，树立榜样，带动其他单位应用。

5）指导和支持建立装配式建筑设计行业技术创新联盟或协会。通过联盟或协会，集合大家的智慧和财力，加大研发投入，增强创新能力。还可以通过协会，互相学习，取长补短，共同提高。

6）加强业务培训，提高设计行业员工能力和素质。目前，国内的设计院在装配式建筑的设计环节还比较薄弱，参与设计、生产、运输、安装等全过程的设计企业更是少之又少。因此，政府应该通过组织培训会、研讨会、办展会等形式，提高设计单位掌握装配式建筑设计能力。

60. 装配式建筑图纸审核的要点是什么？结构拆分和构件设计图应由谁签字负责？

（1）图纸审核要点

2016 年 12 月 15 日，住建部下发《装配式混凝土结构建筑工程施工图设计文件技术审查要点》（建质函［2016］287 号），里面对装配式建筑的审查要点进行了详细说明，本文在这里仅提纲挈领地进行简要介绍：

1）建筑专业

①建设规模是否符合相关法规：确定预制范围，设定建筑模数，确定模数协调原则。

②设计的施工材料是否满足各项性能要求。

③在进行平面布置时是否考虑装配式建筑的特点与要求。

④在进行立面设计时是否考虑装配式建筑的特点，确定立面拆分原则。

⑤是否依照装配式建筑特点与优势设计表皮造型和质感。

⑥外围护结构建筑设计尽可能实现建筑、结构、保温、装饰一体化。

⑦设计外墙预制构件接缝防水防火构造，接缝宽度是否满足主体结构的层间位移、密封材料的变形能力、施工误差、温差引起形变等要求。

⑧是否根据门窗、装饰、厨卫、设备、电源、通信、避雷、管线、防火等专业或环节的要求，进行建筑构造设计和节点设计，是否与构件设计对接。

⑨将各专业对建筑构造的要求汇总。

2）结构专业

①是否根据装配式建筑所需要进行结构加强或改变。

②是否根据装配式建筑所需要进行构造设计。

③依据等同原则和规范确定拆分原则。

④确定连接方式，进行连接节点设计，选定连接材料。

⑤夹心保温构件进行拉结节点布置、外页板结构设计和拉结件结构计算。

⑥预制构件承载力和变形的验算。

⑦建筑和其他专业对预制构件的要求集成到构件制作图中。

3）其他专业

给水、排水、暖通、空调、设备、电气、通信等专业是否符合装配式建筑有关要求。

4）拆分设计与构件设计

①结构拆分设计是否满足建筑和结构设计要求，是否满足制作、运输、施工的条件。

②确定设计拆分后的连接方式、连接节点、出筋长度、钢筋的锚固和搭接方案等；确定连接件材质和质量要求。

③是否进行拆分后的构件设计，包括形状、尺寸、允许误差等。

④是否对构件进行编号。不同构件编号要有区别，每一类构件有唯一的编号。

⑤是否明确预制混凝土构件制作和施工安装阶段需要的脱模、翻转、吊运、安装、定位等吊点和临时支撑体系等的吊点和支承位置，设计预埋件及其锚固方式。

⑥是否明确设计预制构件存放、运输的支承点位置及提出的存放要求。

（2）构件拆分和构件设计图样的签字负责

装配式建筑的设计应当由项目总设计单位签字负责，承担责任。即使将结构拆分设计和拆分后构件设计交由有经验的专业设计公司分包，也应当在工程设计单位的指导下进行，并由工程设计单位审核出图。因为拆分设计必须在原设计基础上进行，拆分和构件设计者未必清楚地了解原设计的意图和结构计算结果，也无法组织各专业的协调，所以装配式建筑图样的结构拆分和构件设计图应由项目总设计单位签字负责。

61. 政府对混凝土构件厂的管理与服务内容是什么？在预制构件企业资质已经取消的情况下，政府应采取什么措施监管预制构件的质量？

由于我国正处于装配式建筑发展初期，大部分地区的预制构件厂资源不足，因此政府应适当引导有意向的企业建设预制构件厂，同时又要避免盲目上马、铺大摊子建厂，带来新一轮的产能过剩。

（1）政府对混凝土构件厂的管理与服务内容

1）政府应适当引导建立预制构件厂。

①提升原有预制构件厂生产能力或利用周边城市预制构件厂资源。在发展初期，装配式建筑市场需求还不足或不确定的情况下，应尽量利用和提升已有预制构件厂的生产能力来为本市提供构件生产，贸然建立构件厂对投资者来说风险较大。

在一些中小城市，还可依托该区域中心城市周边的已有构件厂，为本市提供构件服务，没有必要在本市新建构件厂。中小城市如果必须建设预制构件厂，也应该根据本地实际情况，确定工厂的生产能力和产品类别。

②鼓励预制混凝土搅拌站增加预制构件板块业务或向预制构件厂转型。由于混凝土搅拌站具备相应的混凝土搅拌技术、设备、场地等建设预制构件厂所需要的优势条件，因此政府应鼓励和支持搅拌站增加预制构件业务或转型，达到利用现有资源的目的，减少社会重复投资及降低企业风险。国外由混凝土搅拌站转型为预制构件厂的案例也是非常多的。

③开展招商引资或引导有投资意愿的企业建设预制构件厂。

政府应注意处理“先有鸡还是先有蛋”的问题。笔者建议，政府应采取双管齐下的办法，一方面通过政策措施，积极推动装配式建筑市场应用规模（政策有滞后性，建设项目不会马上动工，会有时间跨度），打开消费市场；另一方面，积极推动企业投资建厂。这两者应并行推进，避免在发展初期就鼓励企业投资建设预制构件厂。我国一些城市已经开始出现预制构件厂明显过剩的情况。

另外，政府不应盲目鼓励追求高大上的高标准自动化流水线，更不能把是否上预制构件流水线作为考核企业发展装配式建筑的必要条件和准入门槛。

2）加强监管，确保预制构件质量。政府应少介入企业市场竞争，应更多地关注和监管装配式建筑质量，具体措施如下：

①政府的建设工程质量监督部门应扩大工作范围，将构件制作工厂监管纳入到自己的监管体系中来。

②政府应出台政策，要求建设项目的预制构件，必须监理驻厂监管，对构件厂进行生产监管及资料查验，应包括材料的合格证、模具的保养周转次数、构件出厂合格证等，必要时可要求构件厂提交产业工人的培训资料及视频、设备的年检证明等。同时，政府应要求影像及文字资料等作为验收的依据。另外，政府应对构件运输制定标准，解决构件运输对生产及安装的制约问题。

3）指导和支持建立预制构件行业协会。通过协会可以开展一些政府和企业不能或不应做的工作，主要有三方面内容：

一是通过行业协会，建立质量管理体系、部品部件标准化体系、企业信用评价体系等，推动行业健康发展。

二是通过行业协会，集合大家的智慧和财力，加大研发投入，增强创新能力。

三是通过行业协会，开展巡检巡查，互相学习，取长补短，共同提高。

（2）取消预制构件厂资质的情况下政府的措施

在取消预制构件企业资质的情况下，政府更应该采取积极措施控制预制构件质量，除了以上加强监管的各项措施以外，政府还要采取多种办法控制质量。

1）建立质量追溯体系，通过在预制构件中埋设芯片，录入原材料信息、生产者信息等方式，通过信息化，倒逼行业良性发展。

2）地方政府可指导协会根据本地实际，通过出台标准、业绩考核、实际工程案例评比等方式，评选预制构件企业推荐名录或评选优秀企业向社会公布，形成良币驱逐劣币的良好市场局面。

3）加大处罚力度，一经发现开发建设单位使用不合格的预制构件，应暂停企业生产和施工安装，政府应对开发建设单位、施工单位、监理单位等根据使用不合格产品的相关法规加重处罚。

62. 政府对集成装饰、集成式卫浴、集成式厨房等建筑部件的制作工厂管理与服务的内容是什么？

集成装饰、集成式卫浴、集成式厨房是全装修的重要组成部分，也是未来的发展方向。政府对集成部品生产安装企业管理和服务的内容主要有质量管理、技术服务、营销推广、补齐产业链等，具体如下：

1）质量管理方面。政府主要是针对原材料及成品的质量进行管控，主要有三个方面：

一是原材料方面，政府主要监管材料的各项指标是否满足要求；二是针对成品方面，政府主要监管成品的防火性能、空气污染、隔声等指标是否满足要求；三是耐久性方面，政府要规范企业产品在使用过程中能够达到耐久性的要求，避免由于耐久性问题而造成浪费。

2）技术服务方面。政府应协助集成部品生产企业学习新的装修管理理念和新型技术，帮助企业不断提升企业的技术水平和服务水平。另外，政府应跟踪全装修在使用过程中出现的问题和缺陷，并督促企业在新的设计中整改和提升。

3）营销推广方面。主要有两个方面：一是搭建平台，建立联盟或组织研讨会、展览会等模式，将设计单位、开发单位、装修单位等与集成部品生产企业进行对接，使各相关应用企业了解当前市场上供应的产品，知道可以利用的市场资源，同时集成部品生产企业也通过使用单位的反馈了解市场导向，促进产品的设计研发和改进；二是政府可通过一些激励手段，推动集成部品的样板工程、示范工程建设，为市场起到示范作用，推动产业发展。

4）补齐产业链方面。政府可通过发挥地方现有潜力和招商引资等手段，对市场上有缺项的集成部品项目进行补齐，形成完整的产业链体系。在补齐产业链中，政府一方面可以通过鼓励建设新的工厂，另一方面也可以利用互联网，通过网络科技手段整合社会资源，达到补齐产业链的作用。

63. 政府对装配式建筑劳务企业管理和服务的内容是什么？

20 世纪 90 年代，国家为了减轻建筑企业负担、强化项目管理、加快建筑业市场化步伐，在项目管理中推行管理和劳务分离，出现了劳务分包企业。虽然政府对劳务分包企业有资质要求，但因缺乏系统而明确的跟踪管理措施，导致建设行政主管部门在操作上，很难对劳务分包企业资质、队伍素质进行严格监督和准确审查，导致有些劳务分包企业管理非常松散、人员大量流动，建筑工人的技能水平和职业素养很难提升，导致了建筑工程的质量、工期和成本均很难控制。

目前，装配式建筑行业的劳务企业基本是传统劳务公司。在建筑业转型升级的大潮中，惯性较强，行动迟缓。笔者建议，政府应该从规范装配式建筑劳务企业管理、完善教育培训、保障农民工合法权益、促使农民工向产业工人转型等方面提供管理和服务。具体内容如下：

（1）服务管理正规化

1）政府要加大对装配式建筑劳务企业发展的引导力度。配合市场调节，使装配式建筑劳务企业逐步迈入健康发展的轨道。

2）政府要做好对装配式建筑劳务企业的管理、考核和评价制度的系统设计。针对劳务企业业务面广及人员构成复杂的特点，建立合理灵活的管理机制，充分发挥建筑行业协会或劳务协会的作用。

3）对参与装配式建筑招投标活动的劳务企业进行资格审查时，应侧重对管理人员和劳务工人素质和经验的考核，企业的业绩及管理人员数量等可作为参考项、加分项，不得作为投标入围标准。

4）对装配式建筑劳务企业的运行，实行跟踪管理。

5）推行装配式建筑劳务企业的信誉评级制度，保证建设项目能交由具有相应能力的劳务队伍去实施。

（2）教育培训正规化

1）依托成熟的装配式建筑企业和各地的专业技术学校，有针对性地开展对务工人员的文化素质、专业技能、安全意识、质量意识以及职业道德方面的教育培训，以提高他们从业操守和专业技术水平。

2）建立装配式建筑务工人员等级制度、执业资格制度和劳务市场准入制度，让培训真正从被动变为主动。

3）通过教育与培训，让务工人员获得更好的发展平台，让农民工真正变为产业工人。

（3）工人保障法制化

1）装配式建筑劳务企业必须维护农民工合法权益、保证农民工工资发放，由政府相关部门进行监管。

2）大力推行装配式建筑用工实名制管理。通过对劳务用工情况进行建账管理，将劳务人员的姓名、性别、年龄、家庭住址、身份证号、从事工种、进驻项目日期、退出项目日期、健康状况等进行造册和动态管理。

3）建筑行业主管部门要加大对装配式建筑市场的治理力度，规范建筑市场的经营行为，通过加大劳动保障监察力度，实现由农民工自我维权转变为政府主导维权。

4）鼓励装配式建筑劳务企业建立劳务工会组织，实现务工人员的维权组织化。

（4）企业管理规范化

1）确立务工人员在劳务企业的合理地位，让自然人成为企业人，对劳务企业用工制度进行改革。

2）严格执行用工劳动合同制度。

3）实行同工同酬，建立务工人员工资增长的长效机制。

4）探索让劳务人员参股、参与相关层面管理、凭绩效分享企业发展成果等措施，不断完善装配式建筑工人的社会保障，改善工人工作条件，使建筑工人利益得到全面、长期、可靠的保障，打造出规范、高效的装配式建筑产业工人队伍。

64. 政府质监站对装配式建筑工程应如何调整监督模式？重点检查什么？需要对什么资料存档？

（1）政府质监站对装配式建筑工程的监督模式

装配式建筑作为新型建筑模式与传统现浇建筑模式相比，一些原来在现场浇筑施工改为在工厂生产预制构件，在现场通过节点连接完成安装，连接部位是装配式建筑的“脆弱”点，因此预制构件质量和隐蔽工程是质监站的主要控制项目。

因此质监站的监督内容与传统现浇建筑的监督方式对比，增加了两项内容：

一是增加了对预制构件厂的监督监管，主要措施是要求监理公司驻厂监管，质监站抽查驻厂监理执行情况等。

二是增加了对工地现场施工单位吊装及灌浆等隐蔽工程施工过程的监管，主要措施是要求旁站监理并留存影像资料等。

（2）质监站检查的主要内容

1）到预制构件厂检查的主要内容

①监理人员是否驻厂监理。

②预制构件厂是否有实验室，并具备实验室资质。

③预制构件出厂质量证明文件。

④构件制作的隐蔽验收记录。

2）到工地现场检查的主要内容

①在灌浆等重要施工关键节点，监理人员是否旁站监理。（见文前彩插 C09）

②现场的隐蔽工程及验收记录。

③灌浆的影像资料。

④预制构件的观感质量。

（3）存档的主要资料

1）预制构件的出厂质量证明文件。

2）混凝土、钢筋等检验报告。

3）预制构件、现场施工的隐蔽验收记录。

4）主材料出厂合格证明文件及复试报告。

5）灌浆试验记录。

6）影像留存资料等。

65. 政府对装配式建筑监理企业的管理与服务内容是什么？

政府针对装配式建筑监理企业管理和服务内容主要有：

1）政府应发挥行业协会在引领行业发展方面的作用，通过协会开展业务培训、行业交流等方式，使监理工程师提升监理的业务能力。

2）将装配式施工监理业绩增加到企业评级条件里，促使监理企业积极主动地进入到装配式建筑领域。

3）通过质监站严格工作程序，强化监理工程师驻厂监理和旁站监理的执行力度。

4）对装配式建筑的监理企业进行最低价限制，保证市场的良性竞争，促进装配式建筑监理的实施，提高监理企业服务质量。

5）由于装配式建筑在我国属于新技术，监理的门槛不易设置过高，以便让更多的监理企业能够参与进来，通过不断学习、实践、总结、创新，从而提高装配式建筑监理行业的整体水平。

66. 装配式建筑工程的验收程序和验收重点是什么？

（1）装配式建筑工程的验收程序

1）验收项目的先后顺序如图 2-22 所示。

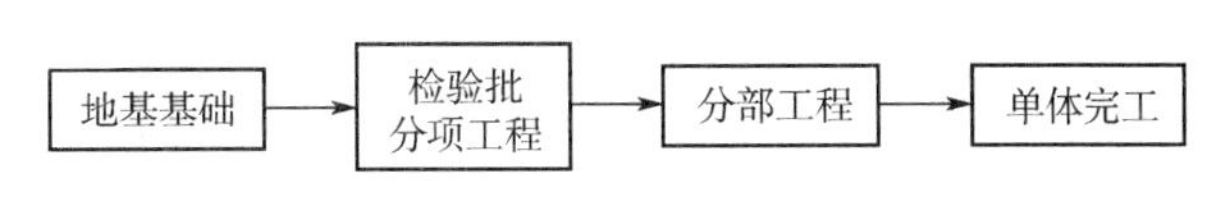

图 2-22　验收项目的先后顺序

2）各具体验收项目的组织程序

①检验批和分项工程由专业监理工程师或建设单位项目技术负责人牵头，组织施工单位项目技术、质量负责人等进行验收。

②分部工程由总监理工程师或建设单位项目负责人牵头，组织施工单位负责人和项目技术、质量负责人等进行验收。

③地基与基础、主体结构分部工程的勘察，由施工单位组织设计、勘察、监理、建设单位项目负责人等进行验收。

④单位工程完工后，施工单位应自行组织相关人员进行检查评定，并向建设单位提交工程验收报告。建设单位接到工程验收报告后，应由建设单位负责人组织施工（含分包）、设计、监理等单位负责人进行单位工程验收。单位工程质量验收合格后，建设单位应在规定的时间内（一般为 5 天）将竣工报告和有关文件报建设行政主管部门备案。

（2）装配式建筑工程验收重点

1）预制构件

①预制构件的质量证明文件、质量验收记录、构件结构性能检验报告等证明文件齐全。

②预制构件的混凝土外观质量不应有严重缺陷，且不应有影响结构性能和安装、使用功能的尺寸偏差。

2）预制构件安装与连接

①预制构件临时固定措施应符合设计、专项施工方案的要求及国家现行有关标准的规定。

②装配式建筑结构采用后浇混凝土连接时，构件连接处后浇混凝土的强度应符合设计要求。

③钢筋采用套筒灌浆连接、浆锚搭接连接时，灌浆应饱满、密实，所有出口应出浆。

④钢筋套筒灌浆连接及浆锚搭接连接用的灌浆料强度应符合国家现行相关标准的规定及设计要求。

⑤预制构件底部接缝坐浆强度应符合设计要求。

⑥钢筋采用机械连接时，其接头质量应符合现行行业标准《钢筋机械连接技术规程》（JGJ 107）的有关规定。

⑦钢筋采用焊接连接时，其焊缝的接头质量应满足设计要求，并应符合现行行业标准《钢筋焊接及验收规程》（JGJ 18）的有关规定。

⑧预制构件采用型钢焊接连接时，型钢焊缝的接头质量应满足设计要求，并应符合现行国家标准《钢结构焊接规范》（GB 50661）和《钢结构工程施工质量验收规范》（GB 50205）的有关规定。

⑨预制构件采用螺栓连接时，螺栓的材质、规格、拧紧力矩应符合设计要求及现行国家标准《钢结构设计规范》（GB 50017）和《钢结构工程施工质量验收规范》（GB 50205）

的有关规定。

⑩装配式结构分项工程的外观质量不应有严重缺陷，且不得有影响结构性能和使用功能的尺寸偏差。

⑪外墙板接缝的防水性能应符合设计要求。

3）部品安装

①装配式混凝土建筑的部品验收应分层分阶段开展。

②部品质量验收应根据工程实际情况检查下列文件和记录：

A. 施工图或竣工图、性能试验报告、设计说明及其他设计文件。

B. 部品和配套材料的出厂合格证、进场验收记录。

C. 施工安装记录。

D. 隐蔽工程验收记录。

E. 施工过程中重大技术课题的处理文件、工作记录和工程变更记录。

③部品验收分部分项划分应满足国家现行相关标准要求，检验批划分应符合下列规定：

A. 相同材料、工艺和施工条件的外围护部品每 $10000m^2$ 应划分为一个检验批，不足 $10000m^2$ 时也应划分为一个检验批；每个检验批每 $100m^2$ 应至少抽查一处，每处不得小于 $10m^2$。

B. 装配式住宅建筑内装工程应进行分户验收，划分为一个检验批。

C. 装配式公共建筑内装工程应按照功能区间进行分段验收，划分为一个检验批。

D. 对于异形、多专业综合或有特殊要求的部品，国家现行相关标准未作出规定时，检验批的划分可根据部品的结构、工艺特点及工程规模，建设单位组织监理单位和工单位协商确定。

④外围护部品应在验收前完成下列性能的试验和测试：

A. 抗风压性能、层间变形性能、抗冲击性能、耐火极限等实验室检测。

B. 连接件材性、锚栓拉拔强度等现场检测。

⑤外围护部品验收根据工程实际情况进行下列现场试验和测试：

A. 饰面砖（板）的粘结强度测试。

B. 板接缝及外门窗安装部位的现场淋水试验。

C. 现场隔声测试。

D. 现场传热系数测试。

⑥外围护部品应完成下列隐蔽项目的现场验收：

A. 预埋件。

B. 与主体结构的连接节点。

C. 与主体结构之间的封堵构造节点。

D. 变形缝及墙面转角处的构造节点。

E. 防雷装置。

F. 防火构造。

⑦屋面应按现行国家标准《屋面工程质量验收规范》（GB 50207）的规定进行验收。

⑧外围护系统的保温和隔热工程质量验收应按现行国家标准《建筑节能工程施工质量

验收规范》（GB 50411）的规定执行。

⑨幕墙应按现行行业标准《玻璃幕墙工程技术规范》（JGJ 102）、《金属与石材幕墙工程技术规范》（JGJ 133）和《人造板材幕墙工程技术规范》（JGJ 336）的规定进行验收。

⑩外围护系统的门窗涂饰工程应按现行国家标准《建筑装饰装修工程质量验收规范》（GB 50210）的规定进行验收。

⑪木骨架组合外墙系统应按现行国家标准《木骨架组合墙体技术规范》（GB/T 50361）的规定进行验收。

⑫蒸压加气混凝土外墙板应按现行行业标准《蒸压加气混凝土建筑应用技术规程》（JGJ/T 17）的规定进行验收。

⑬内装工程应按国家现行标准建筑装饰装修工程质量验收规范》（GB 50210）、《建筑轻质条板隔墙技术规程》（JGJ/T 157）和《公共建筑吊顶工程技术规程》（JGJ 345）的有关规定进行验收。

⑭室内环境的质量验收应在内装工程完成后进行，并应符合现行国家标准《民用建筑工程室内环境污染控制规范》（GB 50325）的有关规定。

67. 装配式建筑工程档案有哪些特殊内容?

在国家规范中，关于工程档案有明确要求。这里，笔者结合装配式建筑工程档案的特殊要求，针对预制构件的工程档案及施工过程中灌浆试验的实验记录档案作以下介绍，根据国家标准《装标》中“9.9 资料与交付”规定：预制构件的资料应与产品生产同步形成、收集和整理，归档资料宜包括以下 18 项内容。

（1）预制构件厂提供的装配式建筑工程档案内容包括：

1）预制混凝土构件加工合同。

2）预制混凝土构件加工图纸、设计文件、设计洽谈、变更或交底文件。

3）生产方案和质量计划等文件。

4）原材料质量证明文件、复试试验记录和试验报告。

5）混凝土试配资料。

6）混凝土配合比通知单。

7）混凝土开盘鉴定。

8）混凝土强度报告。

9）钢筋检验资料、钢筋接头的试验报告。

10）模具检验资料。

11）预应力施工记录。

12）混凝土浇筑记录。

13）混凝土养护记录。

14）构件检验记录。

15）构件性能检测报告。

16）构件出厂合格证。

17）质量事故分析和处理资料。

18）其他与预制混凝土构件生产和质量有关的重要文件资料。

（2）施工单位提供的装配式建筑工程档案内容包括：

1）混凝土与灌浆料试件的性能检验报告。

2）预制构件进场检验记录。

3）预制构件安装验收记录。

4）钢筋连接套筒、水平拼缝部位灌浆施工全过程记录文件。

5）钢筋套筒灌浆连接工艺检验报告。

6）钢筋套筒灌浆连接现场平行试件检验报告。

68. 政府在对装配式建筑工程项目管理中常遇到的问题是什么？

由于我国处于装配式建筑发展初期，装配式建筑的各参加方都存在不同程度的问题，给政府管理也提出了更高的要求。依据大量的案例分析，现梳理出主要的常见问题如下：

（1）开发商积极性不高

由于我国当前的装配式建筑发展主要还是依靠政府的强力在推进，除了万科等少数开发商具备一定的管理能力和经验外，多数开发商都是受强制政策影响被动接受，不会做、做不好，担心造价增加，敷衍政府指标要求，甚至弄虚作假，不能积极应对困难和解决问题。

（2）设计边缘化、后期化

我国目前很多的装配式建筑项目设计，先进行传统建筑、结构等设计，再进行构件拆分设计，建筑设计与全装修、集成化同步设计更是无从谈起，完全割裂。主要原因，一是开发商不懂装配式建筑的系统设计理念，或对统筹设计没有足够重视；二是传统的建筑设计院没有动力，装配式建筑设计增加了工作量，开发商不承担因增加工作量而产生的费用。本应在装配式建筑中起龙头作用的设计被边缘化、后期化。

（3）施工企业积极性不高

主要有三个原因：一是施工企业熟悉原有的现浇模式，传统思维惯性和行为惯性较强，很多企业不愿意尝试新的建造方式；二是采用装配式方式建造，很多企业原有的机械设备、模板等固定资产不能周转使用；三是采用装配式施工，一部分工程费被预制厂家分走，施工企业利益受损。

（4）政府管理系统协同性不强

主要表现在三个方面：一是施工图审查环节没有加入装配式建筑专篇，或审核不严；二是质量管理部门对新的监管模式缺乏办法，比如对预制构件厂的质量管理缺乏有效手段，对监理行业的驻厂监理管理流于表面，对工地现场吊装、灌浆等关键环节监管缺乏有效措施，对工程存档资料要求不明确、不严格；三是推动适合装配式建筑发展的工程总承包模式和 BIM 技术，政府各部门协同推进过程中也存在问题。

（5）项目各参加方还未适应装配式建筑发展的需要

1）重结构装配，轻全装修。很多开发商为了应付政府指标（很多地方政府对结构预制装配抓得紧，对全装修等管得松），偏重结构预制装配，对全装修和系统集成不重视、不采用。后果就是装配式建筑不进行全装修，装配式建筑的提高工期、提升建筑品质等优势得不到体现。

2）优化设计不够设计不精细，深化设计不到位。装配式建筑不同于传统建筑，预制构件精度要求达到毫米级，并需要提前将水电配套、全装修等内容与装配式构件进行综合优化。如果设计不精细，深度不够，极有可能带来预制构件、装修部品无法安装的问题，会造成很大的损失，也会影响工期。

3）施工管理落后，装配式施工现场问题频出。比如，由于施工组织方案不合理，施工方未充分考虑预制构件厂制作周期，导致预制构件供货不及时，影响工期；由于现场施工人员对装配式建筑图样理解不深入、不全面，导致预制构件无法安装等问题频出。

当然，还有人才匮乏的问题，缺少有经验的设计、研发、管理人员和技术工人等人力资源，导致装配式建筑中的很多技术目标无法实现，这些都需要我们在以后的工作中逐渐完善。

69. 目前农村住宅建设存在哪些问题？如何推进装配式建筑在农村的应用？

（1）目前农村住宅建设存在的问题

1）尚处于监管盲区。《建筑法》等相关法律法规未对农房建设进行规定。由于缺乏法律依据和人力、物力保障，很多地区建设行政主管部门对农房建设管理薄弱，无法实施有效指导和监管，大部分地区处于无序状态。

2）质量隐患突出。由于农村相对城市较落后，建设规模小，且经济不发达，基本没有正规资质的施工队伍，一般都是由个体泥瓦木工搭伙建造，几乎没有图样，工艺简单落后，工程质量完全由施工工人掌控。有的甚至因资金短缺而使用不合格的材料，农村住宅大多使用红砖建造砖混结构，不抗震，不保温，很多农村房屋仅使用几年就由于质量问题，出现墙壁开裂、房顶漏水，甚至还存在地基下沉等问题。

3）节能环保性能较差。目前绝大多数农房建设采用现场施工方式，建筑垃圾随处可见。同时由于保温隔热效果差，冬季寒冷夏季闷热。

4）建设工期较长。由于是采用现场施工，无论是混凝土结构还是砖混结构，所需混凝土都是现场搅拌浇筑，占用大量劳动力，工期较长，而且受季节影响较大。

（2）大力推进装配式建筑在农村的推广应用

1）推广适宜的装配式建筑技术体系。政府应注重鼓励研发适合农村住房的装配式建筑体系，并推广应用。目前有三种方式可以探索应用推广：

一是低层轻钢结构体系，采用镀锌钢构件做承重结构，用环保、轻体、节能材料做围护结构。这种房屋可实现工厂化生产，具有质量好、空间大、布置灵活、造价低等优点。

二是装配式混凝土结构体系，房屋主体结构和围护构件采用混凝土部品部件工厂化制作，装配化施工。

三是有条件的地区推广现代木结构，采用复合木材承重构件、规格材、木质复合板材和金属连接件等构件建造而成的木结构房屋。

2）建立标准体系，强化技术支撑。主要有三个方面：

一是建立标准构件体系，建立基于农村装配式建筑的系统化、多层次标准体系构件。

二是编制农村装配式建筑结构及节点设计标准和施工图集。

三是建立通用部品体系。

3）推进试点建设，探索推广经验（图 2-23）。借鉴城市推进装配式建筑经验，选择在经济条件较好、自然条件允许、交通便利、农民需求意愿强、有一定建设规模的地方开展试点工程建设，再逐步推开。

图 2-23　日本的乡镇集合建筑

70. 如何建立装配式建筑质量追溯管理信息系统？

质量追溯管理信息系统是在质量控制管理方面非常实用而且有效的方法，在食品和工业产品等领域都有较多应用，装配式建筑质量追溯就是基于这种模式。

在这里，我们从三个方面介绍装配式建筑质量追溯管理信息系统：一是装配式建筑质量追溯管理信息系统的概念，二是推动建立装配式建筑质量追溯管理信息系统的措施，三是应该注意的事项。

（1）装配式建筑质量追溯管理信息系统的概念

质量追溯就是在生产过程中，每完成一个工序或流程，都要记录其检验结果及存在问题，记录操作者及检验者的姓名、时间、地点及情况分析，在产品的适当部位做出相应的质量状态标志。这些记录与带标志的产品同步流转。需要时，可以查询责任者的姓名、时间和地点，职责分明，查处有据，可以极大提高员工的责任感。

装配式建筑质量追溯管理信息系统，是以装配式建筑预制构件生产为主线，通过采集原材料、制作过程、成品尺寸、运输、存储、安装、运维、相关参与人（包括预制构件生产、检验、运输、安装等相关人员）等信息数据，以运用二维码和 RFID 芯片（无线射频识别芯片）为技术手段，通过实现物与人、物与物的互联，最终实现装配式建筑质量可追溯的信息管理系统，从而提高装配式建筑质量水平。

（2）推动建立装配式建筑质量追溯管理信息系统的措施

1）政府出台政策，要求预制构件必须埋设 RFID 芯片。

政府应出台推动装配式建筑质量追溯管理信息系统的管理办法，要求预制构件生产厂家在构件中埋设 RFID 芯片，在预制构件的固定位置粘贴二维码，并使 RFID 芯片和二维码为一个编号。同时应明确开发单位、施工单位、监理单位、构件生产厂家等各相关方的工作职责，RFID 芯片应录入的信息清单及操作办法等相关内容。

2）强化监督检查。

政府应强化监督检查力度，对未按要求埋设芯片或不录入信息清单的预制构件厂，暂停预制构件厂产品销售资格；对于购买未埋设芯片或不录入信息清单预制构件的开发或施工等相关企业，对项目进行停工整顿处理，情况严重的不得项目竣工验收。

（3）注意事项

通过建立质量追溯信息系统，对装配式建筑进行质量控制是十分必要的。但是在实际工作中也有局限，在构件中埋设了 RFID 芯片建立了系统还不能达到质量的完全控制。日本的装配式建筑外墙构件埋设 RFID 芯片比较多，但不是质量追溯的需要，而是识别的需要。因为芯片使用寿命是有限的，不是永久有效的，它承载的追溯功能有限。影像资料、文字记录等需要归档的材料仍具有不可替代的作用。在这里，笔者认为有两个问题需要装配式建筑行业从业者特别注意：

1）追溯系统应给装配式建筑各个参与方的相关责任人带来责任压力和心理压力，从而促使他们更加认真工作，因为相关责任人的姓名等信息会永久保留在芯片中，这与建筑法的质量终身责任制也是一致的。

2）要使芯片里输入的数据信息与纸质等档案里的数据信息保持一致，一旦芯片失效，仍然可追溯。

71. “互联网+装配式建筑”模式有什么优势？如何推行？

（1）“互联网+装配式建筑”模式的优势

1）利用互联网平台优势，提高装配式建筑管理水平和建设水平。

利用 BIM、云计算等信息技术，应用基于 BIM 的装配式建筑全过程管理平台，可实现管理信息化、过程平台化、信息共享化、应用通用化，优化装配式建筑各个环节，提高装配式管理与建设的总体水平。

2）实现信息共享，提高装配式建筑产业链上下游的效率。

利用 BIM 技术构建模型库，可先完成构件拆分和预制率统计，实现全过程模拟，再借助互联网信息平台，为构件厂家生产提供精确的信息数据，从而提高产业链上下游各环节之间的效率。

3）利用互联网的开放性，提高设计的效率。

①基于 BIM 的装配式建筑设计，可以使各专业在同一平台进行设计、优化。可以快速地发现问题、解决问题，大大加快设计优化的速度。施工单位也可以根据三维设计，获得工程量的数据，合理安排施工。

②可以将设计过的合理的关键节点处理方式和施工顺序等成熟的设计提炼，并形成标准的 BIM 模型进行共享。在类似的设计和施工过程中直接使用，实现信息共享，大大提升工作效率。

4）通过开发共享平台，整合社会资源。

通过互联网的衔接、配送，可以有效地整合社会资源，比如生产整体厨卫的工厂，就不需要建立大而全的工厂，可以将其他诸如型材、螺钉等原材料通过互联网订购，并且价格低、效率高。

（2）政府推行“互联网＋装配式建筑”的措施

1）加大政策支持力度。一是政府可以通过创新基金，对符合条件的“互联网＋装配式建筑”关键技术研发给予支持；二是统筹利用财政资金，支持“互联网＋装配式建筑”相关平台建设；三是确定为“互联网＋装配式建筑”的优秀企业，给予税费减免或返还。

2）开展试点示范。鼓励有条件的企业开展“互联网＋装配式建筑”试点示范，为试点企业提供支持和服务。

3）搭建对接平台。政府应该搭建平台，积极推动互联网企业和装配式建筑企业合作，并为合作创造良好的政策环境。

72. 政府应采取哪些措施加强对装配式建筑的质量监管？

影响装配式建筑的质量主要有三个因素：一是部品部件本身的质量；二是部品部件安装的质量；三是装配式建筑的设计的质量。

基于这三个主要因素，我们来讨论政府应在哪些方面加强质量监管：

（1）加强对部品部件生产厂家的监管

1）对部品部件的原材料进行严格的监管，需要有相关证明材料和检测报告，必要时应组织抽检。

2）针对部品部件（特别是建筑结构的预制构件）制作过程的监管，要求监理驻厂监管，并规范相关验收流程。同时政府质量监督部门，还应采取抽查、核验资料等方式对驻厂监理进行监管。

3）针对出现质量问题的部品部件生产厂家，政府应采取强力措施处罚，根据情节轻重纳入政府黑名单，必要时暂停工厂生产经营。

（2）加强对施工现场部品部件安装监管

装配式建筑安装的质量除了要严格程序、关键环节如灌浆等必须旁站监理外，还应该规范装配式建筑安装过程中影像资料的留存，这样可以规范施工单位施工过程中的操作，提高隐蔽工程的质量。

（3）加强对装配式建筑的设计监管

装配式建筑的设计是影响装配式建筑质量的重要因素，主要应采取以下措施加强监管：

一是应将装配式建筑设计图纳入到施工图审查中。

二是复杂和超高的装配式工程项目，应要求建设单位组织专家论证，对结构和关键节点的设计进行论证评审。

三是加强对设计单位装配式建筑设计人员的资格审查，并开展教育培训，提升装配式建筑的设计水平。

73. 政府应采取哪些措施加强对装配式建筑的安全监管？

装配式建筑的施工管理过程大致可以分为五个环节：制作、运输、入场、存储及吊装。下面具体探讨这五个环节的安全隐患和应采取的安全监管措施。

（1）预制构件工厂生产监管

一般来说，预制构件工厂安全管理较为容易，只要将工厂生产流程控制好、监管好，安全风险概率就会大大减小。

（2）运输环节监管

由于预制构件都较重，一些大型预制构件重量都在 4～5t 以上，因此运输环节存在一定风险。

运输环节应重点监督车辆超载、行驶车速、急转急停、构件摆放和保护等措施（图 2-24），必须制定合理的运输方案，提高安全风险系数。

图 2-24　剪力墙板运输架

（3）预制构件入场监管

预制构件入场主要有两个方面：一是构件进场顺序，应合理设计进场顺序，减少装卸，减少堆放，直接吊装，形成流水作业，缩短工期；二是从运输车辆上吊运堆放。只要设计好进场方案，进行合理吊运，安全风险并不高。

（4）预制构件存储堆放监管

预制构件存储是装配式建筑的重要安全风险点。

由于预制构件种类繁多，不同的预制构件需要不同的存储堆放方式，当然前提都是要求有一定承载力的硬质水平地面。比如叠合楼板需要水平堆放，摞在一起的叠合楼板上下层之间要加入两个垫块，每层的垫块需要上下对齐，防止堆垛倾覆。同时码垛层数应由设计人员根据构件的承载力计算确定，一般不超过6层（图2-25）；墙板构件应竖直堆放，使用防止倾倒的专用存放架（图2-26）。

需要强化对预制构件存储堆放的监管和常识教育，政府建设行政主管部门应要求监理单位做好此项工作的监理，并根据情况进行抽查。

图2-25　叠合楼板的堆放示例

图2-26　墙板立式堆放示例

（5）预制构件吊装监管

预制构件吊装是装配式建筑的重要安全风险点。笔者建议，政府应从以下几个方面进行监管：

1）设计合理的吊装方案，严格规范吊装程序。监理应对吊装方案进行审核，政府安全管理部门应监督监理审核行为，并抽查施工现场吊装情况。

2）通过制度设计，严控有关机械设备、吊具等的安全性。

①对于吊装用的机械和设备，应规范施工组织设计中相关机械和设备的描述，并要求附计算说明书。

②要求吊装塔式起重机司机和信号工有一定司龄，并参加相关培训，取得合格证后才能上岗。

③机械和设备需规定专人定期检查和维护。例如预制构件吊具，需要安全员或信号工每日开始工作前对吊具进行检查。

④应通过行业协会等出台推荐做法，利于施工单位正确选择吊具和相关设备。

⑤政府部门应针对装配式建筑施工工地特别是新开工的工地进行安全专项检查，从施工开始阶段就规范项目安全生产，对有问题的项目及设备进行专项整顿。比如构件的吊具钢丝绳，应采用成品材料，严禁自行制作和连接钢丝绳。

74. 政府可采取什么措施鼓励装配式建筑技术革新和产品创新?

政府可以采取资金补贴、税费减免、促进新技术、新产品转化等方式鼓励技术革新和产品创新，具体方式如下：

1）加大政策支持力度，对技术创新给予资金补贴或税费减免。政府财政应设立装配式建筑技术革新和产品创新专项基金，主要用于资助以自主知识产权产品研发为主的科技型企业，奖励企业自主创新和优秀科技人才，为成长型科技中小企业提供流动资金贷款担保。对有技术革新和产品创新的企业，采取税费减免或返还。

2）做好产权保护和技术、产品转化，协助企业创新有收益。要完善装配式建筑领域的产权保护，使技术产品发明人和发明企业有收益，以激发其积极性；另外，支持科技型中小企业将技术和产品实现市场化成果转化。

75. 装配式建筑应用 BIM 技术有哪些意义？政府应如何推进？

（1）装配式建筑应用 BIM 技术的意义

装配式建筑的特性特别强调各个环节、各个部件之间的协调性，BIM 的应用会为装配式设计、制作和安装带来很大的便利，避免或减少碰撞、遗漏现象。

建筑工程项目之所以常常出现“错漏碰缺”和“设计变更”，出现不协调，就是因为工程项目各专业各环节信息零碎化，形成一个个信息孤岛，信息无法整合和共享，各专业各环节缺少一种共同的交互平台，造成信息封闭和传递失误。现浇混凝土工程出现问题还可以在现场解决，装配式工程构件是预制的，一旦到现场才发现问题，木已成舟，来不及补救，会造成很大的损失。BIM 技术可以改变这一局面。由于建筑、结构、水暖电各个专业之间，设计、制作和安装之间，共享同一模型信息，检查和解决各专业、各环节存在的冲突就变得更加直观和容易。例如，在装配式建筑实际设计中，通过整合建筑、结构、水暖、电气、消防、弱电各专业模型和设计、制作、运输、施工各环节模型，可查出构件与设备、管线等的碰撞点，每处碰撞点均有三维图形显示，碰撞位置、碰撞管线和设备名称都会在具体位置有清晰显示。

例如：某预制构件与消防喷淋管线的碰撞。通过该碰撞信息，在深化预制构件时，就可在具体位置（相对尺寸和标高）标出该预制构件的预留孔洞的尺寸，这样深化设计后生产的预制构件运到现场就可吊装成型，而不需要再在预制构件上进行开洞。

如果一个装配式项目存在大量的类似于以上这种碰撞，而单纯靠技术人员的空间想象能力去发现这些碰撞，势必会造成遗漏，如果在施工时才发现，则需返工、修改、开洞，延误工期，无端增加成本。BIM 技术可以综合建筑、结构、安装各专业间信息进行检测，帮助我们及早发现问题，防患于未然。

BIM 技术在装配式建筑中最急迫的应用包括以下方面：

1）利用 BIM 进行建筑、结构、装饰、水暖电设备各专业间的信息检测，实现设计协同，避免碰撞和疏漏，避免形成专业间的信息孤岛。

2）利用BIM进行设计、构件制作、构件运输、构件安装的信息监测，实现各环节的衔接与互动，避免制作、运输和安装的问题出现，实现整个系统的优化。

3）利用BIM优化拆分设计，使得装配式构件在满足建筑结构要求的同时，便于制作、运输与安装；各个专业连续性（包括埋设物）的中断及其连接节点都被充分考虑和精心设计。

4）利用BIM进行复杂连接部位和节点的三维可视的技术交底。

5）利用BIM进行模具设计，使模具能保证构件形状准确和尺寸精度；保证出筋、预埋件、预留孔没有遗漏，定位准确；便于组模、拆模；实现成本优化。

6）利用BIM进行装配式工程组织，使构件制作、运输与施工各个环节无缝衔接，实现动态调整。

7）利用BIM进行施工方案设计，包括起重机布置、吊装方案、后浇筑混凝土施工、各个施工环节的顺利衔接。

8）利用BIM进行整个装配式工程的优化等。

（2）政府推动BIM的措施

笔者建议，政府应从以下五个方面推进BIM的应用：

1）法规方面：组织制定BIM应用相关法律法规，比如出台BIM应用项目的收费规定，从而在法规方面对其进行定位、定性。

2）规划层面：组织编制BIM应用发展规划，从规划层面引领BIM应用发展方向。

3）标准层面：组织编制BIM应用技术导则和规范，改变传统的设计交付方式（可考虑以3D的BIM模型直接作为某些阶段设计成果载体交付），出台新版制图标准等。

4）项目层面：将数字城市模型作为城市管理手段之一，引领城市建设信息化、数字化，从而催生大量建筑信息模型（BIM）；强制大型政府投资建设项目使用BIM设计建造；对使用BIM的项目予以优先审批；对BIM应用项目在投标方面予以适当加分等。

5）激励层面：以课题委托、评比评优等不同方式，扶持或激励国内从事BIM研发的科研院所、大专院校、行业组织、软件厂商及工程建设等单位，以不同角度、不同层面、不同方式来共同推进BIM应用的发展。

76. 为什么装配式建筑宜推行建筑工程质量强制保险制度？

装配式建筑宜推行建筑工程质量强制保险，我们从四个层面来阐述：

（1）建筑工程质量强制保险制度

所谓建筑工程质量强制保险制度，是指建筑工程的参建各方对工程质量投保，保险公司在一定期限内对由于工程质量不符合强制性建设标准以及合同约定而造成的损失负责赔偿。

（2）建筑工程质量强制保险制度的意义

2005年8月5日，保监会与建设部联合下发《关于推进建设工程质量保险工作的意见》（建质［2005］133 号，以下简称“133 号文”），正式提出在我国应建立建筑工程质量保险制度。《意见》指出引入建设工程质量保险对于化解工程建设各方技术及财务风险、维护社会稳定、促进建设各方诚实守信具有重要意义。

2009 年 4 月，住房和城乡建设部发布了《关于进一步加强建筑工程质量监督管理的通知》，再次要求推行工程质量保险制度，“制定《关于在房地产开发项目中推行工程质量保证保险的若干意见（试行）》，加快推进住宅工程质量保险工作，强化住宅工程质量保障机制”。虽然由于种种原因，至今还没有落实，但是作为国外成熟的模式，推进该保险制度有深远意义，势在必行。

推进符合我国国情的建筑工程质量强制保险制度的意义在于，使保险公司成为工程质量监管的主体，这是解决我国建筑工程质量监管问题的有效途径，对于提升建筑工程质量水平具有重要意义。具体地讲，我国建筑工程质量强制保险制应包括工程质量缺陷保险和工程质量责任保险两种，将建筑工程参建各方风险、利益、责任紧紧捆绑在一起，形成环环相扣的共生关系，促使参建各方切实承担各自风险和责任。

（3）为什么装配式建筑宜推行建筑工程质量强制保险制度

相比传统现浇混凝土建筑，装配式建筑更需要推行工程质量强制保险制度，主要有两个方面原因：

1）倒逼行业良性运转，加速装配式建筑快速发展。

推动装配式建筑发展，除了政府作为后台推手外，开发建设单位是装配式建筑建设最重要的主体责任。而建筑工程质量保险是一种非常特殊的保险制度，兼具商业保险、普通民事担保和社会保险的三重属性，其风险性质与普通商业财产保险存在显著差异，这就必然要求保险人也就是开发建设单位成为工程质量保险的主体和工程质量监管主体。由于保险公司有利益诉求，必然要全力介入到建筑项目的质量监管，开发建设单位对建筑质量蒙混过关的可能性会大大降低。

如果开发建设单位因在建筑质量上出现问题，保险公司不予参保，政府管理部门将不予办理竣工验收等工程手续，房屋不能销售，这些措施对开发建设单位的影响是致命的，开发建设单位必然加强对质量的把控。另外，由于有保险的介入，对参建各方都有利益捆绑，质量方面哪个环节出了问题，哪个参建方利益就要受损。

基于以上原因，特别是装配式建筑推进初期，各项管理制度、技术体系和监管措施等都不是很完善和成熟，各参建方的责任意识就显得尤为重要，保险制度的介入会大大提高各参建方的责任意识，倒逼行业良性运转，推动装配式建筑又好又快发展。

2）消减社会对装配式建筑质量及安全的疑虑。

由于装配式建筑存在大量的“脆弱”关键点——结构连接节点，而这些关键点在制作、施工过程中必须保证质量。但在现实的装配式建筑工地现场还存在一些问题，比如：有的工地钢筋与套筒不对位，工人用气焊烤钢筋，强行将钢筋煨弯，构件连接节点灌浆不饱满等情况。再有 20 世纪 80 年代，我国的装配式建筑还存在抗震、漏水、保温等诸多问题，这些现实的问题和历史不良印象的叠加，导致了社会对装配式建筑质量和安全的不信任。

由于保险的介入，一方面会提高质量和安全的监管力度；另一方面，还有保险给人们心理带来的安全感。所以，推行强制保险制度会一定程度地消减社会对装配式建筑质量和安全的疑虑。

（4）建筑工程质量强制保险制度的主要内容

主要包括两个方面内容：

1）工程质量缺陷险。开发商须对所售住宅购买缺陷保险，其保费由开发商负责承担，受益人为业主。当住宅出现质量缺陷时，业主向保险公司提出理赔申请。保险公司核对保险信息后，对出现的质量缺陷进行维修或者赔偿。保险公司可以根据开发商信誉记录灵活调整保费率，促进开发商加强建筑工程质量管理。

2）工程质量责任险。建设方（开发商）和所有建筑工程责任主体均应购买工程责任保险，如勘察责任保险、设计责任保险、施工责任保险、监理责任保险等。住宅在使用过程中发生缺陷的，保险公司向业主赔付后有权追究缺陷产生原因。如果经第三方鉴定机构技术鉴定，缺陷是由某参建方主观故意造成的，则保险公司可以行使“代位求偿权”要求该参建方承担赔偿责任，同时这也会记录到该参建方信誉记录中，对其今后参保费率形成经济约束，从而起到监督参建方切实履行工程质量的义务。如果缺陷不是参建方主观故意行为，则可用参建方所投责任险的保费收入补充其在缺陷险上的支出，支撑保险公司可持续发展。

建筑工程质量强制保险制度无疑是建筑行业发展的一个行之有效的方向，对于提高工程质量有着很大的作用。但是就目前而言，该制度的实施还需要很多配套的条件，比如修订住宅工程质量保险相关法律法规、建立住宅工程质量信用评价体系、改革住宅工程质量保险费率确定方法、培育第三方住宅工程质量检测鉴定机构等。

第3章　建设单位如何决策和管理

77. 装配式建筑给建设单位带来哪些好处和不利?

(1) 装配式建筑可给建设单位(开发商)带来哪些好处?

1) 从产品层面来看。装配式建筑可以显著提高房屋的质量与使用功能，使现有建筑产品升级，为消费者提供安全、精致的产品。相对于传统的建造模式，可以更好地控制房屋尺寸精度和内外墙的平整度，更好地实现隔声和节能等性能，这样对于提升房地产企业的品牌效应、降低顾客投诉率都有很大的助益。

同时，装配式建筑解决了传统手工操作带来的质量通病，如空鼓、开裂、渗漏等。采用装配式建筑部品部件，如墙板等，其平整度大幅提高，以至于可以直接取消抹灰工序，那么传统抹灰的空鼓开裂问题自然也就没有了；现在整体卫浴(图3-1)已经采用了瓷砖反打工艺，将瓷砖与整体卫浴的墙板材料挤压热合成一体，品质提升了，瓷砖的空鼓、脱落问题也得到了解决，整体式的卫浴托盘也彻底解决了渗漏的问题。这些建造工艺的应用不但提高了产品品质，还大大降低了瓷砖的空鼓、抹灰层的开裂、卫生间的渗漏等质量通病。

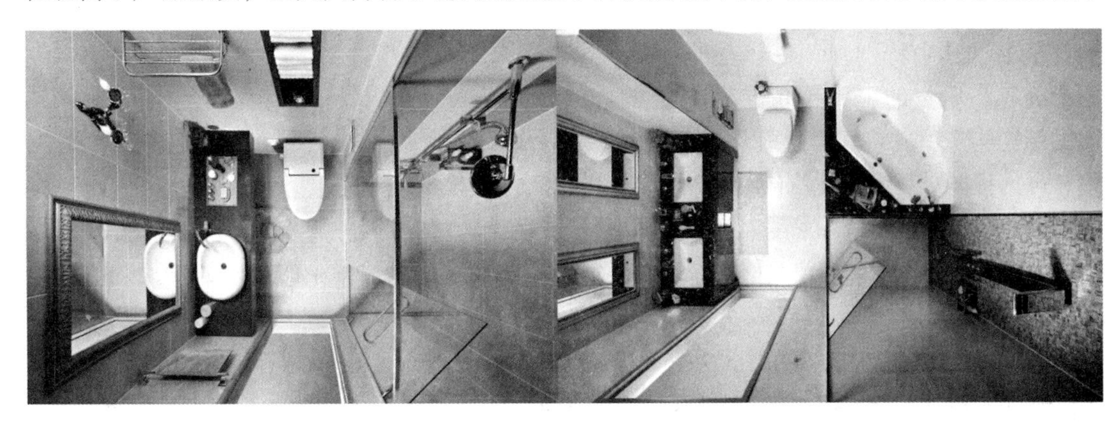

图3-1　集成式卫生间样板

2) 从投资层面来看。首先，装配式建筑缩短了建设周期，可以加快资金周转率；同时，装配式的结构构件和部品经工厂加工到施工现场直接安装，减少了施工现场的制作环节，节省了大量的人工费用，在某种程度上提高了效益。

3) 从社会层面分析。在装配式建筑国家标准中，要求装配式建筑的四个系统(结构系统、外围护系统、内装系统、设备机电系统)的集成，并要求全装修、提倡管线分离等，这些标准对于提升产品质量是具有导向作用的，而且符合绿色施工和环保节能的特点，是与企业的社会责任相吻合的。

（2）装配式建筑给建设单位带来怎样的不利？

1）从成本角度来看。现阶段装配式建筑发展成本高于现浇混凝土建筑，每平方米大概增加 200 至 500 元。虽然目前一些省市对于装配式建筑给予了一定的扶持和奖励，但是还是有限的，尤其对于一些二、三线经济相对不发达、房屋售价不高的地区，成本增加还是较大的，因此开发商不愿意投入更多成本来使用装配式建筑体系。

2）从资源角度看。相关配套资源分配不均，开发商选择余地较小。目前整个装配式建筑体系产业链不完善，各地区资源分配不均衡，一些不发达地区的装配式建筑的设计、生产、施工、监理、检测等企业数量少，专业的从业人员数量不足，经验欠缺，可供开发商选择的余地少，因此会在设计生产、质量控制、监督检测、备案验收过程中带来很多麻烦。政府在发展装配式建筑的同时要加大相关体系的建设。

3）从市场角度看。消费者认知度低，开发商宣传公信力不足。对于装配式建筑来说，很多消费者都不是很了解，开发商在销售过程中需要不断的解释什么是装配式建筑，其优点是什么，但往往效果不佳。消费者的具体表现有以下几种：

①对装配式建筑了解，认同装配式的质量、安全性也愿意购买（少数）；

②对装配式建筑认同，但不认同由此增加的费用应由消费者买单（居多）；

③对装配式建筑不认同，认为不安全，放弃购买而导致客户流失（极少）。

面对这种情况，开发商担心引起不必要的麻烦，往往会弱化宣传装配式建筑，更不敢因是装配式建筑的产品而增加售价。

图 3-2 是日本鹿岛超高层装配式住宅的售楼书，其中特别强调了该建筑是装配式，拥有高质量的工厂预制混凝土和高品质的结构构造，并将其作为重要的卖点来宣传，可见日本对装配式建筑的认可程度。但在我国，目前绝大多数消费者还没有这个意识，开发商在推广装配式建筑的同时，更应该逐步加大对质量、安全的投入，以提升消费者的购买信心。

图 3-2　日本鹿岛超高层装配式建筑的售楼书

78. 万科是我国较早推进装配式建筑的开发商，经历了怎样的历程？有哪些成就、经验、教训和体会？

（1）万科工业化历程及成就

万科早在 1999 年就正式提出了工业化住宅的概念，并设计了四步走的战略——“技术验证、实验住宅、项目应用、产业推广”。

2002 年 3 月，万科推出了《项目设计流程》《项目设计成果标注》《万科住宅使用标准》《万科住宅性能标准》《室外工程、环境工程标准化设计体系》《规划设计、配套系统、物业管理的标准化设计体系》等一系列标准，构筑起万科设计标准化的精密系统。

2006 年是万科工业化住宅元年。2006 年 6 月，上海新里程的两栋高层住宅推出第一个面向市场的工业化生产项目。该项目的成功标志着万科正式进入将工厂化的生产推向市场，走向项目应用的新阶段。

2007 年，万科工业化住宅战略缔结了 50 多个伙伴。万科自己的标准体系与合作伙伴之间不断进行磨合最终形成产业化联盟的标准体系。包括规划、设计、施工、安装、部品、监理等环节，共涉及各种标准 200 多个。万科工业化生产得到了消费者和社会的初步认可。

2010 年，万科工业化布局一线城市，用工业化生产的方式建造住宅，实现设计标准化、产品定型化、构件工厂化预制、现场装配化。经过数十年的努力，住宅工业化覆盖上海、深圳、北京的万科项目。

2011 年，万科春河里工业化住宅项目首现沈阳。由沈阳兆寰和沈阳万融两家构件厂提供 PC 预制构件，融合了日本最先进的装配式技术的万科春河里住宅项目是国内第一栋高装配率的高层框架结构住宅（见文前彩插 C01）。该项目建设期间以及建成以后，先后接待了无数次的全国建筑行业内的大型观摩团，被业界誉为中国装配式建筑历史上里程碑式的标志性建筑。

同年，万科开始携手东京建物、鹿岛建设、京板电铁工业化住宅等企业入住沈阳，整合上下游资源并联合国内外专业研发与生产机构，让工业化技术成果转化为生产力，大力推进城市住宅产业化建设，见图 3-3。

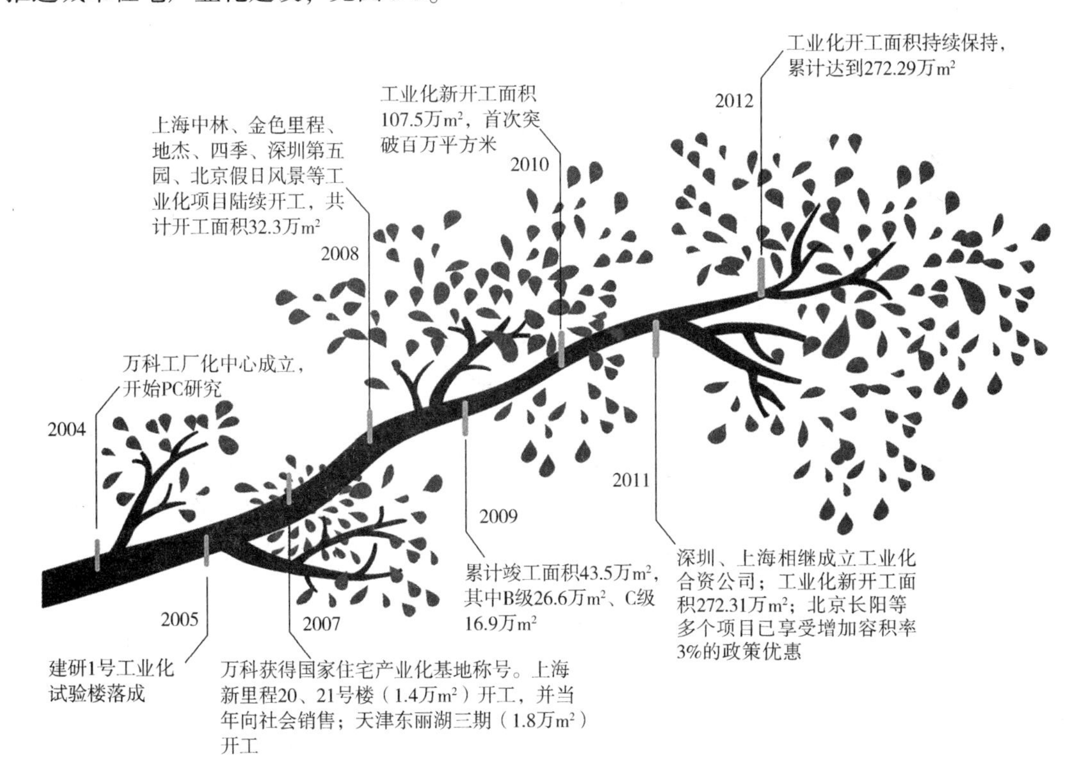

图 3-3　万科装配式建筑的发展历程

多年装配式建筑的实践积累给万科带来了较高的施工效率，高品质的施工质量，但同时也带来了高成本的困扰。直到现在，成本问题仍然是现阶段制约装配式住宅推进的最大障碍。笔者建议，政府应推出更多更有力的产业政策来推动装配式建筑发展，从而消减装配式建筑的增量成本，带动更多的开发商应用装配式建筑。

（2）万科工业化的经验、教训与体会

万科做装配式住宅不是短期的功利推动，而是公司领导层坚定不移的长期战略目标。在多年的工业化历程中，万科收获很多的经验、教训和体会。

1）装配式建筑是一项利国利民、绿色环保的建筑方式。

2）装配式建筑的工厂制作、施工前置、质量优异等属性，对提高建筑质量、品质和效率有着明显的推动作用。

3）装配式建筑是安全可靠的，是经历了时间、环境及自然灾害考验过的。日本是地震的多发国家，日本的多层、高层和超高层建筑很多都是装配式建筑，并经历了大地震的考验。

4）装配式建筑将大量现场施工转移到工厂制作，并形成了产业化工人专业施工，降低了现场施工的专业难度，改善了工人的施工作业环境及社会评价，大大降低了现场的施工人数。而对于劳动力越来越匮乏的建筑业来说，减少人工正是未来发展的趋势。

5）装配式建筑的关键之一是拆分设计。一个好的拆分设计会使得结构合理，施工方便，提高效率，造价经济，因此在设计初期选择设计院要做好考察，考察其相关的业绩，最好是结构与拆分设计一体化，即使不能做到一体化，也要由设计院寻找有经验的拆分设计院联合设计，这样会使得责任明确、对接方便、减少时间。

6）拆分设计需要前置。过去，一些设计院没有拆分设计的能力，在建筑、结构设计完成后将图样转交到拆分设计单位做拆分设计，结构设计时不考虑解拆分的要求，造成一些墙肢（尤其剪力墙结构）过短而无法拆分，需要二次调结构或调建筑方案而造成反复；或者建筑设计时建筑外观造型过于复杂，在制作构件时因工艺复杂而导致成本增加。这都说明拆分设计应在方案时就介入。

7）选择构件工厂时要选择口碑好的、经验相对丰富的、业绩好的厂家。在现阶段开发商经验不足的时候，往往依赖设计院、监理和构件厂的经验。一些大的构件厂通常会有自己的设计院（有些有设计能力但没有设计资质）或合作的设计院，他们的经验会弥补开发商的不足，他们也会参与拆分的审图，并对相关的材料提出意见和建议。

8）把预制构件厂作为工地现场的一个延伸，开发商应派遣驻厂监理到构件厂监督其生产过程，尤其要对内外叶墙的拉接件安装数量、锚固深度、保温接缝的连续性及其保障方案（避免出现保温不连续或接缝在振捣时分离而造成“冷桥”现象）等关键点进行监督，以确保预制构件的生产质量。

9）施工单位的吊装班组是控制安装质量的关键节点之一。吊装班组最好选择那些有过装配式建筑吊装施工经验的，或者虽无经验但受过专业培训过的队伍（关键岗位如班长、灌浆操作工等一定是有施工经验的）。有条件的话，应在吊装开始前进行现场吊装演练，并做好吊装前界面的检查（首层的界面检查尤其重要，与构件连接的钢筋的位置、数量、锚固长度等都是制约工期和质量的关键点，应做好相关的交底与过程监督工作）。

79. 开发商应如何把政府要求与市场需求结合起来？

（1）政府的要求

政府对于推广装配式建筑的要求主要可以归纳为两方面：定量的比例目标和定性的技术要求。

1）定量的比例目标。2016 年，《中共中央、国务院关于进一步加强城市规划建设管理工作的若干意见》出台："要大力推广装配式建筑，力争用 10 年左右时间，使装配式建筑占新建建筑的比例达到 30%"。这个定量的比例目标就是当前政府对于装配式建筑的最大要求。为达到中央的这个要求，各级地方政府会把这个目标分解为若干个小目标，并出台各种政策来保证如期实现该目标。如：

①采取强制性要求，如上海市等。上海市要求，2016 年，外环线以内符合条件的新建民用建筑全部采用装配式建筑，外环线以外超过 50%，2017 年起外环以外在 50% 的基础上逐年增加。

②政策保障建筑工业化，如浙江省等。2016 年 9 月 10 日，浙江省印发了《关于推进绿色建筑和建筑工业化发展的实施意见》，提出"政府投资工程全面应用装配式技术建设，保障性住房项目全部实施装配式建筑"等要求。

③出台补贴政策，如河北省等。其从信贷政策支持、建筑面积、退还基金等方面对采用建筑产业化方式建设的项目予以补贴。此外，对装配率达到一定标准的项目，上海市、福建省均制定了给予最高 100 万元奖励的扶持政策。

2）定性的技术要求。到底什么是装配式建筑？政府想要推广的是哪种装配式建筑？这些问题的答案其实就是政府对于装配式建筑的一个定性的技术要求。这些技术其实是通过国家标准、行业规范等来实现的。

2017 年，住房和城乡建设部正式发布《装配式混凝土建筑技术标准》，这个国家标准就是政府对装配式建筑在定性的技术要求上的集中体现。

（2）市场的需求

市场的需求，其实就是消费者的需求。大多数情况下，消费者的需求也主要体现在两个方面：一个是"物美"，一个是"价廉"。

1）"物美"，反映了消费者对于品质的要求。舒适、安全、美观、方便等都是品质上的要求。

2）"价廉"，反映了消费者对于价格上的要求。同等质量的前提下，价格当然是越低越好。

"物美""价廉"其实是反映了一个"性价比"概念，要不你就把产品做得更好，要不你就将成本降得更低。

（3）开发商应如何把政府要求与市场需求结合起来

对于开发商来讲，首先弄明白政府的哪些要求是和消费者的需求是一致的，哪些是不一致的。比如说政府出台的各种标准、规范等技术要求，其基本目的就是要把房子盖好，把质量提升上去。在这点上，政府的要求与市场的需求是一致的，不需要开发商额外去做什么。

只有对于政府的要求和消费者的需求不一致的情况下，才需要开发商去抉择如何选择，如何取舍。比如，就目前来讲，装配式建筑普遍是比传统现浇混凝土建筑的成本高。在这种情况下，如果我们用装配式建筑建设出来的房子和传统现浇的品质差不多，那么就不会被消费者认可，消费者也不会为装配式建筑买单。但与此同时，政府又出台各种政策要求开发商必须做装配式。如何在符合政府要求的前提下来满足消费者的需求，才是开发商重点要考虑的问题，即如何能把产品做得更好，或者把成本降得更低。

1）降低成本是大多数开发商首先考虑的方面。根据以往经验，综合分析政府各项政策，结合自身实际情况来制定一个合理的预制率是比较好的选择，而不要一味的追求高预制率。比如，一般来讲预制叠合板、预制楼梯、轻质内隔墙板加预制空调板的组合形式的建筑预制率可以达到20%左右。这种组合形式成本增加不大，但无法拿到政府补贴，甚至在某些城市无法拿到土地。如果把现浇外墙改为预制外墙就可提高预制率达到30%～40%，这样既可以在城市中央地段拿到开发土地，也可以获得政府补贴。

2）根据最新的国家标准，装配式建筑是“结构系统、外围护系统、内装系统、设备与管线系统的主要部分采用预制部品部件集成的建筑。”这个定义强调了装配式建筑是4个系统（而不仅仅是结构系统）的主要部分采用预制部品部件集成。可以预见，这个标准的出台势必会带来整个建筑行业的一次升级。有条件的开发商，可以灵活掌握这四个系统，对高品质住宅，通过提高品质来提高产品的性价比。因为在我国大多数城市里，建造成本在房价中所占的比例是很低的。在其他成本不变的情况下，用稍高一点的建造成本换来更高品质的房屋，使得消费者的舒服性、安全性、便捷性等大幅增加，本身就是提高产品的性价比，是一定会被消费者逐渐认可并接受的。

80. 装配式建筑带给开发商的难题和困惑是什么？应如何解决？

（1）开发商的难题和困惑

目前，积极主动发展装配式建筑的开发商非常少，绝大多数开发商对于装配式建筑是消极和被动的，存在的难题与困惑主要来自以下几点：

1）开发商普遍对装配式建筑是陌生的。

中国的现浇建造技术，从20世纪八十年代后期至今，项目的方案设计、生产制作、采购运输、施工安装等各个环节，已经非常成熟。现在，开发商从熟悉的现浇建筑领域，进入一个全新的、陌生的装配式建筑领域，自然而然会有抵触和畏难的情绪。

解决办法：开发商应清楚了解装配式建筑的整体形势，组织公司内部各部门进行系统培训，普及装配式建筑的国家和地方标准，培训各专业装配式建筑人才，快速形成一套完整的装配式建筑标准工艺流程。

2）可供选择的各项资源比较少。

目前，中国绝大多数成熟、可供开发商选择的各项资源，从方案设计、生产制作、采购运输、施工安装，到装配式的专业人员，均严重不足。以工程技术较为先进成熟的沈阳为例，开发商在发展装配式建筑时同样会面临资源不足的问题，何况是其他城市。在装配式技术不成熟的前提下，资源的匮乏将会让装配式建筑的发展遭遇更大的难题。

解决办法：开发商在市场资源匮乏时，应准备多项预案，若出现问题可以有替代品。同时可以与一些较为成熟的工厂合作解决构件工艺问题，协助和推动市场完成资源的基础配置。

3）成本的提升。

对于以盈利为核心目的的开发商来说，成本的提升是难以接受的。目前，尤其在一些低房价地区，中国开发商的利润本身就不够丰厚。同时，发展装配式建筑，由于政策的不清晰，导致开发商不得不承担额外的成本增加，成本的居高不下让众多开发商对装配式建筑望而却步。

解决办法；开发商应综合考虑装配式建筑国家标准和市场需求，探索性价比高的实现形式，通过产品品质的提升和对市场需求的迎合来平衡成本的提升。

4）技术体系有待完善。

各地在探索装配式建筑的技术体系和实践应用时，提出了多种的技术体系方案，但大部分还是在试点探索阶段，成熟的、便于规模推广的技术体系方案还很少。中国的高层建筑大量使用的剪力墙体系，在实现装配式时会遇到更多的困难，技术上距离完善也还有较大的距离，结构体系的效能难以发挥。

解决办法：中国的开发商急需总结探索出成熟可靠的技术体系，作为全国各地试点项目选择的参考依据。应在实践过程中不断提出问题，并引起行业重视，供研究机构解决。

5）监管机制不匹配。

当前的建设行业管理机制已不适应或滞后于装配式建筑发展的需要。有些监管办法甚至阻碍了工程建设进度和效率的提升；而有些工程项目的关键环节却出现监管真空，造成新的质量安全隐患，必须加快探索新型的建设管理部门的监督制度。

（2）难题和困惑的解决办法

以上五个问题中，有的是需要政府来组织解决的，有的是需要在社会和市场形成的过程中解决的，也有的是需要开发商自己去寻找答案的。

1）对于第一个对装配式陌生的问题，开发商完全可以通过培训补课、试点工程等工作逐步来解决。

2）对于第二个可供选择的各项资源比较少的问题，一方面随着社会和市场的发展，这种资源一定会越来越多，这个问题也就不存在了；另一方面，对于开发商而言，可以通过选择合适的替代预案和应急变通手段来弥补这方面的不足。

3）第三个成本上升的问题，一是需要政府在标准、规范方面逐步升级，简化设计拆分的要求，自然会带来成本的下降；二是随着社会和市场的发展，成本也会自然下降；三是开发商本身可以从装配式建筑四个系统集成的角度来综合考虑，提升性价比。

4）第四个技术体系不完善的问题，首先是开发商有责任向政府或者研发机构提出面临的问题，然后才是通过政府、社会、市场的力量逐渐去解决。

5）第五个监管机制不匹配的问题，主要依赖政府来解决，在当前的状况下，也可以通过选择优秀的工程监理来变通解决。

81. 当前开发商对装配式有几种态度？应当持怎样的态度？

目前对于装配式建筑，开发商主要有以下几种态度：

(1) 主动推动型

最有代表性的公司就是万科，万科公司把装配式建筑视为未来建筑的发展方向，在1999年正式提出了工业化住宅，并设计了四步走的战略：技术验证—实验住宅—项目应用—产业推广。目前在所有区域公司，都建有装配式项目。在预制楼梯、预制窗台板的应用上更是大范围铺开。

(2) 被动达标型

很多公司对于装配式建筑采取此类态度，这类公司比较在意短期的利润，不愿意投入资源开展装配式建筑。对于政府的强制性要求，这类企业普遍采取达标就好的态度。

(3) 抵触型

一些公司对于装配式建筑这类新的技术，还存在抵触的态度，他们坚持比较成熟的现浇建筑形式，没有认识到实施装配式建筑的进步性和必要性。在对待政府强制性的态度上，采用能应付就应付的错误做法。

从长期来看，政府对于装配式建筑的态度是大力推广，为此出台了一系列的推动性政策和大批规范性文件，来保障装配式建筑的发展。可以预测，在不远的将来，装配式建筑将成为我国主要的建筑形式之一，它也将成为我国发展绿色建筑必不可少的一环。现阶段努力发展装配式建筑，掌握装配式建筑规律的企业，必将能够在未来抢占装配式建筑的制高点。对于被动发展的房地产企业，在未来政府越发紧缩的强制性政策及人工费用上涨的巨大压力下，会举步维艰甚至被淘汰。

82. 导致开发商不愿意做装配式建筑的主要因素有哪些？如何解决？

(1) 成本的增加

成本的增加是开发商不愿意做装配式建筑的最主要因素。一般的装配式建筑比普通的现浇建筑，每平方米的成本增加大概在200到500元不等，按照建安成本每平方米3000～4000元（含装修）计算，每平方米成本的增加可以达到10%以上。而整体成本增加，是各个环节共同带来的。以设计环节为例，装配式建筑的图样设计，需要完成的工作量大幅增加（大量的构件图、节点图及预埋件），成本上的增加不可避免。

相应的解决办法有两个主要方面：技术进步，提高性价比。

从技术进步的角度看，技术进步所带来的利润空间是真实的空间。推动技术进步，特别是高层装配式建筑剪力墙结构的技术，是控制成本的核心环节。

从提高性价比的角度看，产品的效应增量要大于成本的增量。装配式对建筑整体的品质、安全度、耐久性、舒适性等的提高，要力求满足甚至超越消费者的要求。以外墙外保温为例，装配式建筑要求使用三明治外墙板，这种材料对高层建筑防火能力的提高是显著的。尽管使用此类墙板会导致成本增加，但是防火功能恰恰是消费者所看重的。

（2）管理范围的扩大

随着装配式建筑的使用，开发商需要管理的点增多、面变宽。如今，开发商需要管理工厂预制构件的设计与生产工作，管理设计环节的拆分工作，管理施工过程中新工法新技术的实施工作。管理的难度显著增加和自身能力的不足，导致很多开发商难以提供有效的工程管理支持。

（3）自身技术能力和管理能力的欠缺

从结构体系的角度看，中国高层普遍使用的剪力墙结构体系和装配式建筑的冲突问题，一直以来都没有得到良好的解决，这让众多开发商对装配式建筑始终保持观望的态度。是通过改变现有的结构体系来适应装配式建筑的要求，还是通过改进装配式技术来适应剪力墙体系，这是开发商不愿意投入大量精力来思考的问题。

从人才的角度看，装配式建筑的人才是严重短缺的。装配式产业工人眼下成了建筑行业的新兴工种，工人技术手法的熟练程度较低。装配式建筑的教育应与职业教育相融合，通过教育与培训相结合培养出一批新型的产业化工人。

从协同的角度看，设计施工一体化的实现是很困难的。将设计针对施工转化为将设计针对构件厂和施工，将施工阶段面临的问题前置到设计及加工阶段处理，这样就需要三方的整体策划，及时交圈。

（4）缺乏装配式建筑的监督机制

国家应加大对构件生产企业的监管，明确监管主体，确保构件的质量安全。

83. 装配式建筑相对现浇建筑的品质有哪些提升？

装配式建筑并不是单纯的工艺改变——将现浇变为预制，而是建筑体系与运作方式的变革，这些变革势必对提高建筑质量有着很大的推动作用。

1）PC 化要求设计必须精细化、协同化。如果设计不精细，PC 构件制作好了才发现问题，就会造成很大的损失。由此使 PC 化倒逼设计更深入、细化、协同，从而提高设计质量和建筑品质。

2）PC 化可以提高建筑精度。现浇混凝土结构的施工误差往往以厘米计，而 PC 构件的误差以毫米计，误差大了就无法装配。PC 构件在工厂模台上和精致的模具中生产，实现和控制品质比现场容易。预制构件的高精度会带动现场后浇混凝土部分精度的提高。如图 3-4 中的预制构件，如果是现浇作业是不可能达到这样美观、精致的。

图 3-4　精致美观的预制构件成品

3）PC化可以提高混凝土浇筑、振捣和养护环节的质量。浇筑、振捣和养护是保证混凝土密实和水化反应充分、进而保证混凝土强度和耐久性的非常重要的环节。现场浇筑混凝土，模具组装不易做到严丝合缝，容易漏浆；墙、柱等立式构件不易做到很好的振捣；现场也很难做到符合要求的养护。工厂制作PC构件时，模具组装可以严丝合缝，混凝土不会漏浆；墙、柱等立式构件大都“躺着”浇筑，振捣方便，板式构件在振捣台上振捣，效果更好；PC工厂一般采用蒸汽养护方式，养护的升温速度、恒温保持和降温速度用计算机控制，养护湿度也能够得到充分保证，从而使养护质量大大提高。

4）PC建筑外墙保温可采用夹心保温方式，即“三明治板”（图3-5），保温层外有超过50mm厚的钢筋混凝土外叶板，比常规的粘贴外保温板铺网刮薄浆料的工艺安全性可靠性大大提高，外保温层不会脱落，防火性能得到保证。最近几年，相继有高层建筑外保温层大面积脱落和火灾事故发生，主要原因是外保温层粘接不牢、刮浆保护层太薄等。三明治板解决了这两个问题。

图3-5　PC建筑外墙—三明治夹心外墙

5）PC建筑实行建筑、结构、装饰的集成化、一体化，会大量减少质量隐患。

6）PC化是实现建筑自动化和智能化的前提。自动化和智能化减少了对人的技术熟练程度和责任心等不确定因素的依赖。由此可以避免人为错误，提高产品质量。

7）工厂作业环境比工地现场更适合全面细致地进行质量检查和控制。

8）从生产组织体系上，PC化将建筑业传统的层层竖向转包变为扁平化分包。层层转包最终将建筑质量的责任系于流动性非常强的农民工身上；而扁平化分包，建筑质量的责任由专业化制造工厂分担。工厂有厂房、有设备，质量责任容易追溯。

9）从装配式建筑鼓励全装修的角度看，拎包入住，为业主带来了居住的便利。

84. 为什么说开发商在装配式建筑实施中的作用是最重要的？

开发商作为项目整体的总牵头人、投资者，既要面对盈利的压力，又要面对项目最终使用者业主和物业的反馈。开发商对于建造高质量、高效率的项目是有切实需求的，这与设计方、施工方、监理方的相关责任是不同的。因此，开发商为了达到自身的目的必将协调和督促各委托单位工作。

开发商在装配式建筑实施中的重要性体现在：

（1）开发商是装配式建筑实施的实际推动者

开发商会考虑政府政策、自身的发展需要以及资源技术条件等，决策是否实施装配式建筑？做什么样的装配式建筑？用怎样的方式实现装配式？这些问题是开发商自己需要思考清楚的问题，正因如此，决定了开发商在装配式建筑实施的实际推动者地位。

（2）开发商是装配式建筑实施的决策者

从产品定位上看，开发商是产品定位的决策者。装配式建筑在实施过程中，捆绑着多项建筑功能要求（四个系统、全装修、管线分离）。作为开发商，是应付要求，还是借此要求，全面提高产品的品质？只有开发商自己可以在产品定位上做出决策，旁人无法取代。从资金角度上看，装配式建筑包含许多非强制性要求。以 BIM 技术为例，在装配式建筑中应用 BIM，在管理上会带来巨大的好处，与此同时，相应的成本就会提高。要不要额外的资金投入，也是只有开发商才能做出的决策。

（3）开发商是装配式建筑前进的领路人

在中国，装配式建筑配套的参考文件目前尚不完善，且构件成本高，新兴产业不被认可与接受等，这些都制约着装配式建筑的发展。如果开发商看好装配式建筑的前景，为了提高盈利能力，提升现有住宅的产品品质及百姓居住舒适度，就会带领设计院、施工方、监理等单位不断地推陈出新，将各种装配式技术、工法管理方式等在项目上落地生根。

（4）开发商是装配式建筑全过程的管理者

对于装配式建筑的实施过程，开发商有全过程的管理责任，需要集成链条的概念。在设计阶段，开发商应充分采纳各施工方、构件厂方面的意见并与设计院沟通，形成一套切实可行、有利于施工的图样。还要了解构件生产商的产品质量、产能、运输等问题。对于施工环节，更是要控制其安装质量、施工进度、效率、安全。在房屋投入使用后，开发商还要根据顾客的反馈及诉求，以积极的态度在原有的技术产品上进行有效地品质提升。因此开发商在作装配式建筑产业推广中起到了不可或缺的重要。

85. 装配式与建筑质量是怎样的关系？

装配式建筑与现浇建筑相比，可以获得更好的质量。但是必须强调的是，高品质的装配式建筑的实现，是建立在可靠的技术和有效的管理上的。

1）相对于传统的现浇混凝土建筑，由于大部分装配构件都在工厂中制造完成，预制构件从产品的观感到实际的强度都有明显的提升。不会出现由于混凝土振捣不均匀造成的蜂窝麻面、漏水渗水的状况。混凝土构件的平整度极大提高，混凝土表面不需要进行抹灰找平过程。这样既节约了成本，也避免了由于抹灰不当造成的大量问题，例如抹灰面空鼓开裂、抹灰不平造成的“波浪”不平等。

2）高品质的结构工程也带动了装修装饰品质的提升。过去，由于结构完成面不准造成偏差较大，瓷砖橱柜等无法 100% 按照图样施工，甚至造成上下楼层、邻居之间家家装修有偏差不一致的情况。对于装配式建筑，结构尺寸的准确保证，给了装饰工程师极大的信心。

瓷砖的砖缝可以墙地对齐，房间之间对齐，上下对齐，十分美观。橱柜、木门等也可以很容易地达到准确安装。

3）对于水电安装专业的品质，装配式建筑的提升也是很大的。以前水电管位需要自己确认预留预埋。如果不准确，需要剔凿、挪位等，既破坏了结构或二次结构的墙体，水电管线往往也不能达标。而对于装配式建筑，水电管位全部留好到位，相关施工人员只是做连接。这样既美观，又保证了相关的功能性不受影响。

随着装配式建筑的不断发展，装配式建筑配合全装修等新事物，其产品的质量必将得到更大的提升。

详细的装配式混凝土建筑与建筑质量的关系见表3-1。

表3-1　装配式混凝土建筑与建筑质量的关系

类别	序号	项　　目	与现浇混凝土结构质量比较	说　　明
结构	1	混凝土构件强度	提高	
	2	混凝土构件尺寸精度	大幅度提高	
	3	混凝土外观质量	提高	可以不用抹灰找平，直接刮腻子
	4	构件之间的连接	现浇建筑没有此项	装配式建筑质量管理重点
	5	夹心保温构件内外叶板拉结	现浇建筑没有此项	装配式建筑质量管理重点
建筑	7	外围护结构表面质量	提高	
	8	外围护结构保温层质量	提高	
	9	门窗保温密实	提高	
	10	门窗防水	提高	
	11	墙体防渗漏	提高	连接节点按照设计要求施工的情况下
内装	12	内装质量	提高	
	13	整体收纳	提高	
	14	集成式厨房	提高	
	15	集成式卫浴	提高	
机电设备	16	机电设备管线敷设	提高	
	17	机电设备安装	提高	

说明：装配式混凝土建筑的基础、首层结构构件和顶层楼板按规范要求须现浇，这些部位的质量与现浇混凝土建筑一样。

86. 开发商建造装配式住宅应注意哪些问题？

开发商建造装配式住宅时，应在产品定位与决策、结构体系的革新、前期的设计方案、构件的制作和安装、全过程的设计协调、全过程的成本控制等六方面特别注意。

（1）产品定位与决策

开发商首先要意识到：装配式建筑是为消费者服务的，而不是反过来让消费者为装配式建筑的弊端买单。如此，开发商就应深入研究如何发挥装配式建筑的优势的办法，避开其弊端，做出正确决策。要根据所开发住宅项目的目标市场进行产品定位，根据产品定位确定如何让装配式为产品加分，而不是牺牲住宅产品的功能、质量和经济性迁就装配式。开发商还应决定是否采用集成式卫浴、集成式厨房、整体收纳等，如果采用，根据目标市场的定位选择适宜的产品。

国家标准《装标》要求，装配式建筑必须全装修。装配式建筑不能随意砸墙凿洞，也应当避免消费者自行装修。由此，装配式建筑不是装修不装修的问题，而是如何装修的问题。开发商须根据目标客户的需求决策做什么标准的全装修。如何进行全装修，对装配式结构系统有较大影响。例如，如果屋顶采用吊顶装修，就不需要考虑叠合板接缝开裂的问题，叠合板就不用横向出筋。

同时，开发商还需决定是否实现管线分离和同层排水，这两项是国家标准提倡的，用的是“宜”字。所以，主要由开发商根据目标客户的定位进行决策。实现管线分离和同层排水，需要天棚吊顶，地面架空，当有开关或插座在剪力墙位置时，剪力墙结构还需要墙体架空。对由于吊顶和地面架空导致层高增加、可实现容积率的降低和墙体架空导致使用面积的减少等问题进行综合评估；在决定不吊顶的情况下，确定是否使用叠合楼板；如决定采用宽缝连接方式，对其长期抗裂缝的效果进行评估，对其经济性和必要性进行分析。

（2）结构体系的革新

要逐步抛弃“高层住宅只适于做剪力墙结构体系”的惯性思维，根据住宅产品的户型和建筑风格要求，进行不同结构体系的方案比较，将目前做装配式比较勉强的剪力墙结构与更适宜装配式的柱梁体系（框架结构、框剪结构或筒体结构）进行方案综合比较，选择既能实现建筑功能又能降低成本的最优结构体系。

（3）前期的设计方案

对装配式建筑住宅意义重大，需要确认装配式住宅的结构形式、装配率、技术方案等重要数据。值得一提的是，不同于欧美和日本常用的框架体系，中国的高层建筑为了迎合消费者的使用需求，通常采取剪力墙结构辅以复杂的平面立面设计。这对于实现装配式建筑，乃至实现全装修都是巨大的考验。

因此，在前期设计阶段，就应该充分考虑构件制作安装以及后期的全装修问题。在尚未进行制作和工程招标的情况下，需要组织制作工厂和施工企业参与设计过程，与设计单位交流互动。以确保装配式建筑的设计能够顺利地实现，避免无谓的成本增量；确保制作、施工环节需要的预埋件预埋物在设计中不被遗漏。设计中，开发商须关注涉及结构安全的关键点：连接方式、套筒和灌浆料的设计与选择、夹心保温板内外叶板之间的拉结件的设计与选择等。

（4）构件的制作和安装

在产品制作阶段，开发商须重点关注套筒灌浆抗拉试验、浆锚成孔试验、模具、隐蔽工程、混凝土质量和构件验收等环节。在安装阶段，开发商须重点关注构件连接施工、后浇筑混凝土钢筋连接、接缝防水施工等环节。

对于装配式住宅这种成品现场安装的形式，安装的质量控制尤为重要。首先，针对结构安全的质量：现场安装时，各构件的安装拼接要合乎要求，特别是关键的连接节点必须确保质量过关。结构体系的质量保证是最为关键的一环。其次，要重点关注装配式建筑节点防水的质量，房地产开发商应严格要求施工方及监理方共同控制相关的质量，保证产品的品质。最后，对于有条件的开发商，BIM 提供的可视化管理将会大幅提高整个产品品质。

（5）全过程的设计协调

对于装配式住宅这一较新的施工技术，在设计环节往往无法考虑所有的环节。需要设计方，PC 构件生产厂家，施工单位等方面实时保持沟通，共同协调确认相关的图样及施工方案。这样可以保证施工的顺利进行和施工的质量。

（6）全过程的成本控制

现阶段装配式建筑的造价普遍高于传统的现浇混凝土建筑，对于房地产开发商来讲，更应从管理中控制成本，减少相关造价。在设计阶段，增加建筑的 PC 外墙包裹率，可以取消建筑外架，节约成本。在装配式构件的设计拆分过程中要控制相应模数，减少构件尺寸。这样可以大幅降低 PC 构件的采购成本。在生产环节，督促施工单位使用熟练的工人，不但可以提升施工质量，也可以缩短工期，节约成本。

87. 购房客户对于装配式建筑有哪些认知？

由于我国的装配式建筑尚处于起步阶段，除了业内人士，普通消费者对于装配式建筑的认知程度很低，基本上可以分为“完全陌生”和“有所了解”这两大类。

（1）完全陌生

多数人对装配式建筑完全陌生，但是会站在自己的利益角度判断房子的质量。对于这部分客户，装配式建筑本身的质量安全是最为关键的，而首要的就是结构安全，一旦装配式建筑在结构安全上出现重大事故，对于整个行业的发展可能是毁灭性的。此外，装配式建筑相比现浇建筑，更高的价格会让消费者产生怀疑和抵触的情绪，如何提高消费者的试用体验，让装配式建筑拥有更高的性价比，也是很重要的一环。

（2）有所了解

少数人对装配式有所了解，没有抵触情绪，认为这是一种进步的技术，具体的认识包括：装配式建筑是一种新技术，将建筑物、像搭积木一样很快地搭建起来；装配式建筑是政府推行的一种新技术，这种技术使户内观感质量好，墙体不会裂；装配式建筑配上全装修是让人很省事的产品，可以直接拎包入住；装配式建筑是国家新推行的新的绿色环保建筑。在施工过程中节能减排，保护环境。对于这一类客户，他们可能愿意接受装配式建筑相应的高价位，同时，针对这方面客户也要进一步纠偏和深化他们对装配式建筑的认知，这部分客户将会是打开装配式建筑市场的强大助力。

88. 购房客户对于装配式建筑有哪些疑虑？如何消除？

装配式建筑对于大部分年轻的购房客户来说相对陌生，其中有人会认为：“整体性不好”“不抗震”等，还有部分年长的客户对装配式建筑有少部分的认知，调查中发现，客户口中提到最多的便是“预制楼板”。

而令多数人担心的更多问题是“结构的安全可靠性”“适用性”及“耐久性”，实际上“旧的预制大板”时代已经过去，眼下已经进入新的装配式时代，完善的设计规范完全高于现浇结构标准的技术指标。

如何消除客户的疑虑，应主要从以下几个方面考虑：

(1) 装配式本身的质量保证

开发商应该充分发挥自己的中枢管理优势，统一协调设计、制作、安装监理等各个环节，为市场提供优秀的装配式建筑产品，在保证结构体系安全质量的前提下，尽可能提升建筑的使用功能，这才是最有说服力的手段。

(2) 图文并茂的展示手段

在消费者看房买房时，建议提供装配式建筑画册，介绍一下装配式建筑的优势，强调整体装配式的概念，让消费者一目了然，装配式建筑各个构件均有可靠的整体式连接，结构上等同于相应的现浇体系。同时万科倡导的“可持续发展的装修房战略”也是打动消费者的主要手段之一，见图3-6。

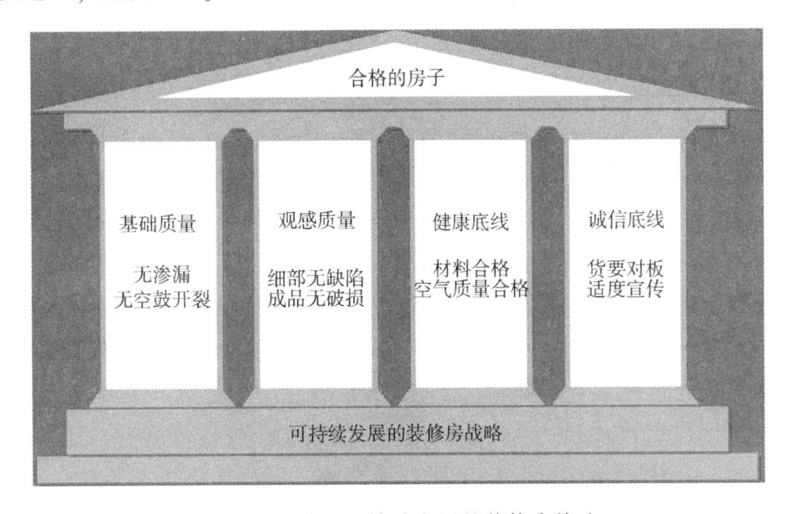

图3-6 万科“可持续发展的装修房战略”

(3) 日本的成功案例

日本早在1968年就提出装配式住宅的概念，1990年推出了采用部件化、工业化生产方式，高生产效率，住宅内部结构可变，适应居民多种不同需求的“中高层住宅生产体系”。经历了从标准化、多样化、工业化到集约化、信息化的不断演变和完善过程。在此期间建造的预制混凝土结构经受了1998年阪神7.3级大地震的考验。如今，日本的住宅，在给客户展示时，会额外进行结构技术的展示，抗震房、防水体系、保温体系都有相应的实验，让消费者提前感受真实的居住体验，有道是眼见为实，消费者自然也就对装配式建筑的质量放心了。

综上，解决顾客忧虑的最好办法，是一方面拿出相应的证据，加大宣传力度，让顾客更加了解装配式建筑产品；另一方面要在设计过程中提早策划，施工过程中严格把控，做好节点的处理及严格验收，用事实来说话，真正使装配式建筑成为质量优秀有保障的好的建筑形式（日本有的楼盘甚至把装配式作为质量好的卖点之一向消费者进行宣传，见图3-2，这才是装配式建筑发展的目标和成果）。

89. 装配式建筑对住宅销售有什么影响？

装配式建筑对住宅销售的影响，总体上是有利的，具体体现在以下几个方面：

1）随着装配式建筑的大量推进，装配式建筑会成为高品质商品房住宅的代名词。相对于传统的现浇混凝土建筑，装配式住宅的保温隔热性能得到很大的提升。新型隔声材料的运用提升了建筑物的隔声能力，同时在防火上也有着可靠的安全度。这些优势都会提升装配式住宅的品质，增加对顾客的吸引力，提升销量。

2）相对于传统施工方式，装配式建筑的施工工期会缩短1～2个月，工期的缩短会提高资金周转率，降低房地产公司的资金成本。另外，近年来随着装配式建筑的推广，装配式构件厂的数量逐渐增加，市场竞争也逐渐形成。可以预见，装配式构件的价格，会随着装配式的推广逐渐下降。品质高，返修率低，政府补贴等利好会降低装配式住宅的价格。价格的优势无疑会使销量有极大的提升。

3）地方政府对装配式建筑的推广有多种鼓励性政策。如在辽宁省沈阳市，对开发商来说，建设装配式建筑只要满足当地建委政策条件，就可以提前申领预售许可证，加速开发商资金回流。

4）对消费者来讲，全装修装配式住宅是另外一个亮点。顾客直接拎包入住，免去了装修拆改的麻烦。对于装修的一些缺陷，房地产公司负责维修，对消费者来讲有了可靠的保障。全装修住宅大规模的装修也降低了整体成本，为消费者节省了金钱。消除了很多装修保修的麻烦，提高了居住的品质，对销量大有裨益。同时，全装修装配式高层，主体结构砌筑的同时，装修就可以从底层开始施工。这样的特性可以让客户提早看到一个完整的建筑形象，也会给房屋销售提供助力。采用全装修的房屋，在整体浴室、厨房等部品部件的安装上会更加精致，相比过去的后装修也要更加合理，同样是有助于销售的。

90. 开发商如何对装配式建筑实行有效的全程管理？

为了对装配式建筑实行有效的全程管理，开发商应建立涵盖全程各个环节的管理系统，并将该系统涉及的各个事项的逻辑关系、时间节点、接收标准、反馈信息等实时传送给各个部门，以促进不同部门、专业之间的协同合作。下面仅对决策、设计、采购、构件生产、现场施工等环节进行分析。

（1）决策环节

开发企业需要针对装配式的组合形式、主要结构的形式，就是否采用全装修等一系列问题做前期决策。

在决策环节需要充分考虑政府的要求，运用经验数据确定装配率的楼座数量和拟采用装配式的建筑结构形式。这个环节主要是通过多次的模拟组合取得最优的容积率和最低的成本。

与此同时按照市场的需求及公司对本项目的定位，制定项目的户型形式，充分考虑采用高装配率的楼座的结构需求。确认本项目的产品是否加载全装修、整体式厨卫等高端部品。最终形成设计任务书。

（2）设计环节

在技术策划阶段、方案设计阶段，房地产公司就要与设计单位做良好的沟通协调，充分考虑到装配式建筑的相关事宜。在初步设计阶段要与内装生产施工单位进行协调，沟通设计信息，增加反馈环节。在施工图设计阶段，需要各专业设计、施工等各个环节协同参与，互通有无。在构件深化过程中如有任何变化，需通知设计以避免相应风险。在施工过程中如遇问题也需及时反馈给相关单位，以便修改和后期借鉴。

在设计环节要注意如下内容：

1）功能保证。装配式构件是一个集成性能强的构件。无法像传统现浇建筑一样可以边施工边更改和加载功能。所以全部的建筑、结构、水电、装饰等功能和需要在构件设计时应全部提出并且在构件上实现，严防错漏碰缺。

2）功能提升。在技术不断地完善前提下，开发商要考虑在构件或部品中不断地增加功能，增加其集成度。例如国外很多国家的住宅PC构件已经从2D发展到了3D构件。整体式PC卫生间、内部瓷砖、吊顶全部预制完成。

3）各专业管理的重点，见表3-2。

表3-2 各专业管理的重点

专 业	管理重点
建筑	外装饰线条，挑檐，窗口企口，防滑条等
结构	构件拆分，结构体系连接方式，结构防水构造，制作施工环节吊点预埋件
水电配套	水电预留点位，空调预留点位，新风系统预留点位等
装饰工程	电视、热水器托架预留锚固点，瓷砖墙面预留粗糙面等

（3）采购环节

应提前制定供应商招标、图样深化、供货等计划，按照计划制定时间节点并按照节点实施考核。在招标阶段应做好招标前的考察工作，对各供应商进行关键能力比对，选择合适的供应商。几个影响结构安全的重点材料，需要重点把控，列为甲方供材或甲方指定材料，例如钢筋连接套筒、套筒灌浆料三明治外墙拉结件等。针对设计招标、构件生产企业招标、施工单位招标等几家重点环节应严加把控，选择有经验的优质企业合作。

（4）构件生产环节

本环节最重要的是把控产品的生产精度、产品质量和构件到场的时间。为保证构件生产的质量和精度，构件生产企业需要有完备的质量管理体系。在构件生产过程中开发商应派驻驻厂监理监督构件的生产。

（5）现场施工环节

最重要的是现场成品质量控制体系，其中包括部品安装的准确度控制、防水系统控制以及其他专业配合等内容。首先是施工的策划，包括监理方的监理计划、施工方的施工组织设计。其次，现场需要重点把控的是施工过程中的套筒连接、灌浆和PC构件的横竖缝处理。套筒连接和灌浆关系到结构安全，需要建立严格检查机制，套筒连接过程中要控制钢筋预留位置和长度，在灌浆环节需要确保每个位置灌浆饱满。PC构件的横竖缝处理是保证PC外墙建筑不漏水的关键。首先需要保证PC外墙节点处造型不被破坏，其次是施工过程中保证按图施工的构件间距缝隙能得到保证。最后需要保证外墙打胶的施工质量。

91. 装配式建筑需要哪些专项人才？应具备哪些素质？

开发商应用装配式建筑所需要的专项人才及其应该具备的素质一般为：

（1）专项人才

1）专业型人才。房地产开发商需要拥有足够的设计、结构、水电等专业人才，他们具备丰富的工程经验，并且对新兴技术有着独特的敏感性。其中一部分人最好具有一定的装配式建筑经验，懂得装配式建筑对各自专业的特殊要求。

2）管理型人才。开发商同样需要项目工程师对装配式建筑有着一定的认识，了解装配式建筑在项目全流程管理中所应予以关注的关键点，并能够有效地应对处理装配式施工可能出现的问题与隐患。

3）成本型人才。在项目决策期，需要有懂得装配式建筑以及成本管控的专业人才，要做到在项目方案阶段，结合装配式建筑具体要求以及产品的具体定位，选择性价比最高的方案。在项目全过程，应全程参与并关注各个环节的成本控制问题。

（2）素质要求

1）建筑各专业的基本素质。

2）装配式建筑的基本知识。

3）装配式项目的业绩或经验。

92. 开发企业对装配式建筑管理与技术人员应做哪些培训？

房地产开发企业应该以国家标准及行业规范为蓝本，对与装配式建筑相关的管理技术人员进行以下专项培训。

（1）装配式建筑基础概念培训

主要内容为装配式建筑的由来、基础知识及未来发展。使相关管理技术人员对装配式建筑有初步的认识。

（2）装配式建筑整体设计及质量体系培训

对装配式建筑设计师的设计思路、原理进行一个专业细致的讲解；对装配式建筑的质量要求，及如何控制装配式住宅的质量进行专业培训。使管理技术人员了解装配式建筑的原理和质量管控措施，让管理技术人员在工作过程中能够保证建筑的质量满足相关要求。

（3）装配式建筑设计、生产、安装流程培训

在这个培训中主要让管理技术人员了解到装配式施工的全过程，了解到影响施工进度的相关因素。

（4）装配式建筑成本控制培训

主要讲解装配式建筑成本的构成，与传统现浇混凝土建筑相比成本增加和降低的部分及控制措施。这个培训主要让管理技术人员了解有关成本的相应问题，为在工作中减低成本做好理论储备。

93. 装配式建筑的最大适用高度、高宽比、平面形状等有哪些规定？对住宅产品的方案设计有怎样的影响？

装配式建筑的最大适用高度、高宽比等与装配式建筑的建筑形式、不同地区的抗震等级有关，具体规定如下：

（1）最大适用高度

1）对只用叠合板，竖向构件全部采用现浇混凝土的建筑，其最大高度应参照现行行业标准《高层建筑混凝土结构技术规程》实施。

2）装配整体式剪力墙结构和装配整体式部分框支剪力墙结构，在规定的水平力下，当预制剪力墙构件底部承担的总剪力大于该层总剪力的 50%，最大的适用高度应适当降低；当预制剪力墙构件承担的总剪力大于该层的 80%，最大适用高度见表 3-3。

表 3-3　不同结构类型建筑最大适用高度　　（单位：m）

结构类型	抗震设防烈度			
	6 度	7 度	8 度（0.2g）	8 度（0.3g）
装配整体式框架结构	60	50	40	30
装配整体式框架-现浇剪力墙结构	130	120	100	80
装配整体式框架-现浇核心筒结构	150	130	100	90
装配整体式剪力墙结构	130（120）	110（100）	90（80）	70（60）
装配整体式部分框支剪力墙结构	110（100）	90（80）	70（60）	40（30）

（2）高宽比要求

装配式建筑的高宽比要求见表 3-4。

表 3-4　不同结构类型建筑高宽比要求

结构类型	抗震设防烈度	
	6 度、7 度	8 度
装配整体式框架结构	4	3
装配整体式框架-现浇剪力墙结构	6	5
装配整体式剪力墙结构	6	5
装配整体式框架-现浇核心筒结构	7	6

（3）平面形状

装配式建筑的结构平面布置宜符合下列规定：

1）平面形状宜简单、规则、对称，质量、刚度分布宜均匀；不应采用严重不规则的平面布置。

平面长度不宜过长，长度比（L/B）宜按图 3-7 采用。

平面凸出部分的长度 l 不宜过大、宽度 b 不宜过小，平面不宜采用角部重叠或细腰形平面布置。

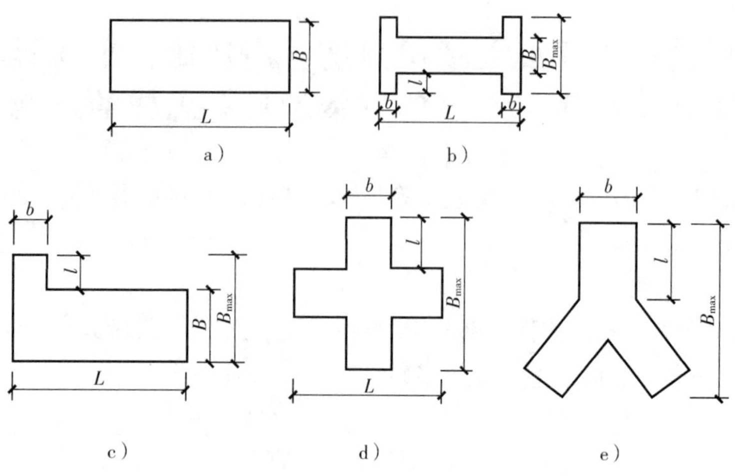

图 3-7　长度比要求简图

目前装配式建筑对住宅产品的方案设计的影响，主要体现在建筑物高度上（规程规定比相应的现浇建筑低 10 到 20m），这对开发商对楼盘的整体规划有很大的影响，需要开发商予以重视。

94. 装配式建筑适用哪些结构体系？国内主要采用什么结构体系？

（1）适用于装配式混凝土建筑的结构体系有很多，见表 3-5。

表 3-5　适用于装配式混凝土建筑的结构体系

序号	名称	定　义	平面示意图	立体示意图	说　明
1	框架结构	是由柱、梁为主要构件组成的承受竖向和水平作用的结构			适用于多层和小高层装配式建筑，是应用非常广泛的结构
2	框架-剪力墙结构	是由柱、梁和剪力墙共同承受竖向和水平作用的结构			适用于高层装配式建筑，其中剪力墙部分一般为现浇。在国外应用较多

（续）

序号	名称	定　　义	平面示意图	立体示意图	说　　明
3	剪力墙结构	是由剪力墙组成的承受竖向和水平作用的结构，剪力墙与楼盖一起组成空间体系	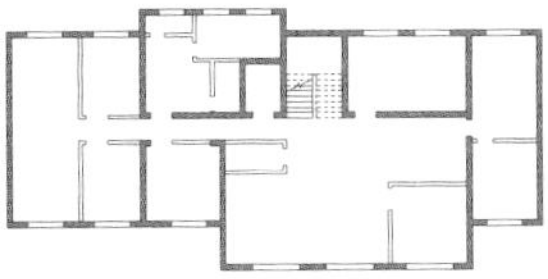	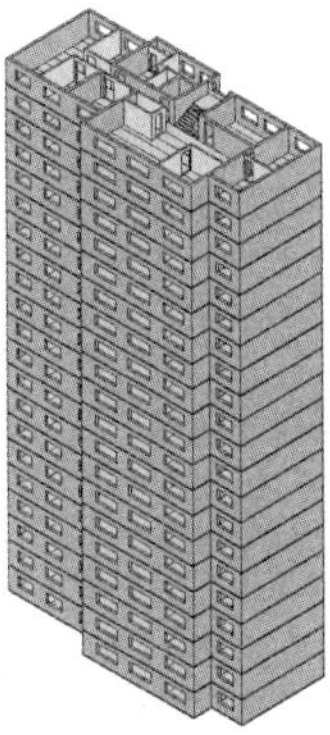	可用于多层和高层装配式建筑，在国内应用较多，国外高层建筑应用较少
4	框支剪力墙结构	是剪力墙因建筑要求不能落地，直接落在下层框架梁上，再由框架梁将荷载传至框架柱上的结构体系	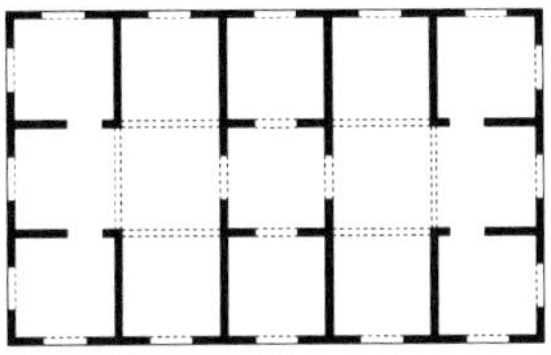		可用于底部商业（大空间）上部住宅的建筑，不是很适合的结构体系
5	墙板结构	由墙板和楼板组成承重体系的结构。有剪力墙结构和暗柱暗梁的框架板结构	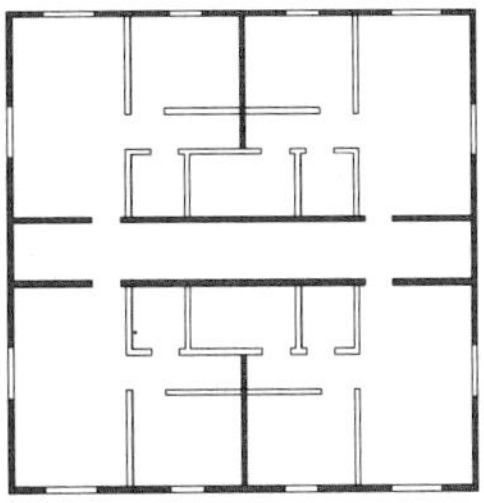	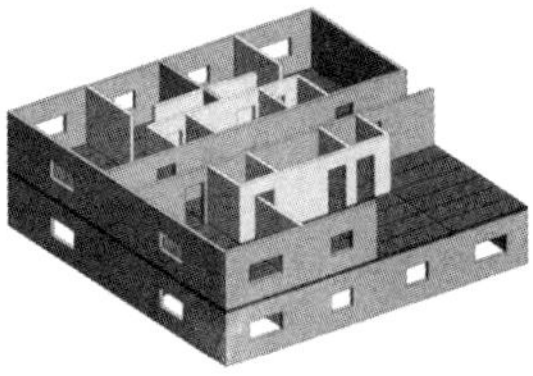	适用于低层、多层住宅装配式建筑
6	筒体结构（密柱单筒）	由密柱框架形成的空间封闭式的筒体		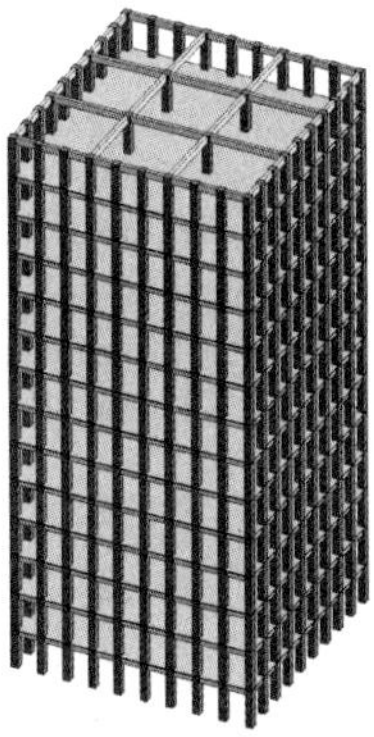	适用于高层和超高层装配式建筑，在国外应用较多

（续）

序号	名称	定　义	平面示意图	立体示意图	说　明
7	筒体结构（密柱双筒）	内外筒均由密柱框筒组成的结构	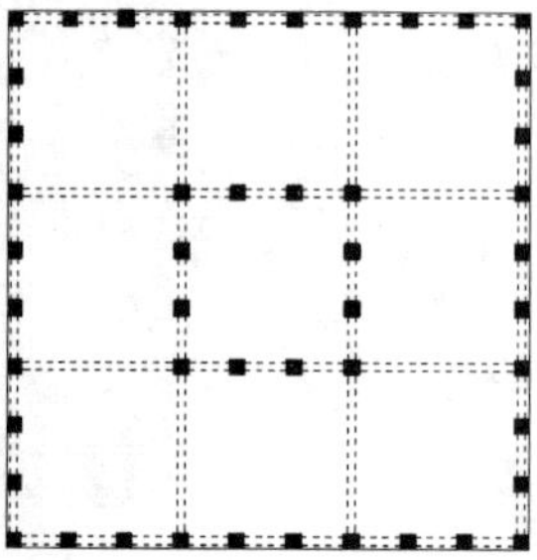	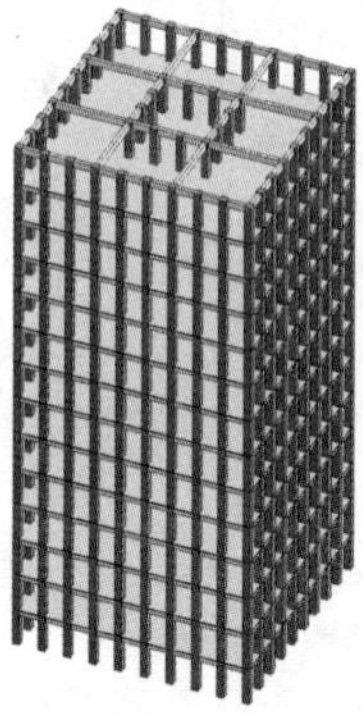	适用于高层和超高层装配式建筑，在国外应用较多
8	筒体结构（密柱+剪力墙核心筒）	外筒为密柱框筒，内筒为剪力墙组成的结构	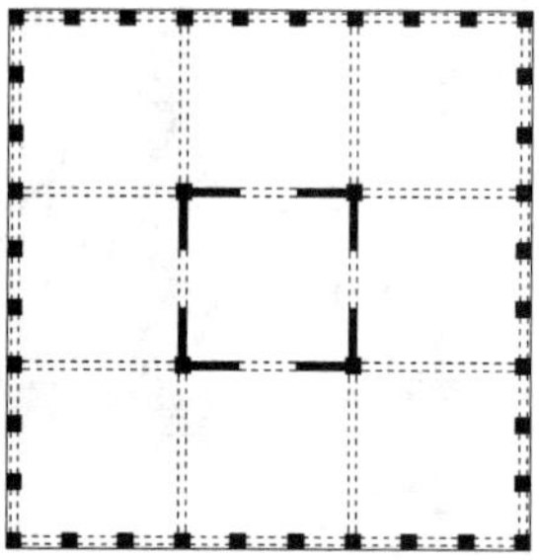	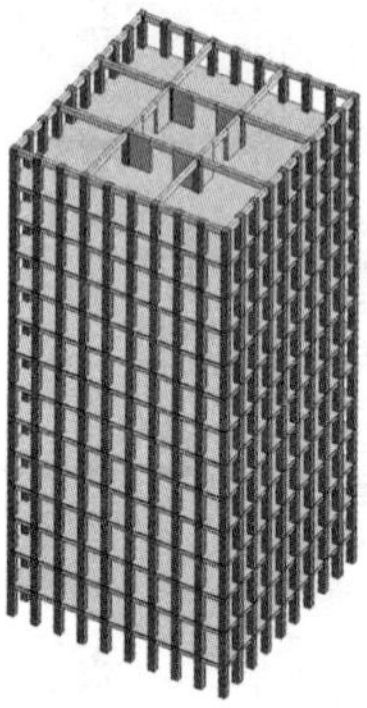	适用于高层和超高层装配式建筑，在国外应用较多
9	筒体结构（束筒结构）	由若干个筒体并列连接为整体的结构	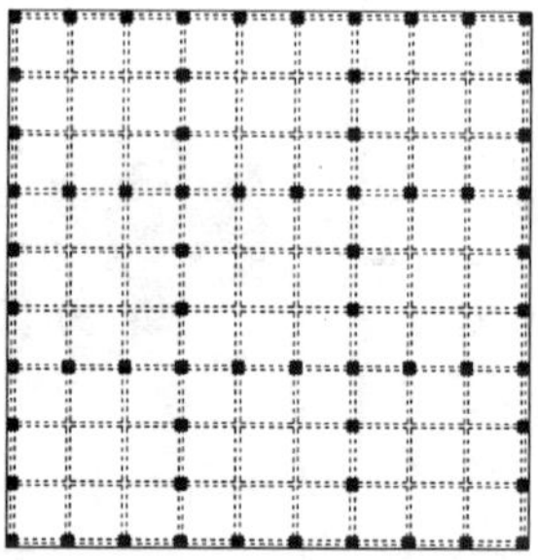	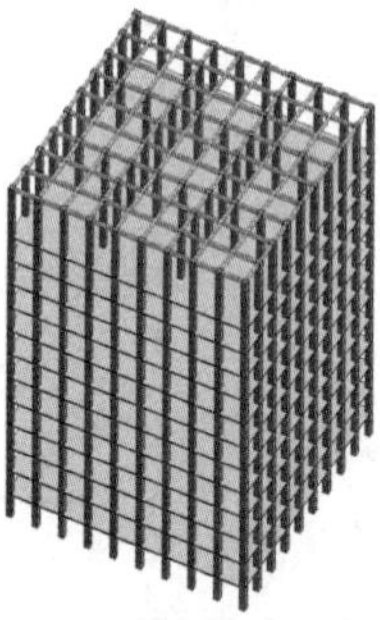	适用于高层和超高层装配式建筑，在国外有应用
10	筒体结构（稀柱+剪力墙核心筒）	外围为稀柱框筒，内筒为剪力墙组成的结构	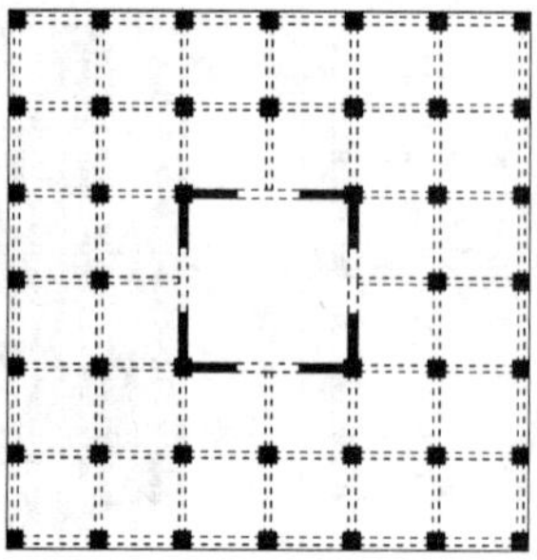	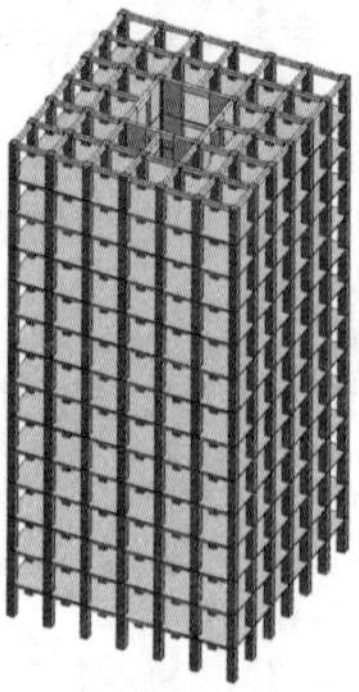	适用于高层和超高层装配式建筑，在国外有应用

（续）

序号	名称	定　义	平面示意图	立体示意图	说　明
11	无梁板结构	是由柱、柱帽和楼板组成的承受竖向与水平作用的结构			适用于商场、停车场、图书馆等大空间装配式建筑
12	单层厂房结构	是由钢筋混凝土柱、轨道梁、预应力混凝土屋架或钢结构屋架组成承受竖向和水平作用的结构			适用用于工业厂房装配式建筑
13	空间薄壁结构	是由曲面薄壳组成的承受竖向与水平作用的结构	—		适用于大型装配式公共建筑
14	悬索结构	是由金属悬索和预制混凝土屋面板组成的屋盖体系	—		适用于大型公共装配式建筑、机场体育场等

（2）目前，我国的装配式建筑多采用剪力墙结构体系。

95. 该如何看待高层住宅沈阳万科春河里住宅采用的结构体系？

沈阳万科春河里项目中 17#楼采用日本鹿岛体系技术，应用框架-核心筒装配式结构体系，预制率高达64%（见图3-8）。体系内大量运用装配式构件预制柱、预制外梁、预制内梁、预制叠合板等。

预制框架-现浇核心筒体系与国内普遍采用的预制剪力墙体系从结构体系的角度考虑是完全不同的。尽管国内采用预制框架-现浇核心筒体系的建筑数量较少，但在世界范围内，柱梁体系是装配式建筑中经验最丰富、理论最完善的结构体系，并且经历了大地震的考验（日本已经建造了高达208m的预制框架-现浇核心筒体系装配式建筑）。同时，国家规范和辽宁省地方规范也给出了筒体结构的适用高度，在规范上给予了支持。目前这种结构体系在写字楼或公寓楼等项目上已经可以推广。

图3-8　国内第一座高装配率高层住宅—沈阳万科春河里住宅

然而，作为一个新兴建筑产品，它的更广泛应用需要经历业内人士及市场意识的转变过程，因为国内的高层建筑多采用剪力墙结构，也习惯于设计此种结构。导致装配式建筑也被按照等同于现浇的模式先设计再拆分，过程中缺少专业人员来认真研究这种住宅和剪力墙结构住宅的定量对比，现实中往往无法体现出筒体结构的先进性，反而变成了设计时的负担。这种局面的形成，一是由于行业惯性；二是由于对此结构技术了解的缺乏。同时，制约这种施工方式推广的另一主要原因，是项目需要采用日本相关企业的技术。例如，此项技术需结合日本相关的专用套筒和专用砂浆，这些都大大提高了项目成本。虽然作为试点项目，成本问题在项目开始前已有所预期，但是在其起步阶段，成本的高昂依旧会让众多开发商望而却步。

值得国内开发商注意的是，预制框架-现浇核心筒结构模式与目前常用的装配式剪力墙结构相比还有相当优势，具备一定的未来发展优势。因为框架核心筒具有灵活布置，管线分离，内装系统便利，抗震性能好等优点。开发商应根据产品定位、技术水平、经济条件、市场因素等多方面综合考虑后决定装配式建筑要采用何种结构体系。

96. 装配式构件在生产及应用方面有什么特点？

（1）生产方面的特点

1）所有在现场需要的预埋件，在工厂构件生产时就要预先埋设好。构件从现场转移到工厂前，必须保证生产制作准确，否则将会给现场施工带来很大的麻烦。

2）装配式构件的生产精度高，误差比较小，与现浇对接的时候，高精度装配式构件和低精度的现浇构件需要对接，一定程度上也校准了现场浇筑的准确程度，见图3-9。

图 3-9　高精度预制构件

3）预制构件需前置性生产，可以充分考虑工程的提前量。

4）预制构件需蒸汽养护，蒸汽（或加温）养护可以缩短养护时间，快速脱模，提高效率，减少模具和生产能力的投入，见图 3-10、图 3-11。

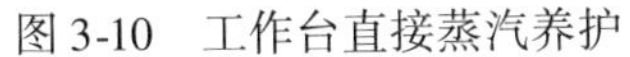

图 3-10　工作台直接蒸汽养护

图 3-11　养护窑集中养护

（2）应用方面的特点

1）安装按照重量配置起重机，因为起重设备要增加，选择起重机较现浇建筑要提高。

2）成品保护，施工过程要考虑，很多构件可以不抹灰，预制楼梯也可以直接使用。因此，交付前要有很好的产品保护措施，见图 3-12。

3）构件连接时，关键节点要重点关注。装配式建筑节点连接主要靠灌浆、螺栓连接，因此节点连接的可靠性必须作为重点，见图 3-13、图 3-14。

4）不能砸墙凿洞，不能随意破坏预制构件。装配式建筑要结合精装修来做，禁止小业主在装修时对结构构件进行开线槽、穿洞等破坏，这样对装配式建筑的结构耐久性、安全性会造成严重的质量隐患。

5）生产前置，现场减少了湿作业，提升了效率。但现场要考虑其他工种的前置施工。

图 3-12　日本 PC 幕墙石材反打防污染措施—打胶

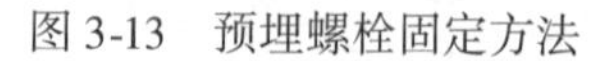

图 3-13　预埋螺栓固定方法

图 3-14　预埋拉接件固定方法

97. 装配式建筑有哪些 PC 构件？

为了使读者对 PC 构件有一个总体的了解，我们将常用的 PC 构件分为 8 大类，分别是楼板、剪力墙板、外挂墙板、框架墙板、梁、柱、复合构件和其他构件。这 8 大类中每一个大类又可以区分出若干小类，合计 50 多种，详见表 3-6（构件对应图片参见文前彩插 C10）。

表 3-6　常用 PC 构件分类表

类别	编号	名　称	应用范围										说　明
			混凝土装配整体式				混凝土全装配式					钢结构	
			框架结构	剪力墙结构	框剪结构	筒体结构	框架结构	薄壳结构	悬索结构	单柱厂房结构	无梁板结构		
楼板	LB1	实心板	◎	◎	◎	◎	◎					◎	
	LB2	空心板	◎	◎	◎	◎	◎					◎	

（续）

类别	编号	名　　称	应用范围										说　　明
			混凝土装配整体式				混凝土全装配式					钢结构	
			框架结构	剪力墙结构	框剪结构	筒体结构	框架结构	薄壳结构	悬索结构	单柱厂房结构	无梁板结构		
楼板	LB3	叠合板	◎	◎	◎	◎						◎	半预制半现浇
	LB4	预应力空心板	◎	◎	◎	◎	◎	◎	◎		◎	◎	
	LB5	预应力叠合肋板	◎	◎	◎	◎						◎	半预制半现浇
	LB6	预应力双 T 板		◎						◎			
	LB7	预应力倒槽形板									◎		
	LB8	空间薄壁板						◎					
	LB9	非线性屋面板						◎					
	LB10	后张法预应力组合板					◎					◎	
剪力墙板	J1	剪力墙外墙板		◎									
	J2	T 形剪力墙板		◎									
	J3	L 形剪力墙板		◎									
	J4	U 形剪力墙板		◎									
	J5	L 形外叶板		◎									（PCF 板）
	J6	双面叠合剪力墙板		◎									
	J7	预制圆孔墙板		◎									
	J8	剪力墙内墙板		◎	◎								
	J9	窗下轻体墙板	◎	◎	◎	◎	◎						
	J10	各种剪力墙夹芯保温一体化板		◎									（三明治墙板）
外挂墙板	W1	整间外挂墙板	◎	◎	◎	◎	◎					◎	分有窗、无窗或多窗
	W2	横向外挂墙板	◎	◎	◎	◎	◎					◎	
	W3	竖向外挂墙板	◎	◎	◎	◎	◎					◎	有单层、跨层
	W4	非线性外挂墙板	◎	◎	◎	◎	◎					◎	
	W5	镂空外挂墙板	◎	◎	◎	◎	◎					◎	
框架墙板	K1	暗柱暗梁墙板	◎	◎	◎								所有板可以做成装饰保温一体化墙板
	K2	暗梁墙板		◎									
梁	L1	梁	◎		◎	◎	◎						
	L2	T 形梁	◎				◎			◎			
	L3	凸梁	◎				◎			◎			
	L4	带挑耳梁	◎				◎			◎			
	L5	叠合梁	◎	◎	◎	◎							

（续）

类别	编号	名称	应用范围										说明
			混凝土装配整体式				混凝土全装配式						
			框架结构	剪力墙结构	框剪结构	筒体结构	框架结构	薄壳结构	悬索结构	单柱厂房结构	无梁板结构	钢结构	
梁	L6	带翼缘梁	◎				◎			◎			
	L7	连梁	◎	◎	◎	◎							
	L8	叠合莲藕梁	◎		◎	◎							
	L9	U形梁	◎		◎	◎				◎			
	L10	工字形屋面梁								◎		◎	
	L11	连筋式叠合梁	◎		◎	◎							
柱	Z1	方柱	◎		◎	◎							
	Z2	L形扁柱	◎	◎	◎	◎	◎						
	Z3	T形扁柱	◎	◎	◎	◎	◎						
	Z4	带翼缘柱	◎	◎	◎	◎	◎						
	Z5	跨层方柱	◎		◎	◎				◎			
	Z6	跨层圆柱								◎			
	Z7	带柱帽柱	◎							◎			
	Z8	带柱头柱	◎					◎	◎				
	Z9	圆柱							◎	◎			
复合构件	F1	莲藕梁	◎		◎	◎							
	F2	双莲藕梁	◎		◎	◎							
	F3	十字形莲藕梁	◎		◎	◎							
	F4	十字形梁＋柱	◎		◎	◎							
	F5	T形柱梁	◎		◎	◎							
	F6	草字头型梁柱一体构件	◎		◎	◎			◎				
其他构件	Q1	楼梯板	◎	◎	◎	◎	◎	◎	◎	◎	◎	◎	单跑、双跑
	Q2	叠合阳台板	◎	◎	◎	◎						◎	
	Q3	无梁板柱帽								◎			
	Q4	杯形基础							◎	◎	◎		
	Q5	全预制阳台板	◎	◎	◎	◎	◎					◎	
	Q6	空调板	◎	◎	◎	◎	◎						
	Q7	带围栏阳台板	◎	◎	◎	◎	◎						
	Q8	整体飘窗		◎									
	Q9	遮阳板	◎	◎	◎	◎	◎						
	Q10	室内曲面护栏板	◎	◎	◎	◎	◎	◎	◎	◎	◎	◎	
	Q11	轻质内隔墙板	◎	◎	◎	◎	◎	◎	◎	◎	◎	◎	

（续）

类别	编号	名称	应用范围										说明
			混凝土装配整体式				混凝土全装配式					钢结构	
			框架结构	剪力墙结构	框剪结构	筒体结构	框架结构	薄壳结构	悬索结构	单柱厂房结构	无梁板结构		
其他构件	Q12	挑檐板	◎	◎	◎	◎							
	Q13	女儿墙板	◎	◎	◎	◎							
	Q13-1	女儿墙压顶板	◎	◎	◎	◎							

98. 制作 PC 构件有哪几种工艺？

常用 PC 构件的制作工艺有两种：固定式和流动式（见图 3-15）。

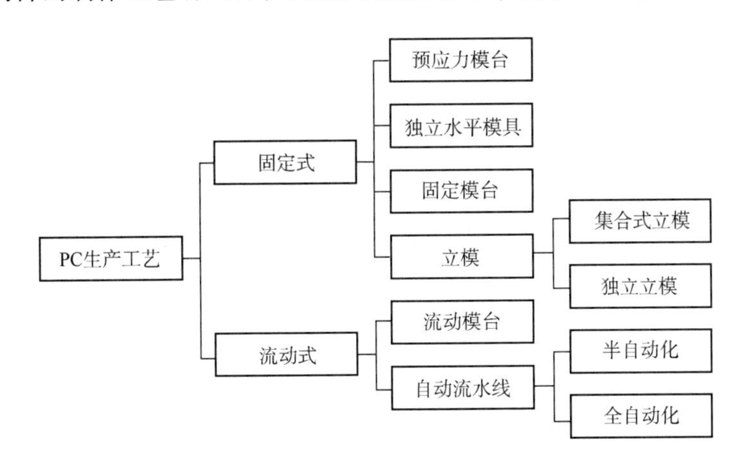

图 3-15 常用 PC 构件的制作工艺

固定方式是模具固定在固定的位置不动，通过制作人员的流动来完成各个模具上构件制作的各个工序，包括固定模台工艺、立模工艺和预应力工艺等。

流动方式是模具在流水线上移动，制作工人相对不动，等模具循环到自己的工位时重复做本工位的工作，也称作流水线工艺，包括流动模台式工艺和自动流水线工艺。

不同的 PC 构件制作工艺各有优缺点，采用何种工艺与构件类型和复杂程度有关，与构件品种有关，也与投资者的偏好有关。一般一个新工厂的建设应根据市场需求、主要产品类型、生产规模和投资能力等因素首先确定采用什么生产工艺，再根据选定的生产工艺进行工厂布置，然后选择生产设备。

需要说明的是，PC 构件一般情况下是在工厂内制作的（图 3-16），这种情况下可以选择以上任何一种工艺。但如果建筑工地距离工厂太远，或通往工地的道路无法通行运送构件的大型车辆，也可在选择在工地现场生产（图3-17）。针对边远地区无法建厂又要搞装配式混凝土建筑，亦可以选择移动方式进行生产，即在项目周边建设简易的生产工厂，等该项目结束后再将该简易工厂转移到另外一个项目，像草原牧民的游牧式生活一样，因此，可移动的工厂也被称为游牧式工厂，见图3-18。

日本东京大宫高层住宅因道路无法通过运输构件的大型车辆，在工地建的临时PC工厂。

图3-16　普通预制构件生产厂

图3-17　工地临时工厂

图3-18　移动式（游牧式）工厂

99. 什么是固定模台工艺和无模台独立模具？

(1) 固定模台工艺

我们已经知道固定式的生产工艺共有三种形式，分别是：固定模台工艺、立模工艺和预应力工艺，其中固定模台工艺是固定方式生产最主要的工艺，也是PC构件制作应用最广的工艺。

固定模台在国际上应用很普遍，在日本、东南亚地区以及美国和澳洲应用比较多，其中在欧洲生产异型构件以及工艺流程比较复杂的构件（图3-19），也是采用固定模台工艺。

固定模台是一块平整度较高的钢结构平台，也可以是高平整度高强度的水泥基材料平台。以这块固定模台作为PC构件的底模，在模台上固定

图3-19　带飘窗的剪力墙板构件

构件侧模，组合成完整的模具。固定模台也被叫作底模、平台或台模。

固定模台工艺的设计主要是根据生产规模的要求，在车间里布置一定数量的固定模台，组模、放置钢筋与预埋件、浇筑振捣混凝土、养护构件和拆模都在固定模台上进行。固定模台生产工艺中，模具是固定不动的，作业人员和钢筋、混凝土等材料在各个固定模台间“流动”。绑扎或焊接好的钢筋用吊车送到各个固定模台处；混凝土用送料车或送料吊斗送到固定模台处，养护蒸汽管道也通到各个固定模台下，PC 构件就地养护；构件脱模后再用吊车送到构件存放区。

固定模台工艺可以生产柱、梁、楼板、墙板、楼梯、飘窗、阳台板、转角构件等各式构件。它的最大优势是适用范围广，灵活方便，适应性强，启动资金较少，见效快，固定模台见图 3-20。

（2）无模台独立模具

有些构件的模具自带底模，如立式浇筑的柱子，在 U 形模具中制作的梁、柱、楼梯、阳台板、转角板等其他异形构件。自带底模的模具不用固定在固定模台上，底模相当于微型固定模台，其他工艺流程与固定模台工艺一样。

独立模具（图 3-21）往往需要单独浇筑和养护，会占一定的车间面积，因此在厂房规划中应当预留出来独立模具的生产区域，以备生产大型构件和异型构件使用。

图 3-20　固定模台及模台上的模具

图 3-21　独立模具——楼梯立模
（照片由山东天意机械有限公司提供）

100. 什么是流动模台工艺？

流动式生产工艺有两种不同的形式：一种是流动模台工艺，另一种是自动化流水线工艺。两者的根本区别在于自动化程度的高低，其中自动化程度较低的是流动模台工艺，自动化程度较高的是自动化流水线工艺。目前国内的生产线自动化程度普遍不高，绝大多数都属于流动模台工艺，见图 3-22 ~ 图 3-24。

图 3-22　流动模台生产线（照片由鞍重股份公司提供）

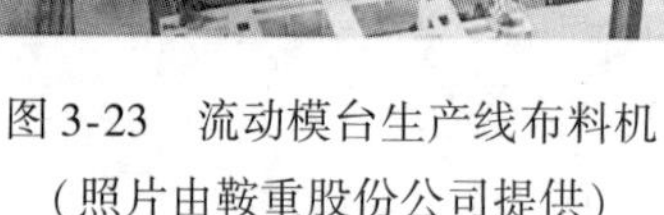
图 3-23　流动模台生产线布料机
（照片由鞍重股份公司提供）

图 3-24　流动模台生产线模标准台
（照片由鞍重股份公司提供）

流动模台（也称之为“移动台模”或“托盘”），是将标准订制的钢平台（规格一般为4m×9m）放置在滚轴或轨道上，使其移动。首先在组模区组模；然后移动到放置钢筋和预埋件的作业区段，进行钢筋和预埋件入模作业；然后再移动到浇筑振捣平台上进行混凝土浇筑；完成浇筑后模台下的平台震动，对混凝土进行振捣；之后，模台移动到养护窑进行养护；养护结束出窑后，移到脱模区脱模，构件或被吊起，或在翻转台翻转后吊起，然后运送到构件存放区。

流动模台主要设备由固定脚轮或轨道、模台、模台转运小车、模台清扫机、划线机、布料机、拉毛机、码垛机、养护窑、倾斜机等常用设备组成，每一个设备都需要专人操作，并且是独立运行。流动模台工艺在划线、喷涂脱模剂、浇筑混凝土、振捣环节部分实现了自动化，可以集中养护、在制作大批量同类型板类构件时，可以提高生产效率、节约能源、降低工人劳动强度。

流动模台适合板类构件的生产。如：非预应力叠合楼板、剪力墙板、内隔墙板、以及标准化的装饰保温一体化板。

流动模台生产工艺是中国比较独特的生产工艺，在国外应用较少，虽然是流水线方式，但自动化程度比较低。目前中国PC构件主要是剪力墙构件，很多构件一个边预留套筒或浆锚孔，另外三个边预留出钢筋，且出筋复杂，很难实现全自动化。在国外，要不就上自动化程度很高的流水线，要不就上固定模台工艺，很少有人选择这种折中型的生产工艺。像我们这种自动化程度较低的流水线，是世界装配式建筑领域的一个特例。

101. 什么是自动流水线工艺？

简单地说，自动流水线工艺就是高度自动化的流动模台工艺，见图3-25、图3-26。在实际应用中，自动流水线又可分为全自动流水线工艺和半自动流水线工艺两种，下面分别阐述。

图3-25　全自动流水线

图3-26　全自动流水线翻转机

（1）全自动流水线

全自动流水线由混凝土成型流水线设备以及自动钢筋加工流水线设备两部分组成。通过电脑编程软件控制，将这两部分设备自动衔接起来，实现图纸输入、模板自动清理、机械手划线、机械手组模、脱模剂自动喷涂、钢筋自动加工、钢筋机械手入模、混凝土自动浇筑、机械自动振捣、电脑控制自动养护、翻转机、机械手抓取边模入库等全部工序都由机械手来自动完成，是真正意义上自动化、智能化的流水线。

全自动流水线在欧洲、南亚、中东等一些国家应用较多，一般用来生产叠合楼板和双面叠合墙板以及不出筋的实心墙板。法国巴黎和德国慕尼黑各有一家PC构件工厂，采用智能化的全自动流水线，年可产110万m^2叠合楼板和双层叠合墙板，流水线上只有6个工人。

除了价格昂贵之外，限制国内全自动化流水线使用的主要原因是该流水线的适用范围较窄，主要适合标准化的不出筋墙板和叠合楼板等板类构件，或者是需求量很大的单一类型的构件。而我们国家目前广泛推广的剪力墙结构体系中的构件，除了很少量的不出筋叠合楼板之外，其他构件均难以应用这种全自动流水线。

（2）半自动流水线

与全自动流水线相比，半自动流水线仅包括了混凝土成型设备，不包括全自动钢筋加工设备。半自动化流水线将图纸输入、模板清理、划线、组模、脱模剂喷涂、混凝土浇筑、振捣等工序实现了自动化，但是钢筋加工、入模仍然需要人工作业。可以说，钢筋加工完成后是自动入模还是人工入模是区分全自动流水线与半自动流水线的标志。

半自动流水线也是只适合标准化的板类构件，如非预应力的不出筋叠合楼板、双面叠合墙板、内隔墙板等。夹心保温墙板也可以生产，但是不能实现自动化和智能化，组模、放置保温材料、安放拉结件等工序需要人工操作。

半自动流水线的主要设备有：固定脚轮或轨道、模台转运小车、模台清扫设备、组模机械手（含机械手放线）、边模库机械手、脱模剂喷涂机、自动布料机、柔性振捣设备、码垛机、养护窑、翻转机、倾斜机等。

102. 什么是预应力工艺?

由于预应力混凝土具有结构截面小、自重轻、刚度大、抗裂度高、耐久性好和材料省等特点，使得该技术在装配式领域中得到了广泛的应用，特别是预应力楼板在大跨度的建筑中应用广泛。

预应力工艺是 PC 构件固定生产方式的一种，可分为先张法预应力工艺和后张法预应力工艺两种，预应力 PC 构件大多用先张法工艺。

(1) 先张法

先张法预应力混凝土构件生产时，首先将预应力钢筋，按规定在钢筋张拉台上铺设张拉，然后浇筑混凝土成型或者挤压混凝土成型，当混凝土经过养护，达到一定强度后拆卸边模和肋模，放张并切断预应力钢筋，切割预应力楼板。先张法预应力混凝土具有生产工艺简单、生产效率高、质量易控制、成本低等特点。除钢筋张拉和楼板切割外，其他工艺环节与固定模台工艺接近（图 3-27）。

先张法预应力生产工艺适合生产叠合楼板、预应力空心楼板、预应力双 T 板以及预应力梁等。

(2) 后张法

后张法预应力混凝土构件生产，是在构件浇筑成型时按规定预留预应力钢筋孔道，当混凝土经过养护达到一定强度后，将预应力钢筋穿入孔道内，再对预应力钢筋张拉，依靠锚具锚固预应力钢筋，建立预应力，然后对孔道灌浆。后张法预应力工艺生产灵活，适宜于结构复杂、数量少、重量大的构件，特别适合于现场制作的混凝土构件。图 3-28 是一个后张法异型预应力梁。

现在也有人研发了组合式后张法预应力楼板，就是将带孔的小块板组合成大块楼板，用后张法将其连接成整体。这种工艺可用于低层装配式建筑的楼板。

图 3-27　先张法预应力楼板

图 3-28　后张法预应力梁

103. 什么是立模工艺?

立模工艺是用竖立的模具垂直浇筑成型的制作方法，一次生产一块或多块构件。立模工艺与平模工艺（普通固定模台工艺）的区别是：平模工艺构件是“躺着”浇筑的，而立模工艺构件是立着浇筑的。立模工艺有占地面积小、构件表面光洁、垂直脱模、不用翻转等优点。

立模有独立立模和集合式立模两种。

立着浇筑的柱子或侧立浇筑的楼梯板属于独立立模，见图3-29。

图3-29 独立立模——楼梯模具

集合式立模（图3-30）是将多个构件并列组合在一起制作的生产工艺，可用来生产规格标准、形状规则、配筋简单的板式构件，如轻质混凝土空心墙板。

并列式组合模具由固定的模板、两面可移动模板组成。在固定模板和移动模板内壁之间是用来制造预制构件的空间。

上面介绍的是固定式生产工艺中的立模工艺。随着立模工艺的发展迭代，现在已经出现了一种流动式并列组合立模工艺，主要用来生产低层建筑和小型装配式建筑中的墙板构件。

流动并列式组合立模（见图3-31）可以通过轨道运输移送到各个工位，组装立模→钢筋绑扎→浇筑混凝土；最后被运到养护窑集中养护，达到一定强度后再运到脱模区进行脱模，从而完成组合立模生产墙板的全过程。其主要优点是可以集中养护构件。流动式组合立模多应用在轻质隔墙板生产工艺中，工艺成熟、产量高、自动化程度较高。

图3-30 固定集合式立模（内墙板生产用）

图3-31 流动集合式立模（内隔墙板生产用）

104. 各种PC制作工艺的适用范围及优缺点各是什么？

每一种生产工艺适宜的范围不同，都有各自的优缺点，投入的成本也不一样。我们把各种生产工艺对产品的适用范围、优点、缺点以及产能与投资的大致关系做成了一个表格，供读者参考，见表3-7。

表 3-7　各种工艺适用范围和优缺点比较

序号	比较项目	固定式				流动式	
		固定模台	立模		预应力	全自动流水线	流动模台
			集约式	独立式			
1	适用范围（可生产构件）	梁、叠合梁、莲藕梁、柱梁一体、柱、楼板、叠合楼板、内墙板、外墙板、T形板、L形板、曲面板、楼梯板、阳台板、飘窗、夹心保温墙板、后张法预应力梁、各种异形构件	轻质内隔墙板和其他形状及配筋规则不出筋的规格化墙板	柱、剪力墙板、楼梯板、T形板、L形板	预应力叠合楼板、预应力空心楼板、预应力双T板、预应力实心楼板、预应力梁	不出筋的楼板、叠合楼板、内墙板和双面叠合剪力墙板	楼板、叠合楼板、剪力墙内墙板、剪力墙外墙板、夹心保温墙板、阳台板、空调板等板式构件
2	优点	1. 适用范围广 2. 可生产复杂构件 3. 生产安排机动灵活，限制较少 4. 投资少、见效快 5. 租用厂房就可以启动。可用于工地临时工厂	1. 工厂占地面积小 2. 产品没有抹压立面 3. 模具成本低 4. 节约人工 5. 节省能源 6. 构件不用翻转	1. 产品没有抹压立面 2. 适合生产T形板和L形板等三维构件，对剪力墙结构体系减少工地后浇混凝土有利 3. 构件不用翻转 4. 与固定模台相比，占地面积小	预应力板制作的不可替代的工艺	1. 自动化、智能化程度高 2. 产品质量好，不易出错 3. 生产效率非常高 4. 大量节省劳动力	1. 比固定模台工艺节约用地 2. 在放线、清理模台、喷脱模剂、振捣、翻转环节实现了自动化 3. 钢筋、模具和混凝土定点运输，运输线路直接，没有交叉 4. 以上实现自动化的环节节约劳动力 5. 集中养护在生产量饱满时可节约能源 6. 制作过程质量管控点固定，方便管理

（续）

序号	比较项目	固定式				流动式	
		固定模台	立模		预应力	全自动流水线	流动模台
			集约式	独立式			
3	缺点	1. 与流动模台相比同样产能占地面积大10%～15% 2. 可实现自动化的环节少 3. 生产同样构件，振捣、养护、脱模环节比流水线工艺用工多 4. 养护耗能高	适用范围太窄，目前只适用于轻质内隔墙板等形状规则、规格统一、配筋较疏的板式构件	1. 可实现自动化的环节少 2. 生产同样构件，振捣、养护、脱模环节比流水线工艺用工多 3. 养护耗能高	适用范围窄、产品单一	1. 适用范围太窄 2. 要求大的市场规模 3. 造价太高 4. 投资回收周期长或者较难	1. 适用范围较窄，仅适于板式构件 2. 投资较大 3. 制作生产节奏不一样的构件时，对效率影响较大 4. 对生产均衡性要求较高；不易做到机动灵活 5. 一个环出现问题会影响整个生产线运行 6. 生产量小的时候浪费能源 7. 不宜再租用厂房设施
4	综合评价	适用于： 1. 产品定位范围广的工厂，特别是梁柱等非板式构件其他工艺不适宜 2. 市场规模小的地区 3. 受投资规模限制的小型工厂或启动期 4. 没有条件马上征地的工厂	是制作内隔墙板的较好方式	可作为固定模台或流水线工艺的重要补充，生产三维构件	适合大跨度建筑较多地区	适合市场规模很大的地区、规格化不出筋的板式构件。按目前我国规范和结构体系，如果出筋自动化没有解决，不大适宜	适合市场规模较大地区的板式构件工厂

 105. 世界其他国家（地区）都是用什么工艺来制作PC构件的？

选择什么样的制作工艺与装配式建筑的结构类型和构件的市场规模有关。

1）日本是目前世界上装配式混凝土结构建筑最多的国家，超高层PC建筑很多，PC技术比较完善。日本的高层建筑主要是框架结构、框剪结构和筒体结构，最常用的PC构件是梁、柱、外墙挂板、叠合楼板、预应力叠合楼板和楼梯等。柱梁结构体系的柱、梁等构件不适合在流水线上制作，日本PC墙板大都有装饰面层，也不适于在流水线上制作。所以，日本大多数PC工厂主要采用固定模台工艺，日本最大的PC墙板企业高桥株式会社也是采用固定模台工艺。日本只有叠合楼板用流水线工艺，自动化智能化程度也比较高。国内有人把固定模台工艺说成是落后的工艺，或许是由于对PC工艺不了解，或许是由于对流水线工艺有偏好，世界上目前PC技术最先进的国家——日本的大多数PC工厂采用固定模台工艺，至少说明这种工艺的适用性。

2）欧洲多层和高层建筑主要是框架结构和框剪结构，构件主要是暗柱板（柱板一体化）、空心墙板、叠合楼板和预应力楼板，以板式构件为主。欧洲主要采用流水线工艺，自动化程度比较高。

3）美国和大洋洲较多使用预应力梁、预应力楼板和外挂墙板等PC构件，采用固定方式制作。

4）泰国装配式建筑多为低层建筑，以（带暗柱）的板式构件为主，连接方式采用欧洲技术。也使用后张法预应力墙板。有一家位于曼谷的建筑企业使用欧洲的全自动化生产线，每月能提供180～250m^2的别墅150套。

 106. 什么样的PC制作工艺更适合中国的剪力墙结构体系？

许多人都想当然地以为制作PC构件必须有流水线，上流水线意味着技术“高大上”，意味着自动化和智能化，甚至有的用户把有没有流水线作为选择PC构件供货厂家的前提条件。这是一个很大的误区。

就目前世界各国情况看，品种单一的板式构件、不出筋且表面装饰不复杂，使用流水线才可以最大限度地实现自动化，获得较高效率。但这样的流水线投资非常大。只有在市场需求较大、稳定且劳动力比较贵的情况下，才有经济上的可行性。

国内目前生产墙板的流水线其实就是流动的模台，并没有实现自动化，与固定模台比没有技术和质量优势，生产线也很难做到匀速流动；并不节省劳动力。流水线投资较大，适用范围却很窄。梁、柱不能做，飘窗不能做，转角板不能做，转角构件不能做，各种异形构件不能做。日本是PC建筑的大国和强国，也只是不出筋的叠合板用流水线。欧洲也只是侧边不出筋的叠合板、双面叠合剪力墙板和非剪力墙墙板用自动化流水线。只有在构件标准化、规格化、专业化、单一化和数量大的情况下，流水线才能实现自动化和智能化。就目前看只有不出筋叠合板可以实现高度自动化。但自动化节约的劳动力并不能补偿巨大的投资。

从目前中国装配式建筑主要 PC 构件的类型看，上全自动化生产线效能并不高。流水线也不是 PC 化初期的必然选择，尤其在举国开展装配式建筑的形式下，对于一些装配式市场规模较小的地区，固定模台是更为经济合理的选择。

不同工艺对制作常用 PC 构件的适用范围可参考图 3-32。

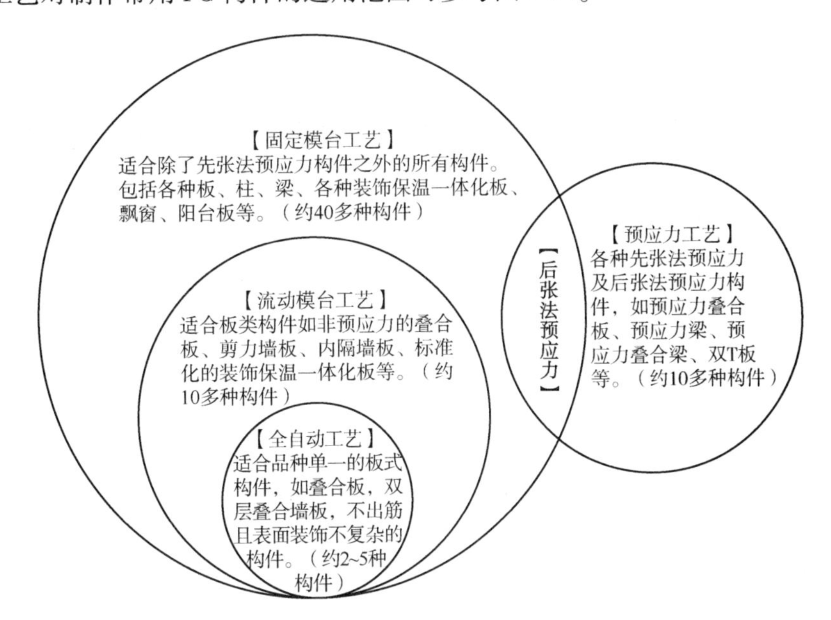

图 3-32　制作工艺对常用 PC 构件的适用范围

107. 什么是等同原理？

（1）等同原理定义

PC 建筑结构设计的基本原理是等同原理。也就是说，通过采用可靠的连接技术和必要的结构与构造措施，使装配整体式混凝土结构与现浇混凝土结构的效能基本等同。

实现等同效能，结构构件的连接方式是最重要最根本的。但并不是仅仅连接方式可靠就高枕无忧了，必须对相关结构和构造做一些加强或调整，应用条件也会比现浇混凝土结构限制得更严。

（2）装配式建筑设计特点

按着现行装配式建筑行业标准和国家标准规定，装配式建筑的设计有以下特点：

1）装配式混凝土建筑的结构模型和计算与现浇结构相同，仅对个别参数进行微调整。

2）装配式建筑配筋与现浇相同，只是在连接处或其他个别部位加强，比如柱子套筒区域钢筋加强。

3）钢筋连接部位不仅在每个构件同一截面内达到 100%，而且每一个楼层的钢筋连接都在同一高度。由此，装配式建筑竖向构件的连接设计要格外仔细，对制作和施工环节的要求要清晰、明确、具体。

4）装配式剪力墙水平缝受剪承载力计算与现浇相同。

5）在混凝土预制与现浇的结合面设置粗糙面、键槽等抗剪构造措施。

（3）等同原理的落实情况

等同原理不是一个严谨的科学原理，而是一个技术目标。目前，柱梁结构体系大体上实现了这个目标，而在剪力墙结构体系上的实现还有距离。比如，建筑最大适用高度降低、边缘构件现浇等规定，表明在技术效果上（或者是放心程度上）尚未达至等同。

108. 什么是拆分设计？拆分设计的内容、原则、步骤是什么？

（1）什么是拆分设计

装配整体式结构拆分是设计的关键环节。拆分基于多方面因素：建筑功能性和艺术性、结构合理性、制作运输安装环节的可行性和便利性等。拆分不仅是技术工作，也包含对约束条件的调查和经济分析。拆分应当由建筑、结构、预算、工厂、运输和安装各个环节技术人员协作完成。

建筑外立面构件拆分以建筑艺术和建筑功能需求为主，同时满足结构、制作、运输、施工条件和成本因素。建筑外立面以外部位结构的拆分，主要从结构的合理性、实现的可能性和成本因素考虑。

（2）拆分设计的主要内容

分为总体拆分设计、连接节点设计和构件设计。

1）总体拆分设计

①确定现浇与预制的范围、边界。

②确定结构构件在哪个部位拆分。

③确定后浇区与预制构件之间的关系，包括相关预制构件的关系。例如，确定楼盖为叠合板，由于叠合板钢筋需要伸到支座中锚固，支座梁相应地也必须有叠合层。

④确定构件之间的拆分位置，如柱、梁、墙、板构件的分缝处。

2）节点设计。

节点设计是指预制构件与预制构件、预制构件与现浇混凝土之间的连接。最主要的内容是确定连接方式和连接处构造设计。

3）构件设计。

构件设计是将预制构件的钢筋进行精细化排布，设备埋件进行准确定位、吊点进行脱模承载力和吊装承载力验算，使每个构件均能够满足生产、运输、安装和使用的要求。

拆分设计时：

①进行构件尺寸的设计，因为构件尺寸不仅影响节点连接方式，还影响构件制作的难易程度及运输、吊装设备的型号。

②构件尺寸确定后，需要设计每个构件的模板图，在模板图中明确标出粗糙面、模板台面、脱模预埋件、吊装预埋件、支撑预埋件的位置。

③模板图完成后需要将各构件的钢筋按照规范及计算结果进行排布，准确定位。

④检查各预埋件与钢筋之间的碰撞情况，并进行微调。

⑤统计各预制构件的材料用量并形成材料统计表。

(3) 拆分设计的原则

拆分设计应遵循以下原则：

1）符合国家标准《装标》和行业标准《装规》的要求。

2）确保结构安全。

3）有利于建筑功能的实现。

4）符合环境条件和制作、施工条件，便于实现。

5）经济合理。

(4) 拆分设计的步骤

拆分设计步骤见图 3-33。

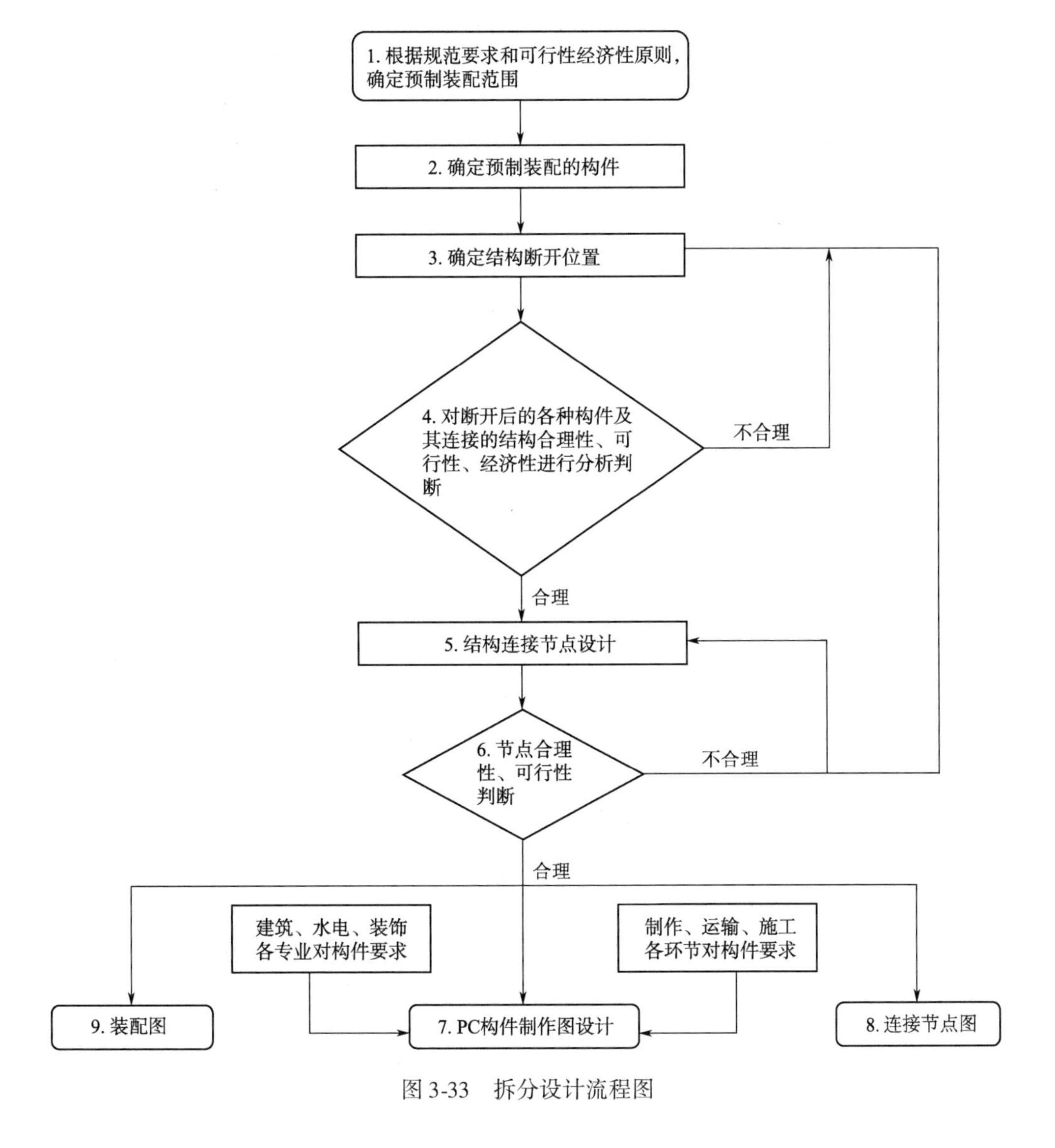

图 3-33　拆分设计流程图

109. 拆分图纸应包括哪些内容？

构件拆分图纸包括：设计总说明、拆分平面图、连接节点详图、构件模板图、配筋图、夹心保温构件拉结件、非结构专业的内容、产品信息标识等。

（1）设计总说明包括

1）依据规范，按照建筑和结构设计要求和制作、运输、施工的条件，结合制作、施工的便利性和成本因素，进行结构拆分设计。

2）设计拆分后的连接方式、连接节点、出筋长度、钢筋的锚固和搭接方案等，确定连接件材质和质量要求。

3）进行拆分后的构件设计，包括形状、尺寸、允许误差等。

4）对构件进行编号。构件有任何不同，编号都要有区别，每一类构件有唯一的编号。

5）设计预制混凝土构件制作和施工安装阶段需要的脱模、翻转、吊运、安装、定位等吊点和临时支撑体系等，确定吊点和支撑位置，进行强度、裂缝和变形验算，设计预埋件及其锚固方式。

6）设计预制构件存放、运输的支承点位置，提出存放要求。

7）构件编号。构件有任何不同，都要通过编号区分。例如构件只有预埋件位置不同，其他所有地方都一样，也要在编号中区分，可以用横杠加序号的方法。

8）材料要求。

9）混凝土强度等级，当同样构件混凝土强度等级不一样时，如底层柱子和上部柱子混凝土强度等级不一样，除在说明中说明外，还应在构件图中注明。

10）当构件不同部位混凝土强度等级不一样时，如柱梁一体构件柱与梁的混凝土强度等级不一样，除在总说明中说明外，还应在构件图中注明。

11）夹心保温构件内外叶墙板混凝土强度等级不一样时，应当在构件图中说明。

12）须给出构件安装时必须达到的强度等级。

13）当采用套筒灌浆连接方式时：须确定套筒类型、规格、材质，提出力学物理性能要求；提出选用与套筒适配的灌浆料的要求。

14）当采用金属波纹管成孔浆锚搭接连接方式时，给出金属波纹管的材质要求。

15）当采用内模成孔浆锚搭接连接方式时，给出试验验证的要求。

16）提出选用与浆锚搭接适配的灌浆料的要求。

17）当后浇区钢筋采用机械套筒连接时：选择机械套筒类型，提出技术要求。

18）给出表面构件特别是清水混凝土构件钢筋间隔件的材质要求，不能用金属间隔件。

19）对于钢筋伸入支座锚固长度不够的构件，确定机械锚固类型，给出材质要求。

20）给出预埋螺母、预埋螺栓、预埋吊点等预埋件的材质和规格要求。

21）给出预留孔洞金属衬管的材质要求。

22）确定拉结件类型，给出材质要求和试验验证要求。

23）给出夹心保温构件保温材料的要求。

24）如果设计有粘在预制构件上的橡胶条，给出材质要求。

25）对反打石材、瓷砖提出材质要求。

26）对反打石材的隔离剂、不锈钢挂钩提出材质和物理力学性能要求。

27）给出电器埋设管线及防雷引下线等材料的要求。

28）给出构件拆模需要达到的强度。

29）给出构件安装需要达到的强度。

30）给出构件质量检查、堆放和运输支承点位置与方式。

31）给出构件安装后临时支承的位置、方式，给出临时支撑可以拆除的条件或时间要求。

（2）拆分平面图

1）楼板拆分图需给出一个楼层楼板的拆分布置，标识楼板。

2）凡是布置不一样或楼板拆分不一样的楼层都应当给出该楼层楼板布置图。

3）平面面积较大的建筑，除整体楼板拆分图外，还可以分成几个区域给出区域楼板拆分图。

（3）连接节点详图

包括楼板连接详图；墙体连接详图；后浇区连接节点平面、配筋，后浇区连接节点剖面图；套筒连接或浆锚搭接详图。

（4）构件模板图

1）构件外形、尺寸、允许误差。

2）构件混凝土量与构件重量。

3）使用、制作、施工所有阶段需要的预埋螺母、螺栓、吊点等预埋件位置、详图；给出预埋件编号和预埋件表。

4）预留孔眼位置、构造详图与衬管要求。

5）粗糙面部位与要求。

6）键槽部位与详图。

7）墙板轻质材料填充构造等。

（5）配筋图

除常规配筋图、钢筋表外，配筋图还须给出：

1）套筒或浆锚孔位置、详图、箍筋加密详图。

2）包括钢筋、套筒、浆锚螺旋约束钢筋、波纹管浆锚孔箍筋的保护层要求。

3）套筒（或浆锚孔）、出筋位置、长度允许误差。

4）预埋件、预留孔及其加固钢筋。

5）钢筋加密区的高度。

6）套筒部位箍筋加工详图，依据套筒半径给出箍筋内侧半径。

7）后浇区机械套筒与伸出钢筋详图。

8）构件中需要锚固的钢筋的锚固详图。

（6）夹心保温构件拉结件

1）拉结件布置。

2）拉结件埋设详图。

3）拉结件锚固要求。

（7）非结构专业的内容

与 PC 构件有关的建筑、水电暖设备等专业的要求必须一并在 PC 构件中给出，包括（不限于）：

1）门窗安装构造。

2）夹心保温构件的保温层构造与细部要求。

3）防水构造。

4）防火构造要求。

5）防雷引下线埋设构造。

6）装饰一体化构造要求，如石材、瓷砖反打构造图。

7）外装幕墙构造。

8）机电设备预埋管线、箱槽、预埋件等。

（8）产品信息标识

为了方便构件识别和质量可追溯，避免出错，PC 构件应标识基本信息。日本许多 PC 构件工厂采用埋设信息芯片用扫描仪读取信息的方法（见图 3-34）。国内一些地方政府也要求 PC 构件必须埋设 RFID 射频芯片。产品信息应包括以下内容：构件名称、编号、型号、安装位置、设计强度、生产日期、质检员等。

图 3-34　产品标识及预埋 RFID 射频芯片

110. 装配式建筑与传统现浇建筑在施工上有什么不同？

装配式建筑与传统现浇建筑在施工有以下几个方面的不同：

1）作业环节不同，增加了预制构件的安装和连接。

2）管理范围不同，不仅管理施工现场，还要前延到 PC 构件的制作环节，例如：技术交底、计划协调、构件验收等。

3）与设计的关系不同，以往是按照图样施工，现在设计要考虑施工阶段的要求，例如：构件重量、预埋件、机电设备管线、现浇节点模板支设预埋等。设计阶段由被动式变成互动式。

4）施工计划不同，施工计划分解更详细，年计划、月计划、周计划、日计划等。不同工种要有不同工种的计划。

5）所需工种不同，除传统现浇工种外又增加了起重工、安装工、灌浆料制备工、灌浆工及部品安装工。

6）施工设备不同，装配式建筑施工需要吊装大吨位的预制构件，因此对起重机设备要求不同。

7）施工工具不同，装配式建筑施工需要专用吊装架、灌浆料制备工具、灌浆工具以及安装过程中专用工具。

8）施工设施不同，装配式建筑施工需要施工中固定预制构件使用的斜支撑、叠合楼板的支撑、外脚手架、防护措施等。

9）测量放线的工作量不同，装配式建筑施工中测量放线的工作量加大。

10）施工精度要求不同，现浇部位与PC构件连接处的精度要求比传统现浇建筑高。

111. 在装配式建筑项目前期决策阶段，开发商需做哪些工作？

在前期决策阶段，开发商应针对以下三个层面做好相应的工作。

（1）政府层面

开发商需要清楚了解政府对项目的装配式要求。例如，楼盘整体的预制率要求、几栋楼需要执行装配式建筑方案等，这些要求必须在项目前期阶段充分地了解并理解政府的开发意图。

（2）市场层面

开发商还应同时完成对市场的调查，市场对装配式建筑的认可度如何？是如何理解装配式建筑的，是否清楚装配式建筑带来的提升与改变？对全装修装配式的品质和特点是否清楚？对这一类问题的研究，是决定装配式建筑方案如何制定实施的市场依据。

（3）资源层面

开发商应全面了解实现装配式建筑方案所需的各项资源，具体包括：

1）自身条件：自身的经济条件是否可以支持搞装配式、是否有装配式的成功经验及相应的装配式建筑人才队伍。

2）项目所在地条件：项目所在地的构件拆分技术水平、构件生产技术水平、构件生产厂家的规格和过往业绩、施工队是否有装配式建筑施工的相关经验，等。

3）国内技术条件：开发商也应宏观加以考虑和关注，目前国内装配式建筑的技术进展或突破。从前的技术条件不允许或无法实现的项目，是否可以依靠现在的新兴技术来实现。

112. 在装配式建筑方案阶段，开发商须确定哪些事项？

在装配式建筑方案阶段，开发商应该和设计方一起共同确认建筑物的建筑方案、结构形式、预制率等内容。具体包括以下几个方面：

（1）建筑风格

装配式对于建筑物的建筑风格、结构形式有一定的影响。目前装配式建筑普遍采用装配式剪力墙结构、装配式框架-核心筒结构。这些结构形式可以适用于大部分的建筑风格。

（2）预制率的确定与分配

在决定建筑物的预制率的时候，开发商应通盘进行考虑。较高的预制率可以拿到政府的相关补助，但是会造成建筑安装成本的增加。提高预制外墙的使用可以避免外架的使用，节约相应的费用。

（3）全装修和CSI

对于是否使用全装修，需要从营销的角度进行考虑。全装修可以提升整体的建筑品质，提高房地产商的利润，但是增加了相应的施工难度，考验房地产公司与总包公司的管理及资源整合的能力。实施CSI则需考虑建筑未来使用改造的可能性。如果未来住宅可能会更改住宅的平面布置、水电管线位置，使用CSI的理念进行设计是一个很好的选择，但建筑安全成本费用有可能增加。

（4）部品集成化

对于是否采用建筑部品集成化、标准化的思路进行设计，需考虑使用以上技术的必要性。相比于传统建筑，装配式建筑更需考虑设计模数的标准化，这样在生产装配式建筑及施工的时候会大大增加便利性，降低相关成本。

（5）项目承包方式

项目的承包方式，是总承包还是分别承包，需要在方案阶段做出决策。这对后续选择各环节的合作单位起着指导性的作用。

（6）BIM技术

BIM技术对装配式建筑的增益效果是显著的，但是BIM的应用需从设计阶段开始，开发商需要在方案阶段就做出是否使用BIM的决策，这样BIM的全链条信息化管理才能最有效地发挥它的功能。

113. 开发商应如何选择设计单位？为什么要求设计单位对装配式建筑设计包括拆分设计负全责？

开发商选择设计单位要充分考虑如下要点：

（1）设计单位应具有足够的经验

对于装配式建筑的设计单位，是否有多个项目的成功设计经验是十分必要的。对于较成熟的设计方在设计初就会加入装配式设计的相关考虑，规避一些装配式建筑设计风险。有经验的设计单位会与房地产公司协作采取装配式设计模数化、构件部品一致化、组合多样化的设计思路，从而达到节约成本，施工简便的效果。目前，少数设计院具备装配式建筑的经历；对于某些地域，不具备这样资质的设计院，开发商应要求当地设计团队中的设计师或者工程师有装配式建筑的个人经历；如果还不能满足，则应要求设计院与有经验的团队合作完成设计工作。

(2) 设计单位应具有足够的配合协同能力

在装配式建筑的设计及使用过程中，设计方需要能够充分考虑到开发商、预制构件厂和施工单位的不同需求，与之充分沟通，共同深化图样。例如在施工图设计阶段就要考虑内装修的相关要求。内装修设计及供货单位应协同各细部尺寸。

(3) 设计单位应具有运用一些全新设计思路的能力

例如CSI与建筑部品集成化。CSI与建筑部品集成化是未来工业化住宅的发展方向，它不同于以往的设计思路及理念，是建筑全过程管理的一部分。这些新技术要求设计单位精通水、电、安装、装修、维护运营等各过程，形成一个完备部品集成化体系，并协调各个供应商、施工单位进行资源整合。

(4) 设计单位能够熟练地将BIM应用在项目管理中

BIM并不只是为设计服务的，而是全过程管理的一个重要工具。这些都需要设计单位与房地产公司共同合作一同将BIM运用扩充，使之发挥更大的作用。

同时，开发商应要求设计单位对装配式建筑设计包括拆分设计负全责。目前，很多装配式建筑的建筑设计与拆分设计有着不同的责任人，拆分设计不理解原设计者的设计意图，对设计没有整体的系统性概念，导致拆分设计出现许多问题。开发商应认识到，真正合理的结构拆分是由整体概念决定的，而不是由具体的拆分实现的。目前主流的由构件厂拆分，再由机构盖章的模式，只能作为一个过渡方案，最终开发商还是要寻找稳定的可以完全负责的设计方。这样责任明晰、管理清晰的模式才是搞装配式建筑设计的正途。

114. 开发商须向设计单位提出哪些要求？

开发商须向设计单位提出如下相关要求：

(1) 决策阶段的要求

开发商应根据自身对产品的定位，在决策阶段和设计单位商讨设计意图：装配率按多少设计？如何合理配置装配率？要不要全装修？市场的需求如何？要不要使用BIM？这些都需要和设计方商讨清楚。以上海为例，上海的市场需求，要求装配式住宅必须配置飘窗，而装配式建筑恰恰不适合搞飘窗。于是上海的装配式建筑特意搞出了整体飘窗（图3-35）这一产品，来适应上海市场的特殊需求。总之，要让设计单位清楚明白开发商的意图和想法，保证设计单位能够正确理解，提前应对可能出现的问题。

图3-35　整体飘窗

(2) 设计阶段的要求

基础的设计要求应包括以下几点：

1）设计院设计的装配建筑的平面布置要简

单、规则，应考虑承重墙体、柱上下对应贯通，尤其是凸出与挑出部分不宜过大，平面体型除应符合建筑功能及结构设计要求外，尚应符合建筑节能体型系数的要求。

2）装配整体式建筑的平面布局应满足结构设计的要求，在建筑结构允许的条件下，宜优先选用大开间、大进深，以满足建筑功能的需求与其可变性。

3）装配整体式建筑墙体门窗洞口端部实墙的长度应满足结构受力的要求。最好避免设置转角窗。

4）装配整体式建筑平面设计应充分考虑设备管线与结构体系的关系。对于管线布置过于密集的区域宜采用现浇处理。住宅厨房与卫生间平面功能分区宜合理，符合建筑模数要求。住宅厨房、卫生间上下宜相邻布置，便于集中设置竖向管线、竖向通风道或机械通风装置。

5）装配整体式住宅建筑平面设计应考虑卫生间、厨房设备和家具产品及其管线布置的合理性。全装修建筑，在设计概念阶段就应该与供应商和精装设计单位沟通，共同制定房间尺寸。

除此之外，开发商还应要求设计院与工厂运输安装等环节进行充分的互动，把需要衔接协同的环节在设计阶段就考虑清楚，不要出现遗漏或者冲突。使预选的工厂和施工单位前期就介入工作，和设计院进行互动，这样就会解决许多的后续疑难问题。

（3）设计阶段须关注的重点

1）装配式建筑的安全性。装配式建筑整体需要有鲁棒性的考虑，由于装配式构件是由一个个构件组成的，需要考虑单个构件结构失效对整个建筑物的影响。

2）构件的科学拆分。水平构件主要包括预制楼板、预制阳台空调板、预制楼梯等。非受力构件包括 PCF 外墙板及提升建筑整体美观性的装饰构件等。

对构件的拆分主要考虑五个因素：一是构件受力合理；二是满足构件制作、运输和吊装的尺寸重量等要求；三是需要满足预制构件配筋的构造要求；四是需要满足构件间连接和安装施工的要求；五是需要满足预制构件标准化设计的要求，最终达到“少规格、多组合”的目的。对于预制构件，应尽量控制并减少预制构件的种类和连接节点种类。

3）连接节点的设计。连接节点的设计与施工是装配式结构的重点和难点。保证连接节点的性能是保证装配式结构性能的关键。首先开发商要确保构件连接形式的安全性，需要选定可靠的连接方式，例如套筒、三明治外墙拉结件并指定合格的品牌和型号。

4）避免错漏碰缺。在装配式构件设计过程中要做好一次二次设计，避免错、漏、碰、缺。在设计过程中按照检查表一项项核对装配式设计影响的因素。例如在设计叠合板过程中要考虑板上线管是否能够顺利铺设，楼座的放线洞口是否留在叠合板上。在设计 PC 外墙时需要考虑是否预留外墙爬架或无外架体系的锚固点，是否需要留设塔式起重机或施工电梯的扶墙壁制作锚固点等。构件内部品重合的例子：室内插座一般是在踢脚线上面 20 ~ 30cm 的位置，装配式建筑结构剪力墙的套筒连接区就在这个位置，这样就需要重新考虑插座的位置。

115. 开发商应如何选择总承包单位？

工程总承包是指从事工程总承包的企业受业主委托，按照合同约定对工程项目的可行性研究、勘察、设计、采购、施工、试运行（竣工验收）等实行全过程或若干阶段的承包。工程总承包企业对承包工程的质量、安全、工期、造价全面负责。

2016 年 6 月，住房和城乡建设部发布《关于进一步推进工程总承包发展的若干意见》建市［2016］93 号文，提出优先采用工程总承包模式，加强工程总承包人才队伍建设。工程总承包企业要高度重视工程总承包的项目经理及从事项目控制、设计管理、采购管理、施工管理、合同管理、质量安全管理和风险管理等方面的人才培养。

总承包模式对于装配式建筑有着得天独厚的优势。装配式建筑在设计上有其独特性，尤其是各个不同的供应商的设计生产施工体系都各不相同，需要从设计阶段、生产阶段和施工阶段就开始紧密配合，所以与传统的设计、制造、施工分离的承包模式不同，采用 EPC 总承包模式能发挥更好的效率，有助于降低成本，提高施工效率。

开发商选择装配式建筑施工单位时应充分考虑如下方面：

（1）是否拥有足够的实力和经验

国内同时拥有施工和设计最高资质的总承包单位并不是很多，开发商要仔细甄选其中有装配式设计和施工经验的总承包单位。首先作为一家有实力的总承包单位应该在当地具有一定的市场份额和良好的市场口碑，其次该总承包单位应该有丰富的装配式设计施工经验。一般有丰富经验的总承包单位往往拥有自己独到的装配式设计和施工思路与方法。这是区别于无经验的总承包单位的显著特征。

（2）是否能够投入足够的资源

很多总承包单位拥有很强的实力，但由于项目过多难免在一些项目上无法投入足够的人力物力。在选择总承包单位前开发商应做好调研并与总承包单位做好沟通。总承包单位提供的关键管理人员是否能够达到开发商的要求，与总承包配合的构件生产企业是否有足够的产能，这些都应该是考虑的重点。

116. 开发商应如何选择装配式建筑监理单位?

开发商选择装配式建筑监理单位时应考虑如下方面：

（1）监理单位应充分了解装配式建筑的相关规范

目前装配式建筑正处于发展的初期阶段，相关法规、标准并不健全，也还不成体系。监理单位应充分了解关于装配式建筑的相关规范，并能够运用在日常监督工作中。

（2）监理公司关于装配式建筑应有足够的监理经验

目前关于装配式建筑的设计思路，施工的工艺工法有很多，有些在整个行业上还没有达成共识。这就给监理单位在审查和监督施工的施工组织设计过程中，带来很大的困扰。监理公司的监理经验，将发挥重大的作用。

（3）监理公司的信息化能力

装配式建筑的监理单位应掌握 BIM 及相关信息化管理的能力。实现预制构件产品的全生产周期监督、生产过程监控系统、施工及安全施工缺陷管理系统，提高信息化水平。

具体选择监理单位时，可以通过招标的方式，了解多个监理单位的监理计划和方案，再择优选择。选择时，要严格把控该监理单位是否有装配式建筑监理的业绩或经验，参加项目的人员是否经过相应的专业培训，监理单位是否拥有装配式建筑监理的管理流程和管理体系等。

117. 开发商应如何选择装配式建筑构件厂？

目前我国已取消对预制构件企业的资质审查认定工作，这无形中降低了构件生产的进入门槛，也导致了一些地区预制构件生产项目的盲目上马。如何选取一个合格的预制构件供应商是房地产开发商面临的普遍难题。

构件厂的选择一般有三种形式：总承包方式、工程承包方式和甲方指定。一般情况下不建议采用甲方指定，避免出现问题后相互推诿。但即使是前两种模式选择构件厂家时，开发商也要参与过程考察并设定一些指标。

一个合格的预制构件供应商应具有如下条件：

（1）有一定的从业经验

最好具备一定的图样深化和图样拆分能力。对于装配式建筑的研究，大多数开发商还不太专业，那么一个相对专业的设计、生产单位对于开发商来说是个不错的选择。但构件生产单位是一个新兴的行业，经历时间都不是很长，像日本企业那样经验丰富的厂家在国内是十分稀少的。所以只能选相对经验丰富的厂家，或业绩较好的厂家，即使自己没有好的业绩但联合有好业绩的厂家。有经验的预制构件企业在初步设计阶段就提早介入，提出模数标准化的相关建议。另外在预制构件施工图设计阶段，预制构件企业需要对建筑图样有足够的拆分能力与深化设计能力，考虑构件可生产性、可安装性和整体建筑的防水防火性能。

（2）有足够的生产能力

能够同时供应多个建筑工地。产量方面具有可调性，有能力应对突发的产量需求。

（3）有完善的质量控制体系

目前国家对于预制构件生产并没有相关配套的质量体系要求。这就需要预制构件企业有足够的质量自控能力，在材料供应、检测试验、模具生产、钢筋制作绑扎、混凝土浇筑、预制件养护脱模、预制件储存、交通运输等方面都要有相应的规范和质量体系管控。

（4）有基本的生产设备及场地

对于构件厂还应有一些基本的条件：首先，要有试验检测设备及专业人员，对于进场材料要进行检测，如果实验室都没有，那就不具备基本的做构件的能力。其次，基本生产设施要齐全，比如养护设施，可以是简易的大棚，也可以是蒸养窑，但是这种养护设置可以保证生产质量及效率。比如堆放场地，也是构件厂的基本要素，否则生产规模、供应能力都会受限。

（5）信息化能力

预制构件企业应有独立的生产管理系统，垂直整合上下游，致力于生产管理系统和BIM兼容性研究，实现预制构件产品的全生命周期管理、生产过程监控系统、生产管理和记录系统、远程故障诊断服务等信息系统软件的开发和实施，提高信息化水平。目前一些构件生产厂家还没有实现信息化管理的能力，简单有效的管理方式也是可以的。

118. 开发商在装配式建筑所用材料与建筑部件的采购方面应注意哪些事项？

装配式建筑在我国很多城市还是比较新鲜的事物，对于装配式建筑的一些建筑材料更是如此。有些材料，国家及设计方没有明确的要求，有的材料生产的厂家较少，寻找资源比较困难，这些都对装配式建筑采购带来了一些问题。

对于以上问题，在建筑材料采购过程中应注意以下事项：

（1）影响结构安全的部件和材料

对于影响结构安全的部件的选用一定要明确详细的标准，如套筒、灌浆料、拉结件等要选择符合国家标准且要选择质量稳定、厂家信誉较好的产品。套筒的强度和材质，灌浆料的强度和收缩性，而且还要考虑其相容性；既要考虑强度也要考虑保温节能问题。

（2）影响建筑功能的部件和材料

对于有外围护的保温材料，构件间的防水密封材料，室内的整体式厨卫部品，分水器分电器及干法地暖等，保温材料要关注其材质、保温性能、防火性能；外墙缝隙的防水密封材料要关注其防水性能、弹性、压缩性和耐久性等。

（3）影响施工安全的部件和材料

预埋材料的质量及吊装用具的质量关乎现场安全生产，是人命关天的大事，因此更应关注。预埋的吊点、螺母、钢板等材质、质量，吊装作业用的工具（吊车）、吊具、锁具、钢丝绳等应进行重点关注。

甲方宜指定产品或指定标准的材料有：

对于套筒、灌浆料、坐浆料、拉结件、保温材料、外墙胶、整体卫浴、整体厨房、干法地暖、分水分电器等宜进行甲方供货或指定厂家品牌。

对于初期采用装配式的项目，施工总包单位相对经验不足，应对起重机、吊具、注浆工具、预埋件、轻质内隔墙体系等的型号、材质、数量、指标提出要求或指定品牌、厂家。

119. 开发商如何在装配式建筑施工过程中协调好参建各方？

开发商在装配式建筑施工全过程中，要从以下四个维度分别做好参建各方的协调工作。

（1）早期协调

不能像现浇建筑什么事都在现场处理。在项目启动初期，开发商要组织设计单位（含拆分）、构件生产单位（含模具生产单位）、部品部件供应单位（甲供材单位：套筒、保温、拉结件、门窗厂）、总包单位等召开协调会，主要落实装配式建筑的结构方案，采用何种的装配式结构，如框架、框架-剪力墙、框架-核心筒、剪力墙；采用何种预制混凝土构件如外墙（三明治外墙、外挂墙板、叠合墙板）、叠合板、叠合梁、柱、楼梯、内墙板等；采用何种连接方式，如套筒灌浆连接、钢筋浆锚搭接，采用哪个厂家的套筒和灌浆料；拉结件采用何种材质（金属材质还是非金属材质），选用哪个厂家；是否采用BIM设计及管理，是否做装修房等。保温采用何种材质的材料，门窗采用何种连接方式，外立面采用何种装饰材料（涂料、瓷砖反打）。然后启动方案设计，这个过程中户型、外立面要结合构件拆分来设计，避免先做结构设计再进行构件拆分。构件拆分要考虑生产、运输、吊装的要求。协调各家的作业周期：如设计的设计周期，模板厂家的制作周期，生产厂家的生产周期、材料的供应周期等。各厂家是否能满足甲方的要求。早作协调是为了明确甲方设计指导书及工期计划。

（2）定期协调

样板主要包括材料样板和施工样板。对于在装配式施工的每一个材料样板，应提交给设计单位及PC预制厂一同批准，主要包括金属套筒、套筒用灌浆料、吊装坐浆料、防水条、防水布等。开发商应协调施工单位把每个工序做法的第一次施工，作为施工样板，邀请设计单位、制作单位及监理一块现场见证并给出相应的意见。施工样板主要包括：叠合板安装、预制外墙安装、预制内墙安装、预制楼梯安装、套筒灌浆等。在预制构件安装时还要着重关注水电管线的预留及连接等问题。

共同验收是指，开发商在施工进行到一个阶段后，协调设计单位、制作单位、监理单位、施工单位对完成的装配式进行共同验收。主要检查完成的装配式建筑是否满足设计意图、能否具备相应功能、相应水电管线设备是否受到影响，能否满足相应功能等。

（3）专题协调

遇到一些专门的问题要协调。对于在实施阶段问题比较多的项目，甲方应组织专业协调会议。每周或每两周邀请设计单位、制作单位、施工单位及监理一块定时参加。主要讨论预制件在生产、运输、储存、吊装、防水节点和成品保护等方面遇到的各种问题。

（4）即时协调

可以通过建立微信群，随时随地进行协调沟通。开发商要起到中枢的作用。其中很重要的作用就是把设计、施工、监理协调起来，这种工作只有开发商能协调好。

最后要强调：协调中一定要解决具体的问题，要有问题清单，解决的目标，各个环节落实的具体东西，协调是要有结果的，要形成讨论纪要，落实的情况，下次会一定要有落实情况的回馈和评析。

120. 装配式建筑运用BIM对开发商有什么好处?

装配式建筑中运用BIM技术对开发商的好处主要体现在以下几点：

（1）全链条信息化管理

装配式建筑的核心要义是集成，而BIM技术则是“集成”的主线。开发商可以用这条主线串联起设计、生产、施工、装修和管理的全过程，服务设计、建设、运维、拆除的全生命周期，可以信息化描述各种系统要素，实现信息化协同设计、可视化装配，工程量信息的交互和节点连接模拟及检验等全新运用，整合建筑全产业链，实现全过程、全方位的信息化集成。常规预制装配式建筑的建设模式是设计→工厂制造→现场安装，但设计、工厂制造、现场安装三个阶段是分离的，设计得不合理，往往只能在安装过程中才会被发现，造成变更加浪费，甚至影响结构质量。而运用 BIM 可以较好地解决这些问题。

（2）避免或减少出错

开发商可以将设计方案、制造需求、安装需求集成在 BIM 模型中，在实际建造前统筹考虑设计、制造、安装等环节，把实际制造、安装过程中可能产生的问题提前消灭。结构、水、电等相关专业在设计自身图纸时，参考 BIM 图纸做出初步优化。在将各专业的图纸一同纳入 BIM 平台后，BIM 图纸中可能会出现各种“冲突”“缺失”等问题，各相关专业和建筑专业再根据出现的具体问题一同进行深度优化。另外可通过 BIM 实现管线综合排布，进一步合理排布管线的相关位置及间距，进而可实现设计的优化。在实施精装修工程的项目，可以利用 BIM 做模拟样板间，通过模拟样板间检查各部品的位置设计是否合理，尤其是水电点位的位置。

对于装配构件，设计单位根据 BIM 以及施工图进行拆分。建立装配式建筑的 BIM 构件库，就可模拟工厂加工的方式，以“预制构件模型”的方式来进行系统集成和表达。另外，在深化设计、构件生产、构件吊装等阶段，都可以采用 BIM 进行构件的模拟、碰撞检验与三维施工图的绘制，来避免现场安装时的大量出错，见图 3-36。

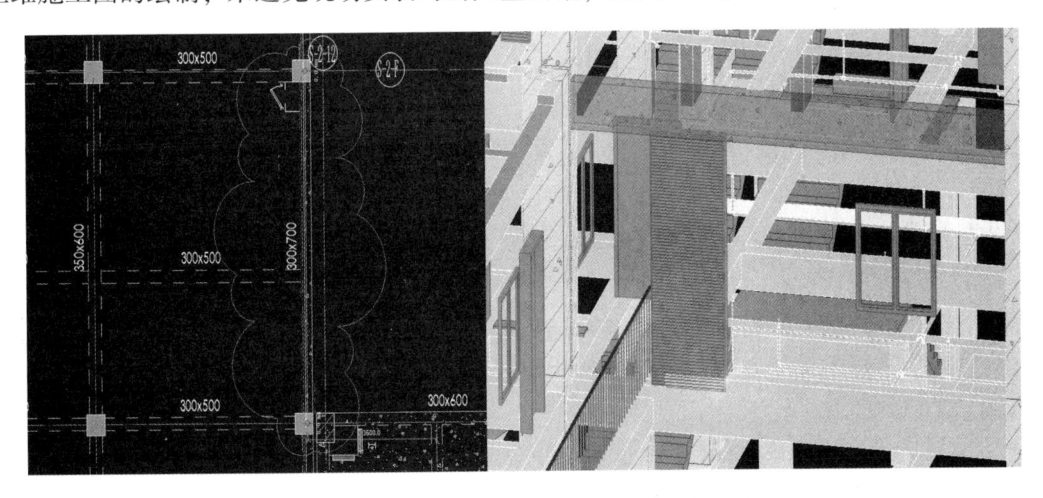

图 3-36　BIM 辅助设计实例：窗高与结构梁高碰撞

（3）可视化管理

采用 BIM 设计，一键生成立体三维图形，可以直观体现管线的走向、间距、位置、碰撞等问题；可以对现场复杂节点如梁柱节点、管线交叉排布做可视交底；可以模拟实楼样板搭建，检查错漏碰缺等缺陷，以减少后期的拆改；通过可追踪定位系统随时统计并可视不同区域工作人员的数量位置，对于非安全区域的人员进出管理提供帮助，见图 3-37。

（4）工期的可控性

BIM 可实现验收的管理。对于每天的工序施工，可通过 BIM 系统进行完工确认，这样就会知道每天的施工进度是否满足计划要求；BIM 还可以自动生成进度计划与实际进度的

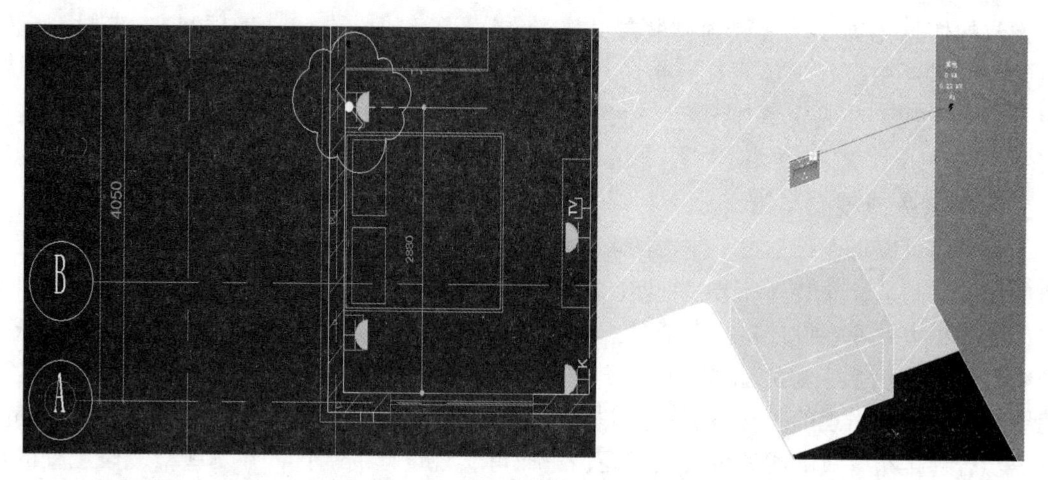

图 3-37　BIM 可视化管理实例：开关面板与插座面板重合

对比偏差，有利于工期的管控。

(5) 精细化管理

BIM 还可以实现对现场材料计划的管理，各种材料进场数量、使用情况、剩余情况进行统计，有利于材料的采购，避免出现不必要的剩余，BIM 可根据工序验收情况自动生成已完工程人、材、机用量及成本情况，通过这些可实现现场的精细化管理。

由此可见，BIM 的运用将使预制装配式技术更趋完善合理。

121. 装配式混凝土建筑是如何提高全过程施工安全的？

装配式建筑本身的施工体系就可以大大提高整个建筑施工过程的安全。

1）大量的现浇混凝土建筑构件改为预制构件，这使得工地作业人员大幅度减少。同时，高空作业工时也大幅缩短，这样使高空坠落和高空坠物的可能性降低。采取预制外墙板，大幅减少了建筑外架施工，这样也就相应减少了工人在高空户外施工，提高了在结构主体施工过程中的安全性。

2）工厂作业环境和安全管理的便利性好于工地。装配式建造体系将大量的钢筋绑扎、模板架子搭设和混凝土浇筑工作从工地搬到了工厂，从高空搬到了平地，从全人工施工换作了机械化流水化施工。这一系列变化给建筑施工创造了良好的环境，同时也便于对每个工序进行安全管理和质量管理。

3）生产线的自动化和智能化进一步提高了生产过程的安全性。近些年，很多预制混凝土工厂引进了自动化的预制混凝土构件流水线，进一步解放了工人的双手，使工作人员从一个工作的直接参与者变成了生产线的管理者。这样大大提高了施工人员的安全性，从根本上减少了意外的发生。

4）工厂工人比工地工人相对稳定，安全培训的有效性更强。工厂的工人与工地上的传统施工人员最大的不同就是：工厂人员稳定按工作时间结算工资，而工地工人流动性较强，通常按照劳动量结算工资。因此工厂工人不会担心未来的工作问题，所以能够把心思集中到工作中的各项要求中去，不会因抢工而忽视安全要求。

值得注意的是，尽管装配式建筑与现浇建筑相比有以上安全优势，但同时也出现了新的安全防范特点和重点。一方面，吊装作业的大幅增加需要给予更多安全施工方面的关注，相应的安全问题在施工期间要着重强调；另一方面，在现场，临时支撑作业（图 3-38）取代了模板作业，也产生了新的防范特点与重点。这些新的问题需要在施工过程中得到重视，以保证施工安全。

图 3-38　PC 外墙临时支撑作业

122. 开发商为何不能长期依赖政府给予发展装配式建筑的优惠政策？

世界各国发展装配式建筑，或多或少地经历了国家和政府政策扶持的起步阶段，但是未来装配式想要真正发展起来，靠的还是行业内部的产业化与市场化，以及自身技术和管理水平的提升。长期依赖政府的持续性优惠政策是不现实的。因此，开发商应做好如下工作。

1）首先，开发商要探索自身发展装配式的优势所在，依靠自身在整个地产开发链的龙头地位，积极主动地完成国家政府对于装配式建筑的要求，而不是被动地应付差事。在实现装配式建筑要求的同时，探索各个环节可以改变和提升的关键点，提高效率并降低成本。开发商还要充分理解装配式建筑的优势和特点，并结合市场和消费者的需求，逐步找到一条合理的发展装配式建筑产品的道路。

2）此外，开发商还应在宏观层面上，积极推动装配式建筑的产业化和市场化，让装配式建筑不再是“奢侈品”，而是成熟的、高性价比的通用产品。只有市场化才能从根本上降低和控制成本，才能从自身层面上不再依赖政府的帮扶来发展装配式建筑。

第 4 章　监理单位如何进行监理

123. 装配式混凝土建筑监理工作有什么特殊性？

装配式混凝土建筑工程的监理工作在许多方面与现浇混凝土工程一样，但也存在一些不同之处，主要表现为以下几点：

（1）监理的范围扩大

监理范围外延，从施工工地外延至部品部件制作工厂和工厂供应商。主要包括（不限于）：

1）PC 构件工厂。

2）为 PC 构件工厂提供桁架筋、钢筋网片等钢筋加工厂。

3）集成式厨房工厂。

4）集成式卫生间工厂。

5）整体收纳工厂。

6）其他部品工厂。

（2）依据的规范增加

除了依据现浇混凝土建筑所依据的所有规范外，还增加了如下规范（不限于）：

1）关于装配式混凝土建筑的国家标准《装配式混凝土建筑技术标准》GB/T 51231—2016。

2）关于装配式混凝土建筑的行业标准《装配式混凝土结构技术规程》JGJ 1—2014。

3）关于钢筋套筒灌浆连接的行业标准《灌浆套筒灌浆连接应用技术规程》JGJ 355—2015。

4）关于灌浆套筒的行业标准《钢筋连接用灌浆套筒》JG 398—2012。

5）关于套筒灌浆料的行业标准《钢筋连接用套筒灌浆料》JG/T 408—2013。

6）关于灌浆材料的国家标准《水泥基灌浆材料应用技术规程》GB/T 50448—2015。

7）关于装配式钢结构建筑的国家标准《装配式钢结构建筑技术标准》GB/T 51232—2016。

8）关于装配式木结构建筑的国家标准《装配式木结构建筑技术标准》GB/T 51233—2016。

9）关于钢筋机械连接的行业标准《钢筋机械连接技术规程》JGJ 107—2016。

10）关于预应力钢筋的国家标准《预应力混凝土用钢绞线》GB/T 5224—2014。

此外，一些省、市还制定了关于装配式建筑的地方标准，见本书附录。

（3）安全监理的增项

在安全监理方面，主要增加了以下内容：

1）工厂构件制作、搬运、存放过程的安全监理。

2）构件从工厂到工地运输过程的安全监理。

3）构件在工地卸车、翻转、吊装、连接、支撑的安全监理等。

（4）质量监理的增项

1）工厂原材料和外加工部件、模具制作、钢筋加工等监理。

2）套筒灌浆抗拉试验。

3）拉结件试验验证。

4）浆锚灌浆内模成孔试验验证。

5）钢筋、套筒、金属波纹管、拉结件、预埋件入模或锚固监理。

6）预制构件隐蔽工程验收。

7）工厂混凝土质量监理。

8）工地安装质量和钢筋连接环节（如套筒灌浆作业环节）质量监理。

9）叠合构件和后浇混凝土的混凝土浇筑质量监理等。

（5）监理方式的变化

1）装配式建筑的结构安全有不同于现浇结构的“脆弱”点，需要增加旁站监理环节。

2）装配式建筑在施工过程中一旦出现问题，能采取的补救措施较少，监理工作难度提高，对监理预先发现问题的能力要求更高。

3）装配式建筑施工规范还不够全面和细化，监理工作需要更多地去积累经验和完善。

124. 装配式建筑监理工作有哪些主要内容？

装配式建筑的监理工作内容除了现浇混凝土工程所有监理工作内容之外，还包括以下内容：

1）搜集齐全关于装配式建筑的国家标准、行业标准和项目所在地的地方标准。

2）在本企业已有的装配式建筑监理细则和工作程序基础上，对项目出现的新工艺、新技术、新材料等，编制监理细则与工作程序。

3）应甲方要求，在甲方遴选总承包、设计、制作、施工企业时，提供技术性支持。

4）参与组织设计、制作、施工方的协同设计。

5）参与组织设计交底与图纸审查，重点检查预制构件图各个专业、各个环节预埋件、预埋物可能存在的遗漏或“撞车”。

6）对预制构件工厂进行驻厂监理，全面监理构件制作各环节的质量与安全，详见本章 130 问～148 问。

7）对装配式建筑安装进行全面监理，监理各作业环节的质量与安全，详见本章 149 问～174 问。

8）组织工程验收，详见本章第 175、第 176 问。

125. 监理单位应具备哪些条件？

监理单位除了应具备依法取得相应企业资质外，从事装配式建筑工程的监理工作还应具备以下条件：

1）最好从事过装配式建筑工程监理业务，有实际业绩。但在装配式建筑开展初期，具备这样条件的监理企业比较少，这个条件可以适当放宽。

2）如果监理单位没有装配式建筑的监理业绩与经验，可以同有业绩和经验的监理单位合作，或者聘用有经验的总监，没有装配式经验的监理人员应当接受装配式建筑监理业务的专业培训，且对现浇混凝土工程监理很有经验。

3）在运用BIM进行全链条管理的项目中，监理人员应当熟悉并能应用BIM技术。

4）企业内部应制定装配式建筑全过程各个环节的监理细则与工作程序。

126. 总监和监理人员应掌握哪些装配式建筑知识？

装配式建筑监理人员包括总监、驻厂监理和施工现场监理，这些监理人员不仅要掌握监理基础业务知识和传统现浇建筑的相关知识，还应按管理范围掌握相应的装配式建筑知识。

（1）各级监理人员都应当掌握的装配式建筑基本知识

1）什么是装配式建筑（见本书第1章第1问）。

2）装配式建筑国家标准《装配式混凝土建筑技术标准》GB/T 51231—2016、行业标准《装配式混凝土结构技术规程》JGJ 1—2014和（本章第123问所列）其他标准中关于材料、制作和施工的规定。

3）装配式混凝土建筑的预制构件及适用结构体系（本书表3-6常用PC构件分类表）。

4）装配式建筑构件连接的基本知识（见本章第158问），特别是套筒灌浆基本原理（见本书图5-6套筒灌浆原理图）和监理要点（见本章第166问）等。

5）装配式建筑图纸会审和技术交底的要点（见本章第129问）。

（2）驻工厂监理应掌握的构件制作知识

1）构件制作工艺基本知识（见本书第3章第98～106问）。

2）构件制作方案审核的主要内容（见本章第128问）。

3）驻厂监理的工作内容与重点（见本章第130问）。

4）构件制作原材料和部件基本知识和监理要点（见本章第131问）。

5）三项试验的规定与套筒灌浆试验方法（见本章第132问）。

6）模具基本知识和监理要点（见本章第133、第134问）。

7）PC构件装饰一体化基本知识和监理要点（见本章第135问）。

8）钢筋加工基本知识和监理要点（见本章第136问）。

9）钢筋、套筒、金属波纹管、预埋件、内模等入模固定的基本知识与监理要点（见本章第 137 问）。

10）预制构件制作隐蔽工程验收要点（见本章第 138 问）。

11）预制构件混凝土浇筑基本知识和监理要点（见本章第 140 问）。

12）预制构件混凝土取样试验监理要点（见本章第 141 问）。

13）预制构件养护基本知识和监理要点（见本章第 142 问）。

14）预制构件脱模、翻转基本知识和监理要点（见本章第 143 问）。

15）预制构件堆放、运输基本知识和监理要点（见本章第 145 问）。

16）预制构件检查验收的规定（见本章第 146 问）。

17）预制构件档案与出厂证明文件的要求（见本章第 147 问），等。

（3）驻工地现场监理应掌握的装配式混凝土建筑施工知识

1）装配式混凝土建筑施工监理项目与重点（见本章第 149 问）。

2）装配式建筑施工方案审核的主要内容（见本章第 128 问）。

3）装配式建筑施工质量体系要点（见本章第 150 问）。

4）预制构件进场检查方法与要点（见本章第 151 问）。

5）施工用材料、配件基本知识和监理要点（见本章第 152 问）。

6）集成化部品基本知识和进场验收要点（见本章第 153 问）。

7）构件在工地临时堆放、场内运输的基本知识和监理要点（见本章第 154 问）。

8）构件吊装知识与监理要点（见本章第 155、第 157、第 162、第 163 问）。

9）装配式混凝土构件连接基本知识（见本章第 160 问）。

10）构件临时支撑基本知识与监理要点（见本章第 160 问）。

11）灌浆作业旁站监理要点（见本章第 166 问）。

12）后浇混凝土隐蔽工程监理要点（见本章第 169 问）。

13）后浇混凝土浇筑监理要点（见本章第 170 问）。

14）防雷引下线基本知识与监理要点（见本章第 171 问）。

15）构件接缝基本知识与监理要点（见本章第 172 问）。

16）内装施工监理要点（见本章第 173 问）。

17）成品保护监理要点（见本章第 174 问）。

18）工程验收的规定（见本章第 175 问）。

19）工程档案规定（见本章第 176 问）。

（4）总监应掌握的知识

总监除掌握以上知识外，还应具备装配式建筑及其监理的全面知识和能力，包括：

1）装配式建筑国家标准、行业标准关于设计的规定，熟悉连接节点设计要求。

2）熟悉装配式建筑专用材料基本性能，特别是物理、力学性能。

3）熟悉吊具、吊索、构件支撑的设计计算方法，有审核设计的能力。

4）对装配式建筑构件制作与施工出现的一般性安全、质量问题有解决能力。

5）对重大问题有组织设计、制作、施工共同解决的能力。

127. 监理单位在协助甲方选择PC构件制作企业和施工企业时，重点应考察哪些内容？

监理单位在协助甲方筛选制作和施工企业时，应对企业资质、企业管理体系、以往业绩、技术力量、生产设备、生产能力、资金实力、员工素质、试验检验技术等方面进行考察，主要内容如下：

1）考察企业业绩时，重点考察是否有装配式建筑施工或者PC构件制作的经验、完成的项目、用户的评价等。如果被考察企业是第一次从事装配式建筑施工或PC构件制作，应与有业绩的企业合作或有经验的管理和技术人员等人才参与才能入围。

2）考察企业团队时，重点考察企业是否具备全面管理的能力，技术人员专业技术水平能否满足装配式建筑施工、PC构件制作的需要。

3）考察企业软硬件设施时，重点考察企业的生产设备、生产能力、工艺流程是否能够保证产品的质量。

4）考察企业管理体系时，重点考察与装配式建筑有关的管理体系及各项制度、施工吊装能力等。

5）考察制作企业试验检验技术时，重点考察是否有实验室，实验室的设备是否满足检测需要并确保产品质量符合要求。

6）考察企业资金实力时，重点考察企业资金是否充足，避免因资金不足影响后续施工进度。

128. 监理人员审核PC构件制作与施工方案时应重点审查哪些内容？

对每项装配式工程，PC工厂须制定构件制作方案，施工企业须制定施工方案，监理应当对其进行审核，审核的主要内容如下：

(1) PC构件制作方案审核

1）工厂的制作工艺是否适合于该工程的构件制作，对于不适合的构件，采取了哪些专项措施。

2）工厂生产能力是否能保证按工程进度要求交货。

3）模具数量能否保证按期交货，模具设计与选型能否实现设计要求和保证构件质量。

4）原材料的来源与品牌是否符合设计或甲方要求，特别是灌浆套筒和拉结件。各种材料入厂的检查方法与程序。

5）对外委托加工部件（如桁架筋、钢筋网片等）的厂家是否具有确保质量的履约能力。入厂检查的方法与程序。

6）模具清理、组装、脱模剂涂刷方案，质量检查方法与程序。

7）钢筋加工与入模方案，质量检查方法与程序。

8）套筒、金属波纹管、预埋件、预留孔内模、电气预埋管线箱盒入模固定方案，质量检查方法与程序。

9）芯片埋设方案。

10）隐蔽工程验收程序。

11）混凝土配合比，同一构件上有不同强度等级混凝土时的搅拌方案。

12）粗糙面形成方案，质量检查方法与程序。

13）混凝土浇筑、振捣方案，质量检查方法与程序。

14）构件养护方案，质量检查方法与程序。

15）构件脱模时间确定方法与程序。

16）构件脱模、翻转方案。

17）构件吊运方案，常用构件吊具准备，特殊构件专用吊具设计方案。

18）构件初检场地、设施与检查流程。

19）构件修补方案，质量检查方法与程序。

20）构件堆放方案，支垫位置、材料、层数、平面布置图等。

21）构件表面标识方法、内容与标识位置方案。

22）构件包装方案。

23）构件装车、固定及运输方案。

24）构件制作环节档案清单、形成办法与归档程序。

25）构件出厂检查方案。

26）构件交付资料形成与交付办法。

27）构件制作各环节安全措施、设施与护具方案。

28）各作业环节安全操作规程是否齐全，培训计划与方式。

29）文明生产措施。

30）计量系统校核周期与程序，等。

（2）PC 工程施工方案审核

PC 构件施工专项技术与质量方案的审核要点包括：

1）施工管理人员与技术工人配置是否满足施工要求。

2）起重机械设备选型是否满足构件吊装需求。

3）吊装时使用的吊具设计是否满足作业要求。

4）灌浆设备是否满足施工要求。

5）现场小型工具清单（如测量工具、临时支撑、镜子等）是否满足施工要求。

6）PC 施工材料准备是否齐全（例如灌浆料、坐浆料、密封胶条等）。

7）PC 构件进场道路与场地布置是否合理。

8）PC 构件堆放区满足材料堆放要求。

9）PC 构件进场检查验收程序。

10）PC 构件安装测量方案。

11）PC 装配式建筑安装工艺流程。

12）PC 构件吊装方案。

13）PC构件外架体安全防护方案。

14）PC构件吊装顺序。

15）临时支撑安装和拆除方案。

16）PC构件安装隐蔽验收。

17）安装误差检查与调整方法。

18）后浇部分与PC构件连接部位施工方案。

19）后浇部分模板施工方案。

20）内装修、水电专业协调施工方案。

21）灌浆作业流程。

22）灌浆套筒试件留置方案及试验程序。

23）PC构件修补方案。

24）PC工程验收依据和责任划分。

25）PC工程验收流程。

26）PC结构实体检验流程。

27）分项工程质量验收流程。

28）PC工程验收文件和记录整理。

监理人员应注意对PC构件制作与施工方案进行审核，特别是PC构件的专项技术方案和质量控制方案应是重要的审核内容。

129. 如何参与图纸会审与技术交底？

装配式建筑图纸会审与技术交底的内容与现浇建筑有所不同，监理人员参与时应注意以下问题：

（1）图纸会审要点

1）拆分图、节点图、构件图是否有原设计单位签章。有些项目拆分设计不是原设计单位设计出图，这样的图样及其计算书必须得到原设计单位的复核认可签章，方可作为有效的设计依据。

2）审核水电暖通装修专业、制作施工各环节所需要的预埋件、吊点、预埋物、预留孔洞是否已经汇集到构件制作图中，吊点设置是否符合作业要求（见表4-1、表4-2）。

避免预埋件遗漏需要各个专业协同工作，通过BIM建模的方式将设计、制作、运输、安装以及以后使用的场景进行模拟；做到全流程的BIM设计与管理，从而有效地避免预埋件的遗漏。

3）审核构件和后浇混凝土连接节点处的钢筋、套筒、预埋件、预埋管线与线盒等距离是否过密，过密的话将影响混凝土浇筑与振捣。

4）审核是否给出了套筒、灌浆料、浆锚搭接成孔方式的明确要求，包括材质、力学、物理性能、工艺性能、规格型号要求，灌浆作业后不得扰动或负荷的时间要求。

5）审核夹心保温板的设计是否给出了拉结件材质、布置、锚固方式的明确要求。

表 4-1　PC 建筑预埋件一览表

阶段	预埋件用途	可能需埋置的构件	可选用预埋件类型								备注
			预埋钢板	内埋式金属螺母	内埋式塑料螺母	钢筋吊环	埋入式钢丝绳吊环	吊钉	木砖	专用	
使用阶段（与建筑物同寿命）	构件连接固定	外挂墙板、楼梯板	◎	◎							
	门窗安装	外墙板、内墙板		◎					◎	◎	
	金属阳台护栏	外墙板、柱、梁		◎	◎						
	窗帘杆或窗帘盒	外墙板、梁		◎	◎						
	外墙水落管固定	外墙板、柱		◎	◎						
	装修用预埋件	楼板、梁、柱、墙板		◎	◎						
	较重的设备固定	楼板、梁、柱、墙板	◎	◎							
	较轻的设备、灯具固定			◎	◎						
	通风管线固定	楼板、梁、柱、墙板		◎	◎						
	管线固定	楼板、梁、柱、墙板		◎	◎						
	电源、电信线固定	楼板、梁、柱、墙板			◎						
制作、运输、施工（过程用，没有耐久性要求）	脱模	预应力楼板、梁、柱、墙板		◎		◎	◎				
	翻转	墙板		◎							
	吊运	预应力楼板、梁、柱、墙板		◎		◎		◎			
	安装微调	柱		◎	◎					◎	
	临时侧支撑	柱、墙板		◎							
	后浇筑混凝土模板固定	墙板、柱、梁		◎							无装饰的构件
	异形薄弱构架加固埋件	墙板、柱、梁		◎							
	脚手架或塔式起重机固定	墙板、柱、梁	◎	◎							无装饰的构件
	施工安全护栏固定	墙板、柱、梁		◎							无装饰的构件

表 4-2　PC 构件吊点一览表

构件类型	构 件 细 分	工 作 状 态				吊 点 方 式
		脱模	翻转	吊运	安装	
柱	模台制作的柱子	△	○	△	○	内埋螺母
	立模制作的柱子	○	无翻转	○	○	内埋螺母
	柱梁一体化构件	△	○	○	○	内埋螺母

（续）

构件类型	构件细分	工作状态				吊点方式
		脱模	翻转	吊运	安装	
梁	梁	○	无翻转	○	○	内埋螺母、钢索吊环、钢筋吊环
	叠合梁	○	无翻转	○	○	内埋螺母、钢索吊环、钢筋吊环
楼板	有桁架筋叠合楼板	○	无翻转	○	○	桁架筋
	无桁架筋叠合楼板	○	无翻转	○	○	预埋钢筋吊环、内埋螺母
	有架立筋预应力叠合楼板	○	无翻转	○	○	架立筋
	无架立筋预应力叠合楼板	○	无翻转	○	○	钢筋吊环、内埋螺母
	预应力空心板	○	无翻转	○	○	内埋螺母
墙板	有翻转台翻转的墙板	○	○	○	○	内埋螺母、吊钉
	无翻转台翻转的墙板	△	◇	○	○	内埋螺母、吊钉
楼梯板	模台生产	△	◇	△	○	内埋螺母、钢筋吊环
	立模生产	△	○	△	○	内埋螺母、钢筋吊环
阳台板、空调板等	叠合阳台板、空调板	○	无翻转	○	○	内埋螺母、软带捆绑（小型构件）
	全预制阳台板、空调板	△	◇	○	○	内埋螺母、软带捆绑（小型构件）
飘窗	整体式飘窗	○	◇	○	○	内埋螺母

说明：○为安装节点；△为脱模节点；◇为翻转节点；其他栏中标注表明共用。

6）审核后浇混凝土的操作空间是否满足作业要求，如钢筋挤压连接操作空间的要求等。

7）审核是否给出了构件堆放、运输支撑点的位置、捆绑吊装的构件捆绑点位置、构件安装后临时支撑位置与拆除时间的要求等。

8）对于建筑、结构一体化构件，审核是否有节点详图，如门窗固定窗框预埋件是否满足门窗安装要求。

9）对制作、施工环节无法或不宜实现的设计要求进行研究，提出解决办法。

（2）技术交底内容

1）设计对制作与施工环节的基本要求与重点要求。

2）制作和施工环节提出设计不明确的地方，由设计方答疑。

3）装配式混凝土建筑常见质量问题（见本书第177问）在本项目如何预防的措施。

4）装配式混凝土建筑12个关键质量问题（见本书第178～190问）在本项目如何预防的详细措施。

5）构件制作与施工过程中重点环节的安全防范措施等。

130. 装配式建筑为什么必须派驻厂监理？驻厂监理有哪些具体的监理工作内容？哪些是重点？

（1）装配式建筑必须驻厂监理的原因

装配式建筑与现浇建筑一个主要的差别就是将施工工地大量的现场混凝土作业改为了

工厂预制，增加了构件制作这一重要环节，大量的构件需要在工厂完成，构件制作的质量直接影响建筑的整体质量。为此，构件制作环节的质量控制尤为重要，监理单位作为工程质量控制的监管方必须派驻厂监理，主要有以下原因：

1）《混凝土结构工程施工质量验收规范》（GB 50204—2015）对装配式混凝土结构用预制构件的验收规定了三种方式：结构性能检测、驻厂监造和实体检验。结构性能检测和实体检验针对已制造出来的产品进行检验，属于事后控制措施，如果预制构件不合格，重新生产势必影响工程进度，而驻厂监理正是为了避免上述问题而采取的必要措施。

2）装配式建筑主体结构从原来的在施工现场现浇转移到工厂预制构件，因此监理工作内容中对于结构隐蔽工程验收工作都转换成在工厂对预制构件的隐蔽工程验收工作。隐蔽工程直接影响整体结构安全，预制构件的隐蔽工程验收工作是装配式建筑监理工作最重要的工作内容之一，必须派驻厂监理。

（2）驻厂监理的工作内容

驻厂监理的具体监理工作内容参见表 4-3。

表 4-3　装配式建筑驻厂监理工作内容表

准备	构件图纸会审与技术交底	参与
	工厂技术方案	审核
原材料	套筒或金属波纹管	检查资料，参与或抽查实物检验
	外加工的桁架筋	到钢筋加工厂监理和参与进场验收
	钢筋	检查资料，参与或抽查实物检验
	水泥	检查资料，参与或抽查实物检验
	细骨料（砂）	检查资料，参与或抽查实物检验
	粗骨料（石子）	检查资料，参与或抽查实物检验
	外加剂	检查资料，参与或抽查实物检验
	吊点、预埋件、预埋螺母	检查资料，参与或抽查实物检验
	钢筋间隔件（保护层垫块）	检查资料，参与或抽查实物检验
	装饰一体化构件用的瓷砖、石材、不锈钢挂钩、隔离剂	检查资料，参与或抽查实物检验
	一体化构件用的门窗	检查资料，参与或抽查实物检验
	防雷引下线	检查资料，参与或抽查实物检验
	须预埋到构件中的管线、埋设物	检查资料，参与或抽查实物检验
试验	钢筋套筒灌浆抗拉试验	旁站监理，审查试验结果
	混凝土配合比设计、试验	复核
	夹心保温板拉结件试验	检查资料，参与或抽查实物检验
	浆锚搭接金属波纹管以外的成孔试验验证	审查试验结果
模具	模具进场检验	检查
	模具首个构件检验	检查
	模具组装检查	抽查
	门窗一体化构件门窗框入模	抽查
	装饰一体化瓷砖或石材入模	抽查

（续）

钢筋	PC 构件钢筋制作与骨架	抽查
	钢筋骨架入模	抽查
	套筒或浆锚孔内模或金属波纹管入模、固定	检查
	吊点、预埋件、预埋物入模、固定	抽查
	隐蔽工程验收	检查、签字隐蔽工程检查记录
混凝土浇筑、养护、脱模	混凝土搅拌站配合比计量复核	检查
	混凝土浇筑、振捣	抽查
	混凝土试块取样	检查
	夹心保温板拉结件插入外叶板	检查
	静停、升温、恒温、降温控制	抽查
	脱模强度控制	审核
	脱模后构件初检	检查
夹心保温板后续制作	夹心保温构件保温层铺设	抽查
	夹心保温构件内叶板钢筋入模	抽查
	夹心保温构件内叶板浇筑	抽查
验收与出厂	构件修补	审核方案、抽查
	构件标识	抽查
	构件堆放	抽查
	构件出厂检验	验收、签字
	构件装车	抽查
	第三方检验项目取样	检查
	检查工厂技术档案	复核

（3）驻厂监理的监理重点

驻厂监理的监理重点主要包括以下 8 个方面：

1）准备阶段

①参与图纸会审：由于高层 PC 结构属于新技术，不如现浇混凝土结构及钢结构设计成熟，设计人员在设计方案制定过程当中应与制作方、施工方交流探讨，吸取经验，使得设计方案不断优化和完善。在图纸会审时，对涉及结构安全的问题，应从设计角度来解决，做到事前控制，利于现场安装和质量保证。

②审核构件制作的技术方案，熟悉构件制作流程，制定驻厂监理细则，明确监理工作流程，为后续监理工作奠定基础。

2）对工厂构件制作涉及结构安全的主要原材料进行重点检查，见证取样，跟踪复试结果。涉及构件结构安全的主要原材料有：钢筋、水泥、砂子、石子、套筒、连接件、吊点和临时支撑的预埋件等。

3）构件制作工厂大都拥有混凝土搅拌站，混凝土材料自产自用。这就要求驻厂监理按设计和规范要求重点检查混凝土配合比、留置试块情况，还需要有资质的实验室对混凝土进行试验，跟踪试验结果，保证混凝土强度。

4）重点检查连接内外叶板及保温板的拉结件锚固深度、数量设置、位置定位是否符合设计计算的要求，保证夹心保温与内外叶板形成有效、安全可靠的连接。

5）隐蔽工程验收重点检查套筒定位、钢筋骨架绑扎及钢筋锚固长度，保证装配式建筑构件自身的结构安全和竖向结构连接的安全。

6）套筒灌浆是装配式建筑中最重要的环节，因此套筒灌浆的拉拔试验是驻厂监理最重要的工作之一，要求驻厂监理旁站，审核试验结果。

7）预埋件隐蔽验收，重点检查吊点位置，否则会直接影响施工吊装安全；还要重点检查支撑定位，支撑定位直接影响构件固定及校正，从而保证施工安全。

8）混凝土浇筑完成后，驻厂监理重点检查混凝土养护，跟踪混凝土试验结果，控制构件实体强度，以此确定拆模、运输、吊装的时间，从而保证构件自身的结构安全。

131. 监理应对工厂哪些原材料和部件进行检验检查？如何检查？

驻厂监理对工厂原材料的检查应包括水泥、骨料、外加剂、掺合料、钢材、商品混凝土、水、套筒灌浆料等原材料的检查，对部件的检查应包括灌浆套筒、机械套筒、浆锚孔金属波纹管、预埋件、夹心保温构件拉结件、钢筋锚固板等部件。

（1）连接部件的检查

1）灌浆套筒（见图 4-1）

①检查灌浆套筒的构造，其中包含筒壁、剪力槽、灌浆口、排浆口、钢筋定位销需满足现行行业标准《钢筋套筒灌浆应用技术规程》和《钢筋连接用灌浆套筒》的规定。

②检查灌浆套筒材质，须符合《钢筋连接用灌浆套筒》给出的材料性能。

③检查灌浆套筒的尺寸偏差是否符合《钢筋连接用灌浆套筒》的规定，详见表 4-4。

④检查灌浆套筒的钢筋锚固深度是否满足《钢筋套筒灌浆连接应用技术规程》。

⑤检查灌浆套筒的尺寸是否满足结构设计需求。

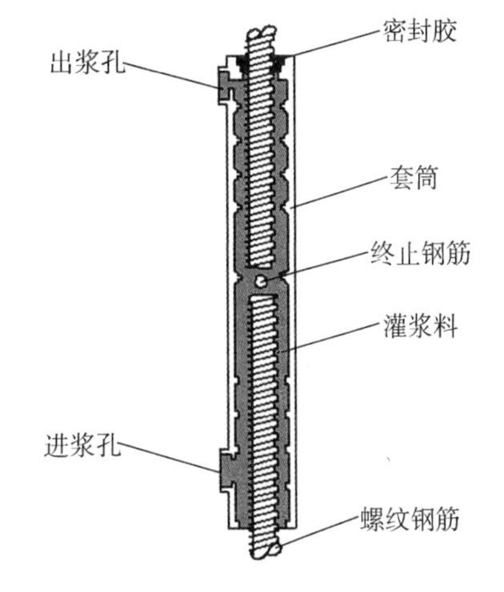

图 4-1　套筒灌浆原理图

表 4-4　灌浆套筒尺寸偏差表

序号	项　目	灌浆套筒尺寸偏差					
		铸造灌浆套筒			机械加工灌浆套筒		
1	钢筋直径/mm	12～20	22～32	36～40	12～20	22～32	36～40
2	外径允许偏差/mm	±0.8	±1.0	±1.5	±0.6	±0.8	±0.8
3	壁厚允许偏差/mm	±0.8	±1.0	±1.2	±0.5	±0.6	±0.8

（续）

序号	项　目	灌浆套筒尺寸偏差	
		铸造灌浆套筒	机械加工灌浆套筒
4	长度允许偏差/mm	±(0.01×L)	±2.0
5	锚固段环形凸起部分的内径允许偏差/mm	±1.5	±1.0
6	锚固段环形凸起部分的内径最小尺寸与钢筋公称直径差值/mm	≥10	≥10
7	直螺纹精度	—	GB/T 197 中6H级

注：L—灌浆套筒的长度。

2）机械套筒和注胶套筒（见图4-2、图4-3）：

①检查机械连接套筒的性能和应用是否符合现行行业标准《钢筋机械连接技术规程》的规定。

②检查注胶套筒型号、套筒长度、套筒直径、限位档和钢筋锚固长度。

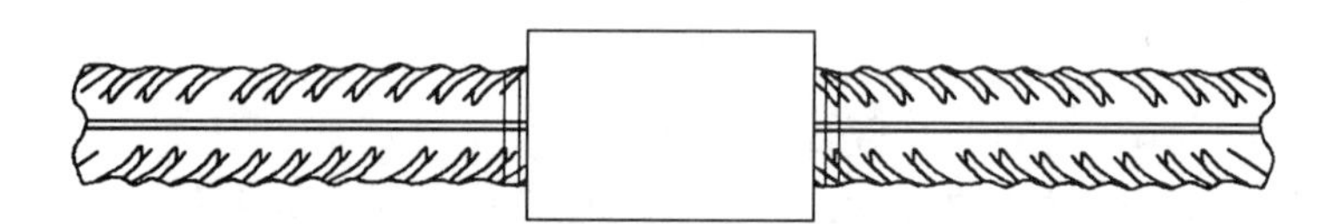

图4-2　机械连接套筒示意图

图4-3　注胶套筒内部构造

3）浆锚孔金属波纹管（见图4-4）

①当采用软钢制作时，检查性能是否符合现行国家标准《碳素结构钢冷轧钢带》的规定。

②当采用镀锌钢带制作时，检查其性能是否符合现行国家标准《连续热镀钢板及钢带》的规定且双面镀锌层重量不宜小于60g/m^2。

③检查金属波纹管的规格，波纹高度不应小于3mm，波纹管壁厚不宜小于0.4mm。

图4-4　浆锚孔金属波纹管

（2）工厂原材料的检查

1）水泥

①生产厂家质量证明书。质量证明书应包括生产单位名称、购货单位名称及水泥品种、

规格、数量、主要技术质量指标、购货日期等。

②检查厂家的自检报告和出厂合格证，报告应包括强度试验结果、化学成分分析、凝结时间、安定性等指标。

③检查水泥的品牌、品种、强度、出厂日期是否符合供货要求。

④检查水泥外观。

⑤使用前按照 GB 50204《混凝土结构工程施工质量验收规范》中规定“同一生产厂家、同一等级、同一品种、同一批号且连续进场的水泥，袋装不超过 200t 为一批，散装不超过 500t 为一批，每批抽样不少于一次”执行见证取样，并对水泥的强度、凝结时间、安定性等进行复试。

2）骨料

①检查粗细骨料的品种、规格、粒度级配、生产厂家等是否符合要求。

②检查厂家的自检合格证和随车质量证明书。

③外观检查：检查粗细骨料（石）的产地、规格、粒度级配、含泥量、泥块含量、针片状颗粒料含量、杂物等。

④使用前按照 JGJ 52《普通混凝土用砂、石质量及检验方法标准》中规定“采用大型工具（如火车、货船或汽车）运输的，应以 400t 或 600t 为一验收批；采用下行工具（如拖拉机等）运输的，应以 200t 或 300t 为一验收批，不足上述量者，应按一验收批进行验收”执行见证取样，并对其颗粒级配、含泥量、泥块含量等进行复试。

3）外加剂

①检查外加剂的牌号、品种、规格、出厂日期等是否符合供货要求。

②检查厂家的产品说明书、匀质性检验报告和产品合格证。

③检查外加剂生产厂家的生产许可证、质量保证书和具有相应资质的检测单位出具的掺外加剂的混凝土性能试验报告。

④检查外观性状是否符合产品特性。

⑤使用前按照 GB 8076《混凝土外加剂》中规定的“外加剂单批次取样数量不少于 200kg 水泥所需用的量进行验收”执行见证取样，并对其性能进行复试。

4）掺合料

①检查掺合料的牌号、品种、规格、出厂日期等是否符合供货要求。

②生产厂家质量证明书和产品合格证。

③检查外观性状是否符合产品特性。

④使用前按照现行国家标准《用于水泥和混凝土中的粉煤灰》《用于水泥中的火山灰质掺合材料》和《用于水泥中的粒化高炉矿渣》的规定“同一生产厂家、同一等级、同一品种、同一批号的产品，每 200t 为一批，不足 200t 时也按一批计量”执行见证取样，并对其烧失量及有害物质含量等质量指标进行复试。

5）钢材

①检查厂家的自检报告和出厂合格证。

②生产厂家质量证明书。质量证明书应包括生产单位名称、购货单位名称及品种、规格、数量、主要技术质量指标、购货日期等。

③钢筋表面必须清洁无损伤，不得带有颗粒状或片状铁锈、裂纹、结疤、折叠、油渍

和漆污等。

④进场钢筋符合现行国家标准：

a. 热扎光圆钢筋：《普通低碳钢热扎圆盘条》（GB/T 701）、《钢筋混凝土用热扎光圆钢筋》（GB 13013）。

b. 热扎带肋钢筋：《钢筋混凝土用热扎带肋钢筋》（GB 1499）。

⑤使用前应按照现行国家标准中规定“每批由同炉号、同牌号、同规格、同交货状态、同冶炼方法的钢筋≤60t 可作为一批；同牌号、同规格、同冶炼方法而不同炉号组成混合批的钢筋≤30t 可作为一批，但每批应≤6 个炉号进行验收”执行见证取样，并对其化学性能和力学性能进行复试。

6）商品混凝土

①检查混凝土供货单，应包括供货单位详细信息、车牌号、坍落度、混凝土标号、工地名称、混凝土方量、出门时间、浇筑部位。

②检查混凝土首次报告，应包含发出日期、报告编号、建设单位、订货和施工单位、供货单位、工程名称、浇筑部位、供货开始时间、原材料及其质量证明、混凝土配合比及编号、水泥生产日期等。

③现场检查混凝土坍落度。

④使用前按照现行国家规范《混凝土结构工程施工质量验收规范》规定“每搅拌 100 盘且不超过 100m^3 相同配比的混凝土或工作班拌制相同配合比的混凝土不足 100m^3 时，取样也不得少于一次；每一楼层且同一配合比的混凝土，取样不得少于 1 次；每次取样应至少留置一组标养试块，同条件养护试块应根据实际需要确定”执行见证取样。并由具有相应资质的检测单位出具的混凝土复试报告。

7）水：拌制混凝土的用水应符合国家现行标准《混凝土用水标准》的规定。

8）套筒灌浆料

①检查套筒灌浆料流动性、抗压强度等技术性能参数。

②检查套筒灌浆料的使用和性能是否符合现行行业标准《钢筋套筒灌浆连接应用技术规程》和《钢筋连接用套筒灌浆料》中的规定。

③检查灌浆料使用的环境，温度不宜低于 5℃。

（3）其他部件的检查

1）预埋件（见图 4-5、图 4-6）

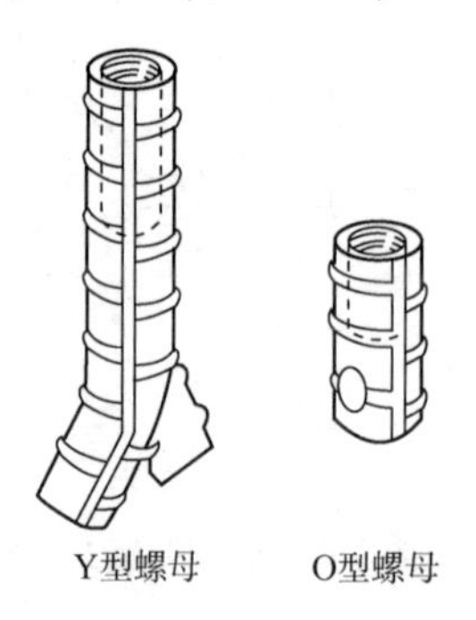

Y型螺母　　O型螺母

吊钉

图 4-5　内埋式螺母

①检查厂家的自检报告、出厂合格证和生产厂家质量证明书。

②检查预埋件的品牌、品种、强度、出厂日期是否符合供货要求。

③检查预埋件外观是否符合要求。

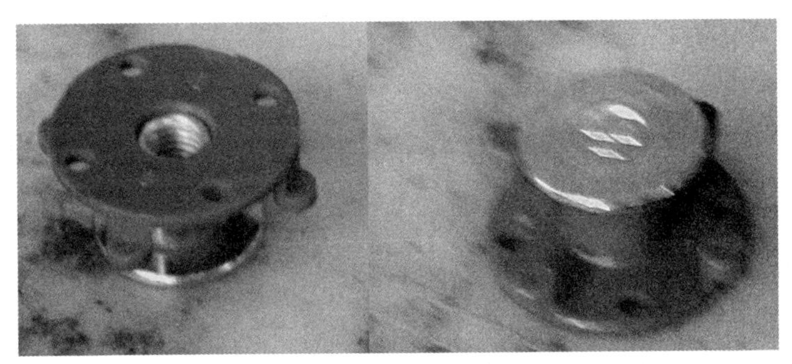

图 4-6　预埋塑料螺栓的正反面细节图

2）夹心保温构件拉结件（见图 4-7）

①检查厂家的自检报告、出厂合格证和生产厂家质量证明书。

②检查拉结件的品牌、品种、规格等是否符合供货要求。

③检查拉结件抗拉强度、抗剪强度、弹性模数、导热系数、耐久性和防火性等力学物理性能。

④检查拉结件是否适合当地环境条件。

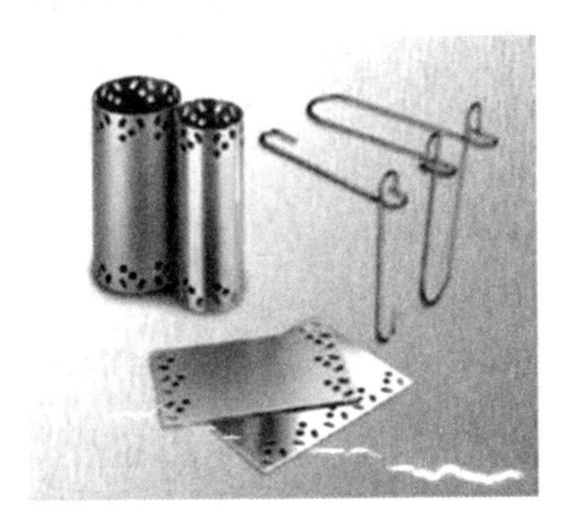

图 4-7　金属拉结件和树脂拉结件

3）钢筋锚固板（见图 4-8）

①钢筋锚固板的材质和力学性能。

②钢筋锚固板是否满足现行行业标准《钢筋锚固板应用技术规程》。

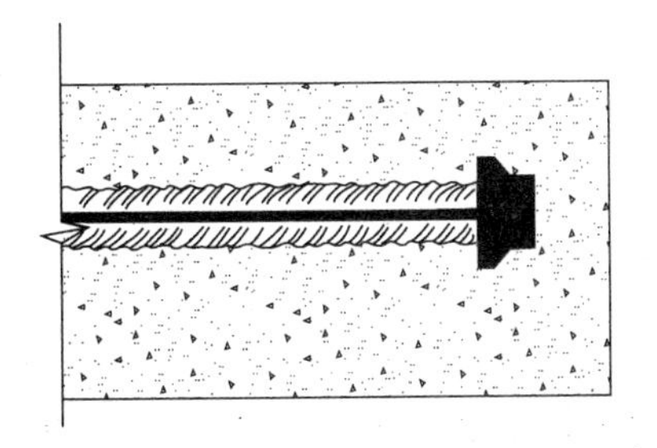

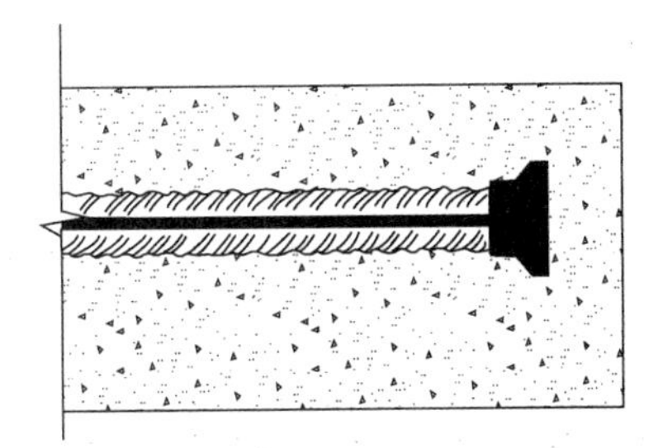

图 4-8　钢筋锚固板

132. 监理对预制构件用套筒灌浆料作业中如何根据规范的强制性要求进行试验验证？

行业标准《装配式混凝土结构技术规程》JGJ 1—2014 对钢筋套筒灌浆连接接头有强制性要求：必须进行抗拉强度试验，还要求对夹心保温板用的拉结件进行试验验证。国家标准《装配式混凝土建筑技标准》GB/T 51231—2016 要求，应对浆锚搭接金属波纹管以外的成孔方式进行试验验证。

（1）钢筋套筒灌浆连接接头抗拉强度试验（见图 4-9）

1）规范要求：预制结构构件采用钢筋套筒灌浆连接时，应在构件生产前进行钢筋套筒灌浆连接接头的抗拉强度试验，每种规格的连接接头试件不应少于 3 个。

2）试验方法：试验方法应当由设计提出，当设计没有提出时，可由监理会同厂家提出试验方案报设计批准。

（2）拉结件试验验证

1）规范规定。夹心外墙板中内外叶墙板的拉结件应符合下列规定：

①金属及非金属材料拉结件均应具有规定的承载力、变形和耐久性，并应经过试验验证。

②拉结件应满足夹心外墙板的节能设计要求。

图 4-9　套筒灌浆实物样品

2）试验验证项目：规范没有具体要求的，应当由设计提出。内容包含但不限于拉结件本身和锚固的性能及抗拉强度、抗剪强度及弯曲变形。

3）试验方法：制作与预制构件相同的结构试块，具体要求应由设计提出。

（3）成孔方式试验验证

1）规范规定：墙体底部预留灌浆孔道直线段长度应大于下层预制剪力墙连接钢筋伸入孔道内长度 30mm，孔道上部应根据灌浆要求设置合理弧度。孔道直径不宜小于 40mm 和 2.5d（d 为伸入孔道的连接钢筋直径）的较大值，孔道之间的水平净间距不宜小于 50mm；孔道外壁至剪力墙外表面的净间距不宜小于 30mm。当采用预埋金属波纹管成孔时，金属波纹管的钢带厚度及波纹高度应符合现行行业标准《预应力混凝土用金属波纹管》JG 225 的有关规定。镀锌金属波纹管的钢带厚度不宜小于 0.3mm，波纹高度不应小于 2.5mm。当采用其他成孔方式时，应对不同预留成孔工艺、孔道形状、孔道内壁的粗糙度或花纹深度及间距等形成的连接接头进行力学性能以及适用性的试验验证。

2）试验项目：规范没有具体要求的，力学性能试验由设计人员提出，适用性由工厂提出。

3）试验方法：制作与实际构件相同结构的试块，具体要求应由设计人员提出。

133. 监理如何检查 PC 构件模具制作？包括哪些检查项目？重点工作有哪些？采用什么检验方法？

（1）PC 构件模具基本知识

模具对装配式混凝土结构构件质量、生产周期和成本影响很大，是预制构件生产中非常重要的环节。

（2）固定模台与流动模台的基本质量要求

1）固定模台（见图 4-10）。固定模台由工字钢与钢板焊接而成，边模通过螺栓与固定模台连接，通过模具架与固定平台连接。国内固定模台一般不经过研磨抛光，表面光洁度就是钢板出厂的光洁度，平整度一般控制在 2m ± 2mm 的误差。固定模台常用规格为：4m × 9m，3.5m × 12m，3m × 12m。

图 4-10　钢固定模台和叠合板边模

2）流转模台由 U 形钢和钢板焊接组成，焊缝设计应考虑模具在生产线上的振动。欧洲的模台表面经过研磨抛光处理，表面光洁度 RZ" 25μm，表面平整度 3m ± 1.5mm，模台涂油质类涂料防止生锈。常用流转模台规格：4m × 9m，3.8m × 12m，3.5m × 12m。

（3）模具检查验收项目

1）形状。

2）质感。

3）尺寸偏差。

4）平面平整度。

5）边缘。

6）转角。

7）套筒、预埋件定位。

8）孔眼定位。

9）出筋定位。

10）模具的刚度。

11）组模后牢固程度。

12）连接处密实情况。

13）较高的模具防止倾倒的措施等。

（4）模具尺寸允许偏差和检验方法

国家标准《装配式混凝土建筑技术标准》GB/T 51231—2016 给出了模具尺寸允许偏差和检验方法，见表4-5；模具上预埋件、预留孔洞安装允许误差见表4-6。

表4-5　预制构件模具尺寸允许偏差和检验方法

项　目	检验项目、内容		允许偏差/mm	检 验 方 法
1	长度	≤6m	1，-2	用尺量平行构件的高度方向，取其中偏差绝对值较大处
		>6m 且≤12m	2，-4	
		>12m	3，-5	
2	宽度、高（厚）度	墙板	1，-2	用尺测量两端或中部，取其中偏差绝对值较大处
3		其他构件	2，-4	
4	底膜表面平整度		2	用2m 靠尺和塞尺量
5	对角线差		3	用尺量对角线
6	侧向弯曲		L/1500 且≤5	拉线，用钢直尺测绘侧向弯曲最大值
7	翘曲		L/1500	对角拉线测量交点间距离值的两倍
8	组装缝隙		1	用塞片或塞尺测量，取最大值
9	端模和侧模高低差		1	用钢直尺量

表4-6　模具上预埋件、预留孔洞安装允许偏差

项　目	检 验 项 目		允许偏差/mm	检 验 方 法
1	预埋钢板、建筑幕墙用槽式预埋组件	中心线位置	3	用尺测量纵横两个方向的中心线位置，取其中较大值
		平面高差	±2	钢直尺或塞尺测量高差
2	预埋管、电线盒、电线管水平和垂直度放线的中心线位置偏移、预留孔、浆锚搭接预留孔（或波纹管）		2	用尺测量纵横两个方向的中心线位置，取其中较大值
3	插筋	中心线位置	3	用尺测量纵横两个方向的中心线位置，取其中较大值
		外露长度	±10，0	用尺测量
4	吊环	中心线位置	3	用尺测量纵横两个方向的中心线位置，取其中较大值
		外露长度	0，-5	用尺测量

（续）

项　　目	检 验 项 目		允许偏差/mm	检 验 方 法
5	预埋螺栓	中心线位置	2	用尺测量纵横两个方向的中心线位置，取其中较大值
		外露长度	+5，0	用尺测量
6	预埋螺母	中心线位置	2	用尺测量纵横两个方向的中心线位置，取其中较大值
		平面高差	±1	钢直尺或塞尺测量
7	预留洞、	中心线位置	3	用尺测量纵横两个方向的中心线位置，取其中较大值
		尺寸	+3，0	用尺测量纵横两个方向的尺寸，取其中较大值
8	灌浆套筒及连接钢筋	灌浆套筒中心线位置	1	用尺测量纵横两个方向的中心线位置，取其中较大值
		连接钢筋中心线位置	1	用尺测量纵横两个方向的中心线位置，取其中较大值
		连接钢筋外露长度	+5，0	用尺测量

134. 如何对每个新模具和新修好的模具进行首件检查？

首件检查是PC构件制作时预先对模具生产过程的前期控制手段，也是工序质量控制的重要方法。驻厂监理在模具批量生产前，要提示厂家进行首件样板模具生产，对首件模具检测的同时要进行一次浇筑试验。其主要目的是在PC构件工程施工过程中，防止产品出现成批量的质量问题，如：尺寸误差、预埋件定位误差、混凝表面光洁度缺陷，等。

（1）首件检查

首先要检查混凝土外形及表面光洁度质量缺陷，缺棱掉角，棱角不直，翘曲不平；混凝土表面麻面，掉皮，起砂，玷污等。

（2）预制楼板类构件

外形尺寸偏差检查及预埋件定位偏差检查。

1）规格尺寸：检查长度、宽度和厚度。

2）检查首件对角线误差。

3）外形：检查表面平整度（内外表面），楼板侧向弯曲，扭翘。

4）预留孔：检查中心线位置偏移，孔的尺寸。

5）预留洞：检查中心线位置偏移，洞口尺寸及深度。

6）预留插筋：检查中心线位置偏移，外露长度。

7）吊环、木砖：检查中心线位置偏移，留出高度。

8）检查桁架钢筋高度。

9）预埋件部位：

①预埋钢板：检查中心线位置偏移，平面偏差。

②预埋螺栓：检查中心线位置偏移，外露长度。

③预埋线盒、电盒：检查在构件的水平方向的中心位置偏差，与构件板面混凝土高差，参见表4-7。

表4-7　预制楼板类构件外形尺寸允许偏差及检验方法

项次	检查项目			允许偏差/mm	检验方法
1	规格尺寸	长度	<12m	±5	用尺量两端及中间部位，取其中的偏差绝对值较大值
			≥12m且<18m	±10	
			≥18m	±20	
2		宽度		±5	用尺量两端及中间部位，取其中偏差绝对值较大值
3		厚度		±5	用尺量板四角和四边中部位置共8处，取其中偏差绝对值较大值
4	对角线差			6	在构件表面，用尺测量两对角线的长度，取其绝对值的差值
5	外形	表面平整度	内表面	4	用2m靠尺安放在构件表面上，用楔形塞尺量测靠尺与表面之间的最大缝隙
			外表面	3	
6		楼板侧向弯曲		$L/750$且≤20mm	拉线，用钢尺量最大弯曲处
7		扭翘		$L/750$	四对角拉两条线，量测两线交点之间的距离，其值的2倍即为扭翘值
8	预埋部件	预埋钢板	中心线位置偏差	5	用尺量测纵横两个方向的中心线位置，取其中较大值
			平面高差	0，-5	用尺紧靠在预埋件上，用楔形塞尺量测预埋件平面与混凝土面的最大缝隙
9		预埋螺栓	中心线位置偏移	2	用尺量测纵横两个方向的中心线位置，取其中较大值
			外露长度	+10，-5	用尺量
10		预埋线盒、电盒	在构件平面的水平方向中心位置偏差	10	用尺量
			与构件表面的混凝土高差	0，-5	用尺量
11	预留孔	中心线位置偏移		5	用尺量测纵横两个方向的中心线位置，取其中较大值
		孔尺寸		±5	用尺量测纵横两个方向的尺寸，取其最大值
12	预留洞	中心线位置偏移		5	用尺量测纵横两个方向的中心线位置，取其中较大值
		洞口尺寸、深度		±5	用尺量测纵横两个方向的尺寸，取其最大值

（续）

项次	检查项目		允许偏差/mm	检验方法
13	预留插筋	中心线位置偏移	3	用尺量测纵横两个方向的中心线位置，取其中较大值
		外露长度	±5	用尺量
14	吊环、木砖	中心线位置偏移	10	用尺量测纵横两个方向的中心线位置，取其中较大值
		留出高度	0，-10	用尺量
15	桁架钢筋高度		+5，0	用尺量

（3）预制墙板类构件

1）规格尺寸：检查高度，宽度，厚度。

2）检查首件对角线误差。

3）外形：检查表面平整度（内外表面），楼板侧向弯曲，扭翘。

4）预留孔：检查中心线位置偏移，孔尺寸。

5）预留洞：检查中心线位置偏移，洞口尺寸，深度。

6）预留插筋：检查中心线位置偏移，外露长度。

7）吊环、木砖：检查中心线位置偏移，留出高度。

8）键槽：检查中心线位置偏移、长度、宽度和深度。

9）灌浆套筒及连接钢筋：灌浆套筒中心线位置、连接钢筋中心线位置、连接钢筋外露长度。

10）预埋件部位

①预埋钢板：检查中心线位置偏移，平面高差。

②预埋螺栓：检查中心线位置偏移，外露长度。

③预埋套管、螺母：检查中心线位置偏移，平面高差，参见表4-8。

表4-8　预制墙板类构件外形尺寸允许偏差及检验方法

项次	检查项目			允许偏差/mm	检验方法
1	规格尺寸	高度		±4	用尺量两端及中间部，取其中偏差绝对值较大值
2		宽度		±4	用尺量两端及中间部，取其中偏差绝对值较大值
3		厚度		±3	用尺量板四角和四边中部位置共8处，取其中偏差绝对值较大值
4	对角线差			5	在构件表面，用尺测量两对角线的长度，取其绝对值的差值
5	外形	表面平整度	内表面	4	用2m靠尺安放在构件表面上，用楔形塞尺量测靠尺与表面之间的最大缝隙
			外表面	3	
6		侧向弯曲		L/1000且≤20	拉线，钢尺量最大弯曲处
7		扭翘		L/1000	四对角拉两条线，量测两线交点之间的距离，其值的2倍为扭翘值

（续）

项次	检查项目			允许偏差/mm	检验方法
8	预埋部件	预埋钢板	中心线位置偏差	5	用尺量测纵横两个方向的中心线位置，取其中较大值
			平面高差	0，-5	用尺紧靠在预埋件上，用楔形塞尺量测预埋件平面与混凝土面的最大缝隙
9		预埋螺栓	中心线位置偏移	2	用尺量测纵横两个方向的中心线位置，取其中较大值
			外露长度	+10，-5	用尺量
10		预埋套管、螺母	中心线位置偏差	2	用尺量测纵横两个方向的中心线位置，取其中较大值
			平面高差	0，-5	用尺紧靠在预埋件上，用楔形塞尺量测预埋件平面与混凝土面的最大缝隙
11	预留孔	中心线位置偏移		5	用尺量测纵横两个方向的中心线位置，取其中较大值
		孔尺寸		±5	用尺量测纵横两个方向的尺寸，取其最大值
12	预留洞	中心线位置偏移		5	用尺量测纵横两个方向的中心线位置，取其中较大值
		洞口尺寸、深度		±5	用尺量测纵横两个方向的尺寸，取其最大值
13	预留插筋	中心线位置偏移		3	用尺量测纵横两个方向的中心线位置，取其中较大值
		外露长度		±5	用尺量
14	吊环、木砖	中心线位置偏移		10	用尺量测纵横两个方向的中心线位置，取其中较大值
		与构件表面混凝土高差		0，-10	用尺量
15	键槽	中心线位置偏移		5	用尺量测纵横两个方向的中心线位置，取其中较大值
		长度、宽度		±5	用尺量
		深度		±5	用尺量
16	灌浆套筒及连接钢筋	灌浆套筒中心线位置		2	用尺量测纵横两个方向的中心线位置，取其中较大值
		连接钢筋中心线位置		2	用尺量测纵横两个方向的中心线位置，取其中较大值
		连接钢筋外露长度		+10，0	用尺量

(4) 预制梁柱桁架类构件

1）规格尺寸：检查长度、宽度、高度。

2）检查首件表面平整度。

3）侧向弯曲：检查梁柱，桁架。

4）预留孔：检查中心线位置偏移，孔尺寸。

5）预留洞：检查中心线位置偏移，洞口尺寸，深度。

6）预留插筋：检查中心线位置偏移，外露长度。

7）吊环：检查中心线位置偏移，留出高度。

8）键槽：检查检查中心线位置偏移，长度，宽度，深度。

9）灌浆套筒及连接钢筋：灌浆套筒中心线位置、连接钢筋中心线位置、连接钢筋外露长度。

10）预埋件部位

①预埋钢板：检查中心线位置偏移，平面高差。

②预埋螺栓：检查中心线位置偏移，外露长度。

可参见表 4-9。

表 4-9　预制梁柱桁架类构件外形尺寸允许偏差及检验方法

项次	检 查 项 目			允许偏差/mm	检 验 方 法
1	规格尺寸	长度	<12m	±5	用尺量两端及中间部，取其中偏差绝对值较大值
			≥12m 且 <18m	±10	
			≥18m	±20	
2		宽度		±5	用尺量两端及中间部，取其中偏差绝对值较大值
3		高度		±5	用尺量板四角和四边中部位置共 8 处，取其中偏差绝对值较大值
4	表面平整度			4	用 2m 靠尺安放在构件表面上，用楔形塞尺量测靠尺与表面之间的最大缝隙
5	侧向弯曲		梁柱	L/750 且≤20mm	拉线，钢尺量最大弯曲处
6			桁架	L/1000 且≤20mm	
7	预埋部件	预埋钢板	中心线位置偏移	5	用尺量测纵横两个方向的中心线位置，取其中较大值
			平面高差	0，-5	用尺紧靠在预埋件上，用楔形塞尺量测预埋件平面与混凝土面的最大缝隙
8		预埋螺栓	中心线位置偏移	2	用尺量测纵横两个方向的中心线位置，取其中较大值
			外露长度	+10，-5	用尺量
9	预留孔	中心线位置偏移		5	用尺量测纵横两个方向的中心线位置，取其中较大值
		孔尺寸		±5	用尺量测纵横两个方向的尺寸，取其最大值

（续）

项次	检查项目		允许偏差/mm	检验方法
10	预留洞	中心线位置偏移	5	用尺量测纵横两个方向的中心线位置，取其中较大值
		洞口尺寸、深度	±5	用尺量测纵横两个方向的尺寸，取其最大值
11	预留插筋	中心线位置偏移	3	用尺量测纵横两个方向的中心线位置，取其中较大值
		外露长度	±5	用尺量
12	吊环	中心线位置偏移	10	用尺量测纵横两个方向的中心线位置，取其中较大值
		留出高度	0，-10	用尺量
13	键槽	中心线位置偏移	5	用尺量测纵横两个方向的中心线位置，取其中较大值
		长度、宽度	±5	用尺量
		深度	±5	用尺量
14	灌浆套筒及连接钢筋	灌浆套筒中心线位置	2	用尺量测纵横两个方向的中心线位置，取其中较大值
		连接钢筋中心线位置	2	用尺量测纵横两个方向的中心线位置，取其中较大值
		连接钢筋外露长度	+10，0	用尺量

（5）装饰类构件

1）检查首件表面平整度。

2）面砖、石材类还需检查：阳角方正、上口平直、接缝平直、接缝深度、接缝宽度，参见表4-10。

表4-10　装饰构件外形尺寸允许偏差及检验方法

项次	装饰种类	检查项目	允许偏差/mm	检验方法
1	通用	表面平整度	2	2m靠尺或塞尺检查
2	面砖、石材	阳角方正	2	用托线板检查
3		上口平直	2	拉通线用钢尺检查
4		接缝平直	3	用钢尺或塞尺检查
5		接缝深度	±5	用钢尺或塞尺检查
6		接缝宽度	±2	用钢尺检查

135. 如何对装饰一体化PC构件石材反打、瓷砖反打、装饰混凝土表面构件等进行检查？

装饰一体化PC构件（见图4-11～图4-21）由于将装饰性材料通过反打、表面处理等工艺形成 PC 构件，其质量检查与普通 PC 构件有所不同。

图 4-11　石材反打工艺

图 4-12　石材反打成品

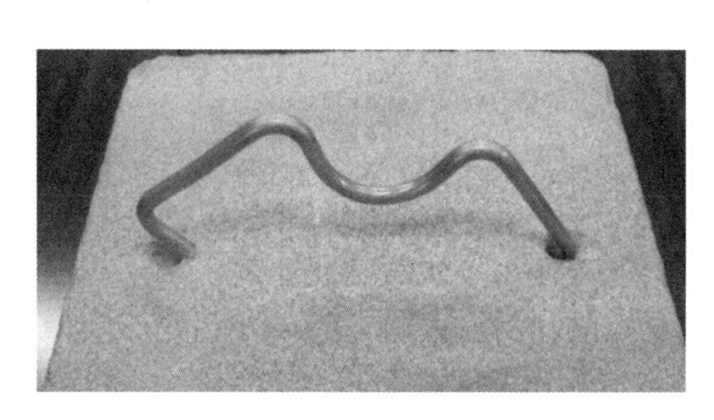

图 4-13　安装中的反打石材挂钩

图 4-14　无缝的石材反打 PC 墙板

图 4-15　PC 构件瓷砖反打工艺实例

图 4-16　面砖反打的 PC 墙板

图4-17 面砖反打的弧形PC阳台板

图4-18 反打面砖工艺

图4-19 反打面砖PC板成品

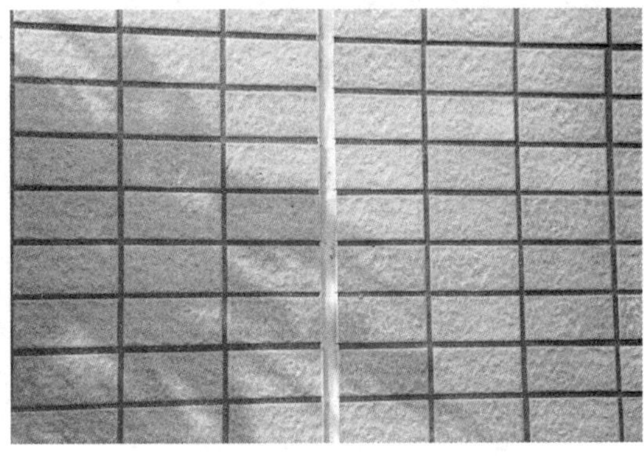

图4-20 反打面砖可以做到非常精致

（1）瓷砖反打、石材反打检查要点

1）外装饰石材、面砖的图案、分割、色彩、尺寸应符合设计要求；要求施工人员对面砖进行筛选，确保面砖尺寸误差在控制范围内，无色差、无裂缝掉角等质量缺陷；面砖背面应有燕尾槽，燕尾槽的尺寸应符合相关要求。

2）组模控制：严格按照构件尺寸组装模具，尤其门窗口位置需重点检验，保证误差在允许范围内，避免石材、面砖拼装时因尺寸误差导致石材、面砖布置方案无法正常布置。

图4-21 反打面砖与反打石材的良好结合

3）外装饰石材、面砖铺贴之前应清理

模具，清理侧模与底模时先对灰尘及混凝土残留进行清理，然后用湿抹布对模具浮尘进行清理，尤其对底模浮灰清理需重点检查，保证模具及底模干净整洁，无浮灰，并按照外装饰敷设图的编号分类摆放。

4）石材、面砖和底模之间宜设置垫片保护，防止模具划伤石材、面砖。

5）石材入模敷设前检查，应根据外装饰敷设图核对石材尺寸，并提前在石材背面涂刷界面处理剂；检查界面处理剂是否涂刷均匀，是否满涂。

6）石材和面砖敷设前应按照控制尺寸和标高在模具上设置标记，并按照标记固定和校正石材和面砖；石材饰面时，厚度 25mm 以上的石材应对石材背面进行处理，并安装不锈钢卡件，重点检查卡件与混凝土板是否可靠连接，无松动。卡件宜采用竖立梅花布置，卡件的规格、位置、数量应满足设计及施工方案要求。

7）石材和面砖敷设后表面应平整，接缝应顺直，接缝的宽度和深度应符合设计要求，缝隙应进行密封处理。

8）浇筑混凝土时下料斗严禁过高且放料时禁止堆积，需目测下料时石材、面砖是否有松动、位移现象，振捣时振捣棒严禁垂直振捣，且不得有漏振、过振现象，避免瓷砖碎裂。为防止瓷砖二次污染，PC 构件成型后应检查包裹保护薄膜是否完整。

9）瓷砖应做粘接试验，即采用与制品相同的瓷砖与混凝土标号制作试块，使用仪器进行试验，陶瓷类装饰面砖与构件基面的粘结强度应符合现行行业标准《建筑工程饰面砖粘结强度检验标准》（JGJ 110）和《外墙面砖工程施工及验收规范》（JGJ 126）等的规定。

（2）装饰混凝土构件检查要点

1）饰面表面有装饰混凝土质感层，如砂岩、水磨石等，应当对饰面层的配合比单独设计。

2）装饰混凝土要求单独搅拌，严格按配合比要求进行颜料计量检查；混凝土的力学性能和耐久性应满足《混凝土结构设计规范》（GB 50010）的规定。

3）装饰混凝土面层材料要按照设计要求铺设，厚度不宜小于 10mm，以避免普通混凝土基层浆料透出。检查装饰混凝土厚度是否满足图样要求，铺设厚度是否均匀。

4）放置钢筋时应避免破坏已经铺设的装饰混凝土面层。

5）构件内钢筋保护层垫块不宜采用金属材料，容易产生返锈点，建议采用混凝土垫块作为钢筋保护层垫块。

6）必须在表面装饰混凝土初凝前浇筑混凝土基层。

136. 如何对钢筋制作或外委托加工钢筋进厂进行验收检查？

钢筋制作或外委托加工钢筋检查内容包含但不限于尺寸偏差、连接质量、箍筋位置和数量、拉筋位置和数量、绑扎是否牢固等，具体检查内容如下：

（1）钢筋成品的尺寸偏差检查标准和方法，参见表 4-11。

表 4-11　钢筋成品的尺寸偏差检查标准和方法

项　目			允许偏差/mm	检 验 方 法
钢筋网片（见图 4-22）	长、宽		±5	钢尺检查
	网眼尺寸		±10	钢尺量连续三个网眼，取最大值
	对角线		5	钢尺检查
	端头不齐		5	钢尺检查
钢筋骨架	长		0，-5	钢尺检查
	宽		±5	钢尺检查
	高（厚）		±5	钢尺检查
	主筋间距		±10	钢尺量两端、中间各一点，取最大值
	主筋排距		±5	钢尺量两端、中间各一点，取最大值
	箍筋间距		±10	钢尺量连续三挡，取最大值
	弯起点位置		15	钢尺检查
	端头不齐		5	钢尺检查
	保护层	柱、梁	±5	钢尺检查
		板、墙	±3	钢尺检查

（2）钢筋桁架（见图 4-23）尺寸偏差检查标准和方法，参见表 4-12。

表 4-12　钢筋桁架尺寸偏差检查标准和方法

项　次	检 验 项 目	允许偏差/mm
1	长度	总长度的 ±0.3%，且不超过 ±10
2	高度	+1，-3
3	宽度	±5
4	扭翘	≤5

（3）钢筋连接除应符合现行国家标准《混凝土结构工程施工规范》（GB 50666）的规定外，还应对下列内容进行检查：

1）钢筋接头的方式、位置、同一界面受力钢筋的接头百分率、钢筋的搭接长度及锚固长度应符合设计和国家现行相关标准要求。

2）钢筋焊接接头、机械连接接头和套筒灌浆连接接头均应进行工艺检验。

3）螺纹接头和半灌浆套筒连接接头应使用专用扭力扳手拧紧至规定扭力值。

4）钢筋焊接接头和机械连接接头应全数进行外观检查。

（4）钢筋半成品、钢筋网片、钢筋骨架和钢筋桁架应对以下内容进行检查。

1）钢筋表面不得有油污及出现严重锈蚀。

2）钢筋网片和钢筋桁架宜采用专用吊架进行吊运。

3）混凝土保护层厚度应满足设计要求。保护层垫块宜与钢筋骨架或网片绑扎牢固，按梅花状布置，间距满足钢筋限位及控制变形的要求，钢筋绑扎丝甩扣应弯向构件内侧。

（5）对于钢筋外委托加工，原则上不允许。如确实需采用外委托加工，则需要满足以下几点。

1）外委托加工钢筋必须满足国家规范及地方标准的要求。

2）在外委托钢筋加工过程中，驻厂监理需对第一次和复查构件钢筋进行全程旁站和抽查，同时将有关记录留存归档。

3）外委托钢筋采用机械加工中，第一次加工过程，驻厂监理须全程旁站，后期则可不定期进行抽查，以校正机械设备的准确性。

4）外委托钢筋采用人工加工时，须对每个构件进行验收。检查内容参照（1）、（2）、（3）、（4）项的内容。

图 4-22　加工好的钢筋网片

图 4-23　加工好的钢筋桁架

137. 如何对入模的钢筋、套筒、金属波纹管、留孔内模、预埋件及其保护层进行检查?

(1) 入模钢筋检查

入模钢筋应对尺寸偏差进行检查，其标准及检查方法如下：

1）钢筋成品的尺寸偏差检查标准和方法，参见表 4-13。

表 4-13　钢筋成品的尺寸偏差检查标准和方法

项目			允许偏差/mm	检验方法
钢筋网片	长、宽		±5	钢尺检查
	网眼尺寸		±10	钢尺量连续三挡，取最大值
	对角线		5	钢尺检查
	端头不齐		5	钢尺检查
钢筋骨架	长		0，-5	钢尺检查
	宽		±5	钢尺检查
	高（厚）		±5	钢尺检查
	主筋间距		±10	钢尺量两端、中间各一点，取最大值
	主筋排距		±5	钢尺量两端、中间各一点，取最大值
	箍筋间距		±10	钢尺量连续三挡，取最大值
	弯起点位置		15	钢尺检查
	端头不齐		5	钢尺检查
	保护层	柱、梁	±5	钢尺检查
		板、墙	±3	钢尺检查

2）钢筋桁架尺寸偏差检查标准和方法，参见表4-14。

表4-14 钢筋桁架尺寸偏差检查标准和方法

项　次	检验项目	允许偏差/mm
1	长度	总长度的±0.3%，且不超过±10
2	高度	+1，-3
3	宽度	±5
4	扭翘	≤5

（2）出筋控制检查

1）从模具伸出的钢筋应对其位置、数量、尺寸等进行检查，并符合图样的要求。

2）出筋的位置、尺寸要与专用的固定架固定。

（3）套筒、波纹管、浆锚孔内模及螺旋筋安装检查

1）检查套筒、波纹管、浆锚孔内模的数量和位置是否准确。

2）检查套筒与受力钢筋连接，钢筋是否伸入套筒定位销处；套筒另一端与模具上的定位螺栓连接是否牢固。

3）检查波纹管与钢筋绑扎连接是否牢固，端部与模具上的定位螺栓连接是否牢固。

4）检查浆锚孔内模与模具上的定位螺栓连接是否牢固。

5）检查套筒、波纹管、浆锚孔内模的位置精度，方向是否垂直。

6）检查注浆口、出浆口方向是否正确；如需要导管引出，应对导管接口严密牢固和固定牢固程度进行检查。

7）注浆口和出浆口是否做临时封堵。

8）检查浆锚孔螺旋钢筋位置是否正确，与钢筋骨架连接是否牢固。

（4）预埋件检查

1）预埋件（见图4-24）的形状尺寸和中线定位偏差非常重要，生产时应按要求逐个进行检查。

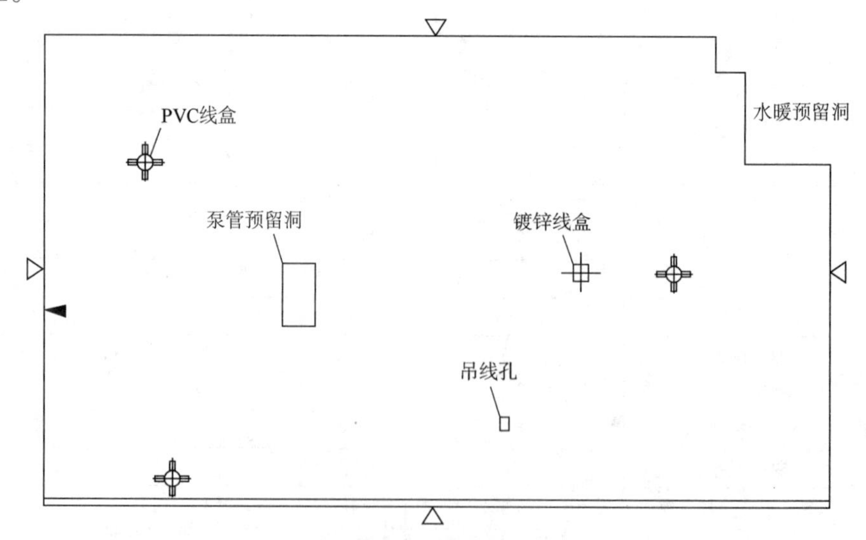

图4-24 PC楼板模板图中预埋件

2）预埋件要固定牢固，防止浇筑混凝土振捣过程中松动偏位。监理人员要进行专项检查，检查内容和方法可参见表4-15。

表4-15　预埋件专项检查内容和方法

项　次	检查项目及内容	允许偏差/mm	检验方法
1	预埋件、插筋、吊环预留孔洞中线位置	3	钢尺测量
2	预埋螺栓、螺母中线位置	2	钢尺测量
3	灌浆套筒中心线位置	1	钢尺测量

（5）保护层检查

1）钢筋保护层厚度是否符合规范及设计要求。

2）入模前钢筋保护层间隔件是否安放好。

3）保护层间隔件间距和布置是否满足《混凝土结构设计规范》（GB 50010）有关规定。

138. 构件预制有哪些隐蔽工程验收项目？如何组织验收？

（1）构件预制隐蔽工程验收内容

1）钢筋的牌号、规格、数量、位置、间距等是否符合设计与规范要求。

2）纵向受力钢筋的连接方式、接头位置、接头质量、接头面积百分率、搭接长度等。

3）灌浆套筒与受力钢筋的连接、位置误差等。

4）箍筋弯钩的弯折角度及平直段长度。

5）钢筋机械锚固是否符合设计与规范要求。

6）伸出钢筋的直径、伸出长度、锚固长度和位置偏差。

7）预埋件、吊环、插筋、预留孔洞的规格、数量、位置及定位固定长度等。

8）钢筋与套筒保护层厚度。

9）夹心外墙板的保温层位置、厚度，拉结件的规格、数量、位置等。

10）预埋管线、线盒的规格、数量、位置及固定措施。

（2）隐蔽工程验收流程

1）验收程序参见图4-25。

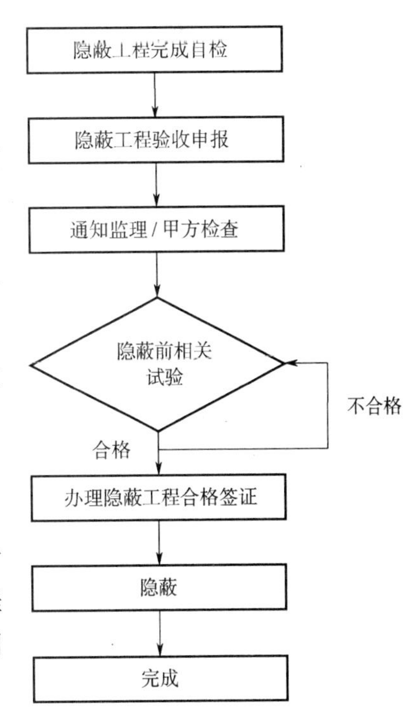

图4-25　隐蔽工程验收流程图

2）隐蔽工程自检。工程具备隐蔽条件或达到专用条款约定的中间验收部位，PC工厂应组织相关工程师验收。通知包括隐蔽和中间验收的内容、验收时间和地点。

3）共同检验。隐蔽工程验收应由监理工程师组织，接到 PC 工厂的请求验收通知后，应通知约定人员对照施工设计、施工规范进行自检，并在隐蔽或中间验收前 48h 以书面形式通知监理工程师组织相关人员与 PC 工厂相关人员共同检查或试验。检测结果表明质量验收合格，经监理工程师在验收记录上签字后，承包人可进行工程隐蔽和继续施工。验收不合格，PC 工厂应在监理工程师限定的时间内修改后重新验收。

4）重新检验。无论监理工程师是否参加了验收，当其对某部分工程质量有怀疑，均可要求 PC 工厂重新检验。PC 工厂接到通知后，应按要求进行重新检验，并在检验后重新覆盖或修复。

5）工程验收合格。没有按隐蔽工程专项要求办理验收的项目，严禁下一道工序施工。

6）隐蔽工程的检查除书面检查记录外应当有照片记录，拍照同时宜用小白板记录该构件的使用项目、检查项目、检查时间、生产单位等。关键部位应当多角度拍照，照片要清晰。

139. 如何进行门窗与预制构件的连接及其预埋件的验收？

预埋件中预埋门窗框时，应在模具上设置限位装置并进行固定，逐件检查。主要是对门窗框的检查，门窗框安装偏差的检验方法应符合表 4-16 所示。

表 4-16　门窗框安装偏差检验标准

项　　目		允许偏差/mm	检 查 方 法
锚固脚片	中心线位置	5	钢尺检查
	外露长度	+5，0	钢尺检查
门窗框位置		2	钢尺检查
门窗框高、宽		±2	钢尺检查
门窗框对角线		±2	钢尺检查
门窗框的平整度		2	靠尺检查

140. PC 构件制作时达到什么条件可以准许混凝土浇筑？如何进行浇筑和振捣质量的检查？

（1）PC 构件制作时混凝土浇筑的条件

1）构件模具质量进行检查，并验收合格。

2）钢筋入模进行检查，并验收合格。

3）隐蔽工程进行检查，并验收合格。

4）出筋进行加固检查，并验收合格。

5）漏浆口等进行封堵检查，并验收合格。

（2）PC 构件混凝土浇筑的形式

PC 构件混凝土浇筑一般分为三种形式，分别为：喂料斗半自动入模、料斗人工入模、智能化入模。混凝土无论采用何种入模方式，浇筑时必须符合下列规定：

1）混凝凝土浇筑前应做好检查，检查内容包含但不少于：坍落度、温度、含气量等，并拍照存档。

2）混凝土浇筑前检查是否制作同条件和标准养护试块。

3）检查浇筑混凝土是否均匀连续，且从模具一端开始。

4）检查投料高度是否超过 500mm。

5）检查浇筑过程是否在混凝土初凝前全部完成。

6）浇筑过程中应检查是否对混凝土的均匀性、密实性和整体性进行了有效控制。

7）检查混凝土是否边浇筑边振捣。

8）检查冬季混凝土入模温度是否低于 5℃。

（3）混凝土振捣的形式

混凝土振捣一般分为三种形式，分别为：固定模台振捣棒振捣、固定模台附着式振动器振捣和流水线振动台振捣。

1）固定模台振捣棒振捣检查内容如下：

①检查是否按分层浇筑厚度分别振捣，且振捣棒前端应插入前一层混凝土中，插入深度不小于 50mm。

②检查振捣棒是否垂直于混凝土表面并快插慢拔；当混凝土表面无明显塌陷、有水泥浆出现、不再冒泡时，应指导施工人员结束该部位振捣。

③振捣棒与模板的距离不应大于振捣棒作用半径的一倍；振捣插点间距不应大于振捣棒作用半径的 1.4 倍。

④钢筋加密区、预埋件及套筒位置应要求施工班组选用小型振捣棒振捣，并且加密振捣点，延长振捣时间。

⑤反打石材、瓷砖等墙板振捣时应注意不得损伤石材或瓷砖。

2）固定模台附着式振捣器检查内容如下：

①检查振捣器是否与模板紧密连接，设置间距需通过试验确定。

②检查模台上多台附着式振捣器工作频率是否一致，并交错设置在对面模台。

③检查振捣时间是否符合要求。

3）流水线振动台检查内容如下：

①观察设备自动化振捣是否有异常现象或出现故障状态。

②检查设备是否能通过水平和垂直方向进行振捣。

141. 如何监督混凝土试块取样、制作与检验？

驻厂监理应对混凝土试块取样、制作和检验进行监督，具体要求如下：

（1）混凝土应采用自动计量强制式搅拌机搅拌，并具有生产数据逐盘记录和实时查询功能，驻厂监理应不定期对其进行检查，并形成检查记录。

（2）驻厂监理应编制见证取样台账，并对取样内容进行详细记录。

（3）混凝土同条件和标样试块应在浇筑地点取样制作，并满足下列要求：

1）每拌制100盘且不超过100m^3的同一配合比混凝土，每工作班拌制的同一配合比的混凝土不足100盘为一检验批。

2）每批制作强度检验试块不少于3组，随机抽取1组同条件标准养护后进行强度检验，其余可作为同条件时间在预制构件脱模和出厂时控制其混凝土强度，还可根据预制构件吊装、张拉和放张等要求，留置足够数量的同条件混凝土试块进行强度检验。

3）蒸汽养护的预制构件，其强度评定混凝土实况应随同构件蒸养后，再转入标准条件养护。构件脱模后起吊、预应力张拉或放张等混凝土同条件试块，其养护条件应与构件生产采用的养护条件相同。

（4）驻厂监理应对混凝土留置试块进行统一编号、封存。

（5）在满足28d龄期的同时安排具有相应资质的检测单位对混凝土试块进行抗压强度试验，并出具报告。

（6）除设计有要求外，PC构件出厂时的混凝土强度不宜低于设计混凝土强度值的75%。

142. 如何监督混凝土构件养护？

混凝土养护一般有三种方式：常温、蒸汽和养护剂养护。PC构件一般采用蒸汽和常温养护。养护过程中监理应对下列内容进行监督：

（1）流水线集中蒸汽养护

1）监督蒸汽养护流程，应分为静养、升温、恒温和降温四个阶段。

2）监督混凝土构件入窑温度，严禁窑内温度大于外界温度，静养时间根据外界温度一般为2~6h最佳。

3）蒸汽养护宜采用温度自动控制装置，监理监督养护窑设定的升温、恒温、降温速度。现行国家规范规定：升、降温度速度不宜超过20℃/h，最高养护温度不宜超过70℃。现实操作中，升温速度宜为每小时10℃~20℃，降温速度不宜超过每小时10℃，最高养护温度不宜超过50℃。

4）不定期抽查温度自动控制装置的准确性。

（2）固定台模和立模工艺蒸汽养护

1）需满足流水线集中养护的前两点要求。

2）监督蒸汽通到模台下，构件的覆盖情况。

3）监督全自动温度控制系统是否能准确调节每个养护点的供气量，从而控制升温降温速度和恒温温度。

（3）自然养护和养护剂养护

1）自然养护需要不定期监督混凝土构件的保水性，当混凝土浇筑完毕或压面工艺完成后应及时采用防水膜覆盖保湿。

2）养护剂养护应在混凝土终凝后进行涂刷。

143. 如何确认构件脱模强度？如何监督脱模作业？

(1) 确认构件脱模强度的要求

驻厂监理除了通过实验室试验报告确认预制构件脱模强度外，还应满足以下要求：

1）同批次、同条件养护的混凝土试块抗压强度达到图样和规范要求的脱模强度。

2）实践经验证明预制构件脱模强度不宜小于 15MPa。

3）实验室宜在 PC 构件制作前完成混凝土抗压强度试验，避免影响生产线施工。

(2) 脱模作业监督内容

1）监督脱模顺序，严禁用振动、敲打方式拆模。

2）监督起吊前，构件与模具之间的连接部分是否完全拆除。

3）监督起吊平稳性，楼板建议采用专用多点吊架，复杂构件应采用专门的吊架。

4）对常规构件可进行不定期抽检，复杂和全新构件驻厂监理须全程旁站。

144. 脱模后如何对构件进行检查？对不合格构件如何处置？对可修补构件如何监督修补作业？

(1) PC 构件脱模后的检查内容

PC 构件脱模后应由 PC 工厂质检部门进行对外观质量缺陷、构件尺寸偏差检查和模拟检查。

1）构件外观质量缺陷检查，具体检查项和方法详见表 4-17。

表 4-17　构件外观质量缺陷检查内容和方法

名　称	现　象	严重缺损	一般缺陷
露筋	构件内钢筋未被混凝土包裹而外露	纵向受力钢筋有露筋	其他钢筋有少量露筋
蜂窝	混凝土表面缺少水泥砂浆而形成石子外露	构件主要受力部位有蜂窝	其他部位有少量蜂窝
孔洞	混凝土中孔穴深度和长度均超过保护层厚度	构件主要受力部位有孔洞	其他部位有少量孔洞
夹渣	混凝土中夹有杂物且深度超过保护层厚度	构件主要受力部位有夹渣	其他部位有少量夹渣
疏松	混凝土中局部不密实	构件主要受力部位有疏松	其他部位有少量疏松
裂缝	缝隙从混凝土表面延伸至混凝土内部	构件主要受力部位有影响结构性能或使用功能的裂缝	其他部位有少量不影响结构性能或使用功能的裂缝
连接部位缺陷	构件连接处混凝土缺陷及连接钢筋、连接件松动。钢筋严重锈蚀、弯曲，灌浆套筒堵塞、偏移，灌浆孔洞出现堵塞、偏位、破损等缺陷	连接部位有影响结构传力性能的缺陷	连接部位有基本不影响结构传力性能的缺陷

（续）

名　称	现　象	严重缺损	一般缺陷
外形缺陷	缺棱掉角、棱角不直、翘曲不平、飞出凸肋等，装饰面砖粘结不牢、表面不平、砖缝不顺直等	清水或具有装饰的混凝土构件内有影响使用功能或装饰效果的外形缺陷	其他混凝土构件有不影响使用功能的外形缺陷
外表缺陷	构件表面麻面、掉皮、起砂、玷污等	具有重要装饰效果的清水混凝土构件有外表缺陷	其他混凝土构件有不影响使用功能的外表缺陷

2）构件尺寸偏差检查的内容和方法：

①预制楼板类构件外形尺寸允许偏差及检验方法，见表4-7；

②预制墙板类构件外形尺寸允许偏差及检验方法，见表4-8；

③预制梁板桁架类构件外形尺寸允许偏差及检验方法，见表4-9；

④装饰构件外观尺寸允许偏差及检验方法，见表4-10；

⑤预制构件的预埋件、插筋、预留孔的规格、数量应满足设计要求。

检查数量：全数检验。

检验方法：观察和量测。

⑥预制构件的粗糙面、键槽和质量应满足设计要求。

检查数量：全数检验。

检验方法：观察和量测。

⑦面砖与混凝土的粘结强度应符合现行行业标准《建筑工程饰面砖粘结强度检验标准》JGJ 110和《外墙饰面砖工程施工及验收规程》JGJ 126的有关规定。

检查数量：按同一工程、同一工艺的预制构件分批抽样检验。

检验方法：检查试验报告单。

⑧预制构件采用钢筋套筒灌浆连接时，在构件生产前应检查套筒型式检验报告是否合格，应进行钢筋套筒灌浆连接接头的抗拉强度试验，并应符合现行行业标准《钢筋套筒灌浆连接应用技术规程》JGJ 355的有关规定。

检查数量：按同一工程、同一工艺的预制构件分批抽样检验。同一批号、同一类型、同一规格的灌浆套筒，不超过1000个为一批，每批随机抽取3个灌浆套筒制作对中连接接头试件。

检验方法：检查试验报告单、质量证明文件。

⑨夹芯外墙板的内外叶墙板之间的拉结件类别、数量、使用位置及性能应符合设计要求。

检查数量：按同一工程、同一工艺的预制构件分批抽样检验。

检验方法：检查试验报告单、质量证明文件及隐蔽工程检查记录。

⑩夹芯保温外墙板用的保温材料类别、厚度、位置及性能应满足设计要求。检查数量：按批检查。检验方法：观察、量测、检查保温材料质量证明文件及检验报告。

（2）对不合格PC构件的处置

PC构件制作过程中由于各种原因会出现不合格产品，为确保所有出厂的预制构件符合质量要求，对不合格产品应作如下处置：

1）对不合格构件降级使用。当有可靠的技术措施及检测结果证明该产品可以降级使用时，应由驻厂监理组织报经原设计单位同意降级使用，同时应记录并保存有关的技术资料、产品使用情况等信息。

2）采取改进措施，防止不合格品的再次出现。针对不合格品出现的原因，从人、机、料、法、环等方面认真分析，找出出现不合格品的根本原因并加以纠正，在下一次进行生产前应对其进行再次查验，以证实符合要求。

3）对于无法继续使用的不合格品，采取报废处理。对于部分在生产、拉运、吊装等过程中出现的结构性损坏的预制构件，应采取报废处理，绝不允许有结构性缺陷的预制构件使用。

（3）对可修补构件监督修补作业要求

1）审核 PC 构件缺陷修补方案的可行性。

2）抽查修补浆料强度，并以试验报告为准。

3）严重缺陷修补处理后，须重新检验。

4）超过尺寸偏差且影响结构性能和安装、使用功能的部件须经原设计单位认可，并制定技术处理方案，方可进行修补处理并重新检查验收。

5）监督修补后 PC 构件养护过程。

145. 如何对预制构件吊运、存放、运输进行监理检查？

监理应对构件制作后的吊运、存放环节和发货装车、运输环节进行检查。

（1）国家标准《装标》的相关规定

1）关于吊运的规定，预制构件吊运应符合下列规定：

①应根据预制构件的形状、尺寸、重量和作业半径等要求选择吊具和起重设备，所采用的吊具和起重设备及其操作，应符合国家现行有关标准及产品应用技术手册的规定。

②吊点数量、位置应经计算确定，应保证吊具连接可靠，采取保证起重设备的主钩位置、吊具及构件重心在竖直方向上重合的措施。

③吊索水平夹角不宜小于 60°，不应小于 45°。

④应采用慢起、稳升、缓放的操作方式，吊运过程中应保持稳定，不得偏斜、摇摆和扭转，严禁吊装构件长时间悬停在空中。

⑤吊装大型构件、薄壁构件或形状复杂的构件时，应使用分配梁或分配桁架类吊具，并应采取避免构件变形和损伤的临时加固措施。

2）关于存放的规定，预制构件存放应符合下列规定：

①存放场地应平整、坚实，并应有排水措施。

②存放库区宜实行分区管理和信息化台账管理。

③应按照产品品种、规格型号、检验状态分类存放，产品标识应明确、耐久，预埋吊件应朝上，标识应向外。

④应合理设置垫块支点位置，确保板制构件存放稳定，支点宜与起吊点位置一致。叠合板垫木的方向应与桁架筋方向垂直。

⑤与清水混凝土面接触的垫块应采取防污染措施。

⑥预制构件多层叠放时，每层构件间的垫块应上下对齐；预制楼板、叠合板、阳台板和空调板等构件宜平放，叠放层数不宜超过6层；长期存放时，应采取措施控制预应力构件起拱值和叠合板翘曲变形。

⑦预制柱梁等细长构件宜平放且用两条垫木支撑。

⑧预制内外墙板、挂板宜采用专用支架直立存放，支架应有足够的强度和刚度，薄弱构件、构件薄弱部位和门窗洞口应采取防止变形开裂的临时加固措施。

3）关于运输的规定。预制构件在运输过程中应做好安全和成品防护，并应符合下列规定：

①应根据预制构件种类采取可靠的固定措施。

②对于超高、超宽、形状特殊的大型预制构件的运输和存放应制定专门的质量安全保证措施。

③运输时宜采取如下防护措施：

设置柔性垫片避免预制构件边角位或链索接触处的混凝土损伤。

用塑料薄膜包裹垫块避免预制构件外观污染。

墙板门窗框、装饰表面和棱角采用塑料贴膜或其他措施防护。

竖向薄壁构件设置临时防护支架。

装箱运输时，箱内四周采用木材或柔性垫片填实，支撑牢固。

④应根据构件特点采用不同的运输方式，托架、靠放架、插放架应进行专门设计，并进行强度、稳定性和刚度验算。

外墙板宜采用立式运输，外饰面层应朝外，梁、板、楼梯、阳台宜采用水平运输。

采用靠放架立式运输时，构件与地面倾斜角度宜大于80°，构件应对称靠放，每侧不大于2层，构件层间上部采用木垫块隔离。

采用插放架直立运输时，应采取防止构件倾倒的措施，构件之间应设置隔离垫块。

水平运输时，预制梁、柱构件叠放不宜超过3层，板类构件叠放不宜超过6层。

（2）吊运时监理要点

1）质量要点

①检查选择的吊具、起重设备及吊装位置是否符合国家现行有关标准及产品应用技术手册的规定。

②检查吊点数量、位置是否符合施工方案及图样要求。

③检查吊装大型构件、薄壁构件或形状复杂的构件时，是否采取了避免构件变形和损伤的临时加固措施。

2）安全要点

①检查吊运路线是否避开工人作业区，是否对起重机械驾驶员做好了安全技术交底。

②检查吊索吊具与构件连接是否可靠。

③检查吊运操作是否稳定。

④检查吊运过程中是否有专人指挥。

⑤检查装车堆放是否稳定，确保装车、运输的稳定，不倾倒、不滑动。

(3) 存放时监理要点

1）常见存放方式

①楼梯应采用叠层存放。

②带飘窗的墙体应设有支架立式存放。

③阳台板、挑檐板和曲面板应采用单独平放的方式存放。

2）质量要点

①堆放场地布置是否满足运输构件大型车辆装车出入。

②堆放场地是否平整、坚实，是否有良好的排水措施。

③构件堆放支撑位置是否符合设计图样要求。

④采取多点支垫时，一定要避免边缘支垫低于中间支垫，形成过长的悬臂，导致较大负弯矩从而产生裂缝。

⑤构件堆放使用的垫方、垫块是否满足堆放要求。

⑥各类构件存放方式是否符合要求。

⑦构件标识是否在明显位置。

⑧构件存放是否采取了防污染、防破损保护措施。

⑨构件伸出钢筋是否采取了防锈保护措施。

3）安全要点

①构件采用多层码放形式存放时，每层构件间的垫块上下是否对齐，是否采取了防堆垛倾覆的措施。

②墙板构件竖直堆放是否采用了防倾倒专用存放架（见本书第 2 章图 2-26）。

③构件伸出钢筋超出构件长度时，是否在钢筋上做好了标识，以免伤人。

(4) 装卸运输监理要点

1）符合设计要求的支承点位置。

2）装车后应有定位措施来防止构件在颠簸、刹车、转弯过程中的移动（见本书第 2 章图 2-24）。

3）垫方、垫块是否符合要求。

4）防止磕碰污染。

146. 如何进行 PC 构件的出厂验收？包括哪些项目？应执行哪些标准？

(1) PC 构件出厂前验收检查的重点工作

主要包括以下 7 个方面内容：

1）PC 构件数量和规格型号核实。

2）预制构件标识检查。

3）质量证明文件检查（详见 148 问）。

4）外观缺陷检查。

5）预留插筋、埋置套管；预埋件等检验。

6）梁板类简支受弯构件结构性能检验。

7）尺寸偏差检查。

（2）PC 构件出厂验收要求

1）PC 构件出厂应由驻厂监理组织对构件进行验收，包括缺陷检验、尺寸偏差检验、套管位置检验等。

2）全数检查的项目，每个构件建立一个综合检验单。每完成一项检验，检验者签字确认一项；各项检查合格后，填写合格证，并在构件上做明显标识。

（3）PC 构件出厂验收的项目

1）外观缺陷检查

①蜂窝、孔洞、夹渣、疏松。

②表面层装饰质感。

③表面裂缝。

④破损。

2）尺寸检查

①伸出钢筋是否偏位。

②套筒是否偏位。

③孔眼是否偏位、孔道是否歪斜。

④预埋件是否偏位。

⑤外观尺寸是否符合要求。

⑥平整度是否符合要求。

3）质量证明文件和 PC 数量、规格型号检查。

（4）PC 构件出厂验收执行的标准

1）现行国家标准 GB 50204《混凝土结构工程施工质量验收规范》

2）现行国家标准 GB/T 51231《装配式混凝土建筑技标准》

3）现行行业标准 JGJ 1《装配式混凝土结构技术规程》

4）现行行业标准 JGJ 355《钢筋套筒管将连接应用技术规程》

5）其他相关原材料的现行国家标准和行业标准

147. PC 构件档案应包括哪些项目？

PC 构件的档案应与产品生产同步形成、收集和整理，包括但不限于以下内容：

（1）预制混凝土构件制作合同

（2）预制混凝土构件制作图样、设计文件、设计洽商、变更或交底文件

（3）生产方案和质量计划等文件

（4）原材料质量证明文件、复试报告和试验报告

（5）混凝土试配资料

（6）混凝土配合比通知单
（7）混凝土开盘鉴定
（8）混凝土强度报告
（9）钢筋检验资料，钢筋接头的试验报告
（10）模具检验资料
（11）预应力施工记录
（12）混凝土浇筑记录
（13）混凝土养护记录
（14）构件检验记录
（15）构件性能检测报告
（16）构件出厂合格证
（17）质量事故分析和处理资料
（18）其他与预制混凝土构件生产和质量有关的重要文件资料

148. PC 构件出厂质量证明文件包括哪些内容？驻厂监理如何确认？

（1）预制构件出厂质量证明文件

1）出厂合格证。

2）混凝土强度检验报告。

3）钢筋套筒等其他构件钢筋连接类型的工艺报告。

4）合同要求的其他质量证明文件。

5）由于国内装配式仍在摸索过程，监理单位可根据实际需求进行索要。

（2）驻厂监理确认 PC 构件出厂质量证明文件的方式

1）要求 PC 构件工厂材料和工程报验及时准确。

2）预制构件的档案应与产品生产同步形成、收集和整理。

3）构件出厂前核对每一个构件的质量证明文件。

149. 装配式建筑施工安装有哪些监理项目和内容？哪些是重点？

装配式建筑施工安装过程中的监理项目、内容和重点等级可参见表 4-18。

表 4-18　装配式建筑施工安装过程中的监理项目、内容和重点等级

类　别	监理项目	监理内容	重点等级
准备	图纸会审与技术交底	参与	☆☆☆☆
	施工组织设计	审核	☆☆☆☆☆
	重要环节技术方案制定	参与、审核	☆☆☆☆☆

（续）

类　别	监 理 项 目	监 理 内 容	重 点 等 级
部品部件	PC 构件入场验收	参与、全数核查	☆☆☆☆☆
	其他部品入场验收（门窗、内隔墙、集成浴室、集成厨房、集成收纳柜等）	参与、抽查	☆☆
工地原材料	灌浆料	检查资料、参与验收实物	☆☆☆
	钢筋	检查资料、参与验收实物	☆☆☆
	商品混凝土	检查资料、参与验收实物	☆☆☆
	临时支撑预埋件	检查资料、参与验收实物	☆☆☆
	安装构件用螺栓、螺母、连接件、垫块	检查资料、参与验收实物	☆☆☆
	构件接缝保温材料	检查资料、参与验收实物	☆☆☆☆
	构件接缝防水材料	检查资料、参与验收实物	☆☆☆☆
	构件接缝防火材料	检查资料、参与验收实物	☆☆☆☆
	防雷引下线连接用材料和防锈蚀材料	检查资料、参与验收实物	☆☆☆☆
	临时支撑设施	抽查	☆☆
试验	受力钢筋套筒抗拉试验	全程检查、审核结果	☆☆☆☆☆
	吊具检验	检查	☆☆☆☆☆
安装前作业	现浇混凝土伸出钢筋精度控制、检查	检查	☆☆☆☆☆
	安装部位混凝土质量检查	检查	☆☆☆
	放线测量方案与控制点复核	检查	☆☆☆
	剪力墙构件灌浆分隔（分舱）方案审查	审核	☆☆☆
构件吊装	构件安装定位	检查	☆☆☆
	构件支撑	检查	☆☆☆
	灌浆作业	旁站全程监督	☆☆☆☆☆
	外墙挂板、楼梯板等螺栓固定	检查	☆☆☆☆☆
	防雷引下线连接	检查	☆☆☆
后浇混凝土施工	后浇筑混凝土钢筋加工	抽查	☆☆
	后浇筑混凝土钢筋入模	检查	☆☆☆
	后浇混凝土支模	检查	☆☆☆
	后浇混凝土隐蔽工程验收	检查、签字隐蔽工程记录	☆☆☆☆☆
	叠合层管线敷设	抽查	☆☆
	后浇混凝土浇筑	抽查	☆☆
	后浇混凝土试块留样	抽查	☆☆☆
	后浇混凝土养护	抽查	☆☆
其他安装	构件接缝保温、防水、防火施工	抽查	☆☆☆☆
	其他部品安装	抽查	☆☆
工程验收	安装工程验收	验收、签字	☆☆☆☆☆
	工程技术档案	复核	☆☆☆☆☆

150. 施工单位建立健全质量管理体系的重点工作有哪些？

装配式建筑的施工安装单位应建立健全质量管理体系，其重点工作有以下内容：

1）组建PC施工管理机构，设置PC施工管理、技术、质量、安全等岗位，并建立责任体系。

2）编制现场总平面布置图。

3）审核分包或外委托单位资质，如吊装、灌浆、支撑队伍等。

4）编制施工总进度计划、材料进场计划。

5）制订预制构件和材料进场检验流程。

6）制订劳动力计划和培训方案。

7）编制机械设备计划方案，包括：塔式起重机计划，吊架吊具计划，灌浆设备、支撑设施和其他设备计划。

8）制订PC安装各个作业环节的操作规程。

9）编制图样、质量要求、操作规程交底。

10）制订质量检验项目清单流程。

11）制订后浇区钢筋隐蔽工程验收流程。

151. PC构件进入施工现场后如何检查？直接从车上吊装时如何检查？

装配式建筑PC构件大多在工厂制作。总承包代表、监理代表、甲方代表在PC构件出厂前，对PC构件进行出厂检查，不合格的构件不让出厂。但在出厂检查合格后，由于运输、装卸过程中，可能造成构件的损坏、混凝表面的缺陷，因此PC构件在进入施工现场时也应进行进场检查。进场检查一般分为三种方式：

（1）严格按照PC构件的出厂检查标准进行检查，检查PC构件的质量证明文件。

（2）检查PC构件在运输、装卸过程中可能造成的损坏，检查混凝土表面缺陷及PC构件的质量证明文件。

（3）检查运输、装卸过程中可能造成的损坏及混凝土表面的质量缺陷，检查PC构件的质量证明文件，再按照一定比例，检查PC构件安装过程中重点事项（如：套筒定位，有无堵塞现象；构件的几何尺寸；吊点预埋等）。

综上所述，第三种检查方式最为合理，既能在不做重复工作的条件下保证PC构件的安装顺利，又能保证PC构件在运输、装卸过程中造成的质量问题得以解决。建议装配式建筑中PC构件的进场检查优先采用第三种检查方式。这种检查方式的主要内容如下：

1）检查运输、装卸过程中可能造成PC构件外观严重缺陷、一般缺陷。

检查PC构件外观严重缺陷的内容包括：

①纵向受力钢筋有露筋。

②构件主要受力部位有蜂窝、孔洞、夹渣、疏松。

③影响结构性能或使用功能的裂缝。

④连接部位有影响使用功能或装饰效果的外形缺陷。

⑤具有重要装饰效果的清水混凝土构件表面有外观缺陷等。

⑥石材反打、装饰面砖反打和装饰混凝土表面影响装饰效果的外观缺陷等。

检查 PC 构件外观一般缺陷的内容包括：

①纵向受力钢筋以外的其他钢筋有少量露筋。

②非主要受力部位有少量蜂窝、孔洞、夹渣、疏松。

③不影响结构性能或使用性能的裂缝。

④连接部位有基本不影响结构传力性能的缺陷。

⑤不影响使用功能的外形缺陷和外观缺陷。

以上所有缺陷问题，必须由 PC 构件厂家专业技术人员进行处理，PC 构件如存在上述严重缺陷，不能安装，技术处理方案须经监理单位同意后方可进行处理；对劣等或连接部位的严重缺陷及其他影响结构安全的严重缺陷，技术处理方案尚应经设计单位认可，处理后的构件应重新验收。

2）检查 PC 构件的质量证明文件包括：

①原材料质量证明文件、复试试验记录和试验报告。

②混凝土试配资料。

③混凝土配合比通知单。

④混凝土强度检验报告。

⑤钢筋检验资料、钢筋接头的试验报告。

⑥混凝土浇筑记录。

⑦混凝土养护记录。

⑧构件检验记录。

⑨构件结构性能检测报告。

⑩构件出厂合格证。

⑪钢筋套筒等其他构件钢筋连接类型的工艺检验报告。

⑫合同要求的其他质量证明文件。

3）标识检查。PC 构件的标识内容包括制作单位，构件编号、型号、规格、强度等级、生产日期、质量验收标示等。

4）按照一定比例，检查 PC 构件安装过程中的重点注意事项，包括：

①外伸钢筋须检查钢筋类型、直径、数量、位置、外伸长度是否符合设计要求。

②套筒和浆锚孔须检查数量、位置及套筒内是否有异物堵塞。

③钢筋留孔检查数量、位置以及预留洞内是否有异物堵塞。

④检查预埋件数量、位置及锚固情况。

⑤检查预埋避雷针数量、位置及外伸长度。

⑥检查预埋管线数量、位置以及管内是否有异物堵塞。

⑦吊点预埋是否正确。

（4）PC 构件直接从车上吊装，一般应核实数量、规格和型号并进行质量检验，检验合格可直接吊装至存放地。检查内容包括：

1）检查 PC 构件质量证明文件。

2）PC 构件应在明显部位标明项目名称、构件型号、生产日期、质量验收合格标识，检查 PC 构件标识；核实数量、规格。

3）检查运输、装卸过程中可能造成 PC 构件外观缺陷。

4）检查 PC 构件安装过程中的重点注意事项。

152. 如何进行施工用主要材料的进场检查?

装配式建筑中施工用主要材料主要集中在影响结构安全、施工安全的材料，如灌浆料、五金件、钢筋、混凝土、斜撑等。重点检查内容包括：

1）检查灌浆料原材料：产品合格证、物理性能检测报告、保质期，见表 4-19、表 4-20。

表 4-19　套筒灌浆料的技术性能参数表

项　　目		性能指标
流动度/mm	初始	≥300
	30min	≥260
抗压强度/MPa	1d	≥35
	3d	≥60
	28d	≥85
竖向膨胀率（%）	3h	≥0.02
	24h 与 3h 的膨胀率之差	0.02～0.5
氯离子含量（%）		≤0.03
泌水率（%）		0

表 4-20　钢筋浆锚搭接连接接头用灌浆料性能要求

项　　目		性能指标	试验方法标准
泌水率（%）		0	《普通混凝土拌合物性能试验方法标准》GB/T 50080
流动度/mm	初始值	≥200	《水泥基灌浆材料应用技术规范》GB/T 50448
	30min 保留值	≥150	
竖向膨胀率/%	3h	≥0.02	《水泥基灌浆材料应用技术规范》GB/T 50448
	24h 与 3h 的膨胀率之差	0.02～0.5	
抗压强度/MPa	1d	≥35	《水泥基灌浆材料应用技术规范》GB/T 50448
	3d	≥55	
	28d	≥80	
氯离子含量（%）		≤0.06	《混凝土外加剂匀质性试验方法》GB/T 8077

2）检查外墙操作平台，对于连接件应检查：产品合格证、物理性能检测报告和连接性能检验报告。

3）检查五金件、垫块、螺栓、螺母的产品合格证、物理性能检测报告及外观检查，有无损坏、变形和严重锈蚀等。

4）检查胶条：产品合格证、物理性能检测报告及外观检查，有无破损、开裂及老化等。

5）检查后浇混凝土部分的钢筋：产品合格证明报告、复试报告及外观检查，有无颜色异常、锈蚀是否严重、规格实测是否超标、表面裂纹和重皮等。

6）检查后浇混凝土部分的混凝土：强度等级、首次报告、配合比、厂家及现场抽测混凝土坍落度。

7）检查斜支撑及斜支撑预埋件：产品合格证、物理性能检测报告及外观检查，有无损坏、变形和锈蚀情况等。

8）检查钢筋连接套筒：产品合格证、物理性能检验报告、套筒灌浆试验报告及尺寸等。

153. 如何进行预制集成化建筑部品的进场检查?

装配式建筑目前已经推广使用的集成式建筑部品有集成式整体卫浴、集成式整体厨房、集成式卫生间、集成式整体收纳柜、内隔墙板等。预制集成式建筑部品进场后，监理工程师应重点检查以下内容：

（1）检查部品和配套材料的出厂合格证、出场检验报告。

（2）所有原材料的出厂合格证、出场检验报告、涉及复试的要有复试报告。

（3）检查工厂制作过程中所有隐蔽项目的验收记录，主要包括：

1）预埋件。

2）与主体结构的连接节点。

3）与主体结构之间的封堵构造节点。

4）变形缝及墙面转角处的构造节点。

5）水电线管隐蔽等。

（4）检查连接件材料、锚栓拉拔强度等检验报告。

（5）检查原材料性能的试验和测试的报告，主要包括：

1）饰面砖（板）的粘结强度测试。

2）板接缝及外门窗装部位的现场淋水试验。

3）门窗的五项物理性能：气密性、水密性、抗风压性、保温性和隔声性。

4）涉及部品原材料的传热系数检测。

5）涉及部品原材料的防火性能检测。

（6）检查部品的尺寸、接口误差。

（7）检查部品外观质量。

154. 如何监督检查预制构件工地临时堆放？

按照《装标》9.8.2 条的相关规定，预制构件工地临时堆放应从方案、场地要求、构件支撑及其他一般要求四个方面进行监督检查：

（1）方案审核

装配式建筑预制构件在工地现场临时堆放，施工单位上报预制构件临时堆放工艺设计专项方案，监理单位审核专项方案是否符合设计及规范要求。

（2）监督检查预制构件堆放场地，应满足下列要求：

1）堆放场地应在门式起重机或汽车式起重机可以覆盖的范围内。

2）堆放场地布置应方便运输构件的大型车辆装车和出入。

3）存放场地应平整、坚实，宜采用硬化地面或草皮砖地面，并应有排水措施。

4）存放构件时要留出通道，不宜密集存放。

5）堆放场地应设置分区，根据工地安装顺序分类堆放构件。

6）存放库区宜实行分区管理和信息化台账管理。

（3）监督检查预制构件的支撑，应满足下列要求：

1）必须根据设计图样要求的构件支撑位置与方式支撑堆放构件。如果设计图样没有给出要求，应当请设计单位补联系单。原则上，垫方垫块位置应与脱模、吊装时的吊点位置一致。

2）应合理设置垫块支撑点位置，确保预制构件存放稳定，支点宜与起吊点位置一致。

3）预制柱、梁等细长构件宜平放且用两条垫木支撑。

4）存放构件的垫方垫块要坚固。

5）预制构件多层叠放时，每层构件间的垫块应上下对齐；预制楼板、叠合板、阳台板和空调板等构件宜平放，叠放层数不宜超过 6 层，应由设计人根据构件的承载力计算确定，长期存放时，应采取措施控制预应力构件起拱值和叠合板翘曲变形。

6）当采取多点支垫时，一定要避免边缘支垫低于中间支垫，形成过长的悬臂，导致较大负弯矩产生裂缝。

7）预制内外墙板、挂板等构件垂直堆放宜采用专用支架直立存放，支架应有足够的强度和刚度，薄弱构件、构件薄弱部位和门窗洞口应采取防止变形开裂的临时加固措施。

（4）监督检查预制构件临时堆放是否符合一般要求的规定

1）应按照产品品种、规格型号、检验状态分类存放，产品标识应明确、耐久，预埋吊件应朝上，标识应向外。

2）与清水混凝土面接触的垫块应采取防污染措施。

3）预应力构件存放应根据构件起拱值的大小和存放时间采取相应措施。

4）装饰化一体构件要采取防止污染的措施。

5）伸出钢筋超出构件的长度或宽度时，应在钢筋上做好标识，以免伤人。

155. 如何检查吊装作业前的准备工作？

PC 构件吊装作业前，应重点检查如下内容：

（1）应根据预制构件的形状、尺寸、重量和作业半径等要求选择吊具和起重设备，检查所采用的吊具和起重设备及其操作，应符合国家现行有关标准及产品应用技术手册的规定。

（2）进行单元式吊装试验，检查试用塔式起重机，确认可正常运行。

（3）检查吊装架、吊索等吊具，检查吊具，特别是检查绳索是否有破损，吊钩卡环是否有问题等。

（4）检查现浇钢筋预留位置长度是否正确，伸出钢筋采用机械套筒连接时，须在吊装前在伸出钢筋端部套上套筒。

（5）检查测量放线定位。构件经过检查，质量合格后，即可在构件上弹出安装中心线，作为构件安装、对位、校正的依据。外形复杂的构件，还要标出它的重心的绑扎点的位置。在对构件弹线的同时，应按图纸将构件进行编号，以免搞错。构件弹线主要包括以下位置：

1）柱中心线。

2）地坪标高线。

3）基础顶面线。

4）吊车梁对位线。

5）柱顶中心线。

（6）检查是否做好灌浆作业的准备，准备好灌浆料、设备、灌浆作业人员，并调试灌浆泵。

（7）检查牵引绳等辅助工具、材料是否完好，准备齐全。

（8）检查构件套筒或浆锚孔是否堵塞。当套筒、预留孔内有杂物时，应当及时清理干净。用手电筒补光检查，发现异物用气体或钢筋将异物清掉。

（9）检查连接部位浮灰是否清扫干净。

（10）对于柱子、剪力墙板等竖直构件，安好调整标高的支垫（在预埋螺母中旋入螺栓或在设计位置安放金属垫块），准备好斜支撑部件，检查斜支撑地锚。

（11）检查叠合楼板、梁、阳台板、挑檐板等水平构件，是否架立好竖向支撑。

（12）检查外挂墙板安装节点连接部件的准备，如果需要水平牵引，应检查牵引葫芦吊点设置、工具准备情况等。

156. 如何检查作业前的技术交底？哪些岗位人员必须持证上岗？如何检查？

（1）监理单位检查施工作业前的技术交底，主要包括以下内容：

1）检查施工单位的技术交底提纲，是否符合施工图纸、相关规范及施工方案的要求。

2）检查施工单位是否对作业人员进行现场技术交底（可以借助网络手段，通过视频或者留存的现场技术交底的影像资料进行检查），是否有书面交底记录，并有被交底人员签字记录。

（2）按照国家强制规定要求，所有相关专业作业人员必须全部持证上岗（包括塔式起重机司机、司索、电焊工、高空作业等）。另外对于关键技术节点如灌浆作业人员，企业要进行专门的培训，持企业培训证上岗。

（3）施工作业前，监理人员应检查所有作业人员原始证件，是否为国家相关部门颁发的证件，检查证件的真实性、有效性，并保证人证合一，还应要求配戴本专业标志胸牌。

157. 如何检查测量仪器、吊装设备、吊具、灌浆设备的准备与完好性？

（1）测量仪器检查

1）检查所有测量仪器清单是否满足测量作业要求，是否齐全。

2）所有测量仪器送至专门的仪器检测部门检测、校准。

（2）吊装设备、吊具检查（见图4-26）

1）外观检查：检查吊装设备、吊具（如钢丝绳、揽风绳、链条和吊钩）是否有锈蚀、开裂、断裂痕迹，吊装设备的安全装置是否灵敏可靠，每次吊装前都要进行一次外观检查。

2）试验性检查：对突然加大吊装荷载前，要先进行试吊装检查，检查吊装设备、吊具是否变形、破损，避免产生安全事故。

（3）灌浆设备检查

重点检查灌浆孔是否堵塞，灌浆设备压力是否满足要求，设备是否运行良好，设备用电是否符合规范要求。

a）　b）　c）　d）

图4-26　常用吊具

a）点式吊具　b）梁式吊具　c）架式吊具　d）特殊吊具

158. 装配式混凝土建筑有哪些连接方式？

（1）装配式混凝土建筑连接方式分类见图4-27。

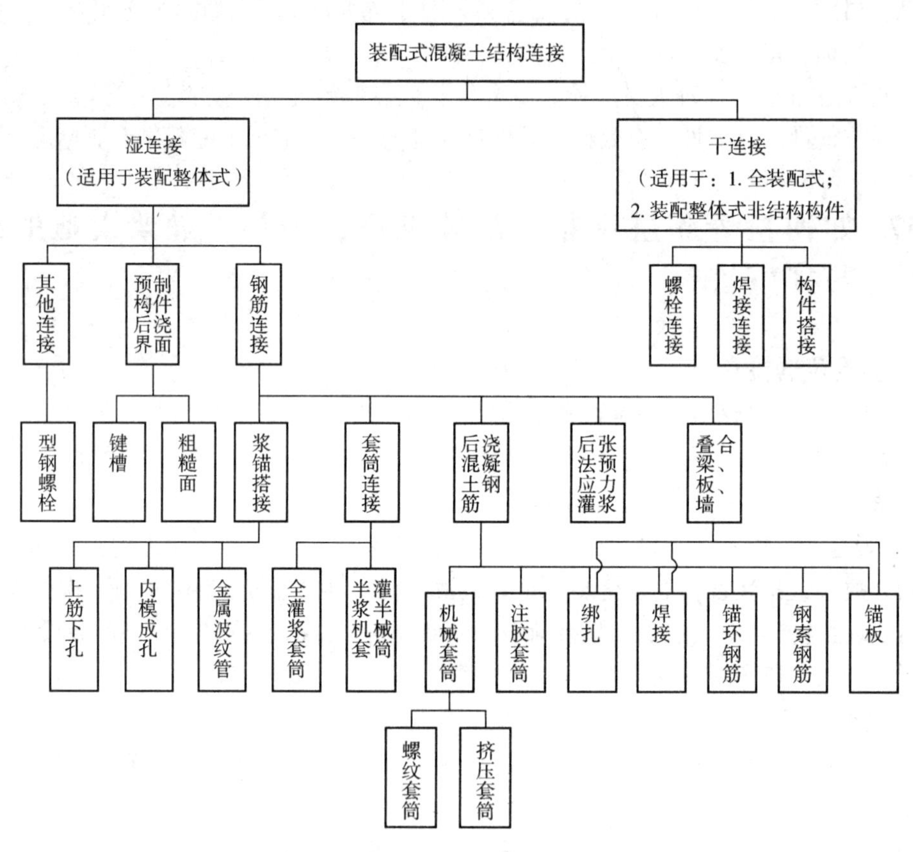

图4-27　装配式混凝土结构连接分类

（2）装配式混凝土建筑连接方式统计表，见表4-21

表4-21　装配整体式混凝土结构后浇混凝土钢筋连接方式统计表

序号	连接方式		示意图	适用部位	说明
1	机械套筒连接	1.1 螺纹套筒	螺纹钢筋　灰浆注入孔　耦合器	适用于梁与梁、柱子与梁、柱子与柱子的连接	
		1.2 挤压套筒	带肋钢筋　套筒	适用于梁与梁、柱子与梁、柱子与柱子的连接；剪力墙板的水平连接	

（续）

序号	连接方式		示意图	适用部位	说明
2	注胶套筒连接		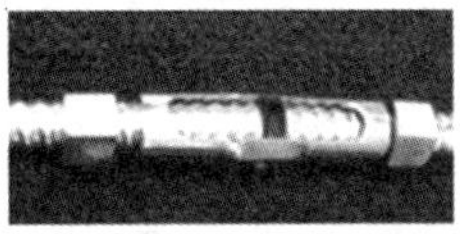	适用于梁与梁的连接	
3	搭接绑扎	3.1 叠合梁、板上部构件绑扎	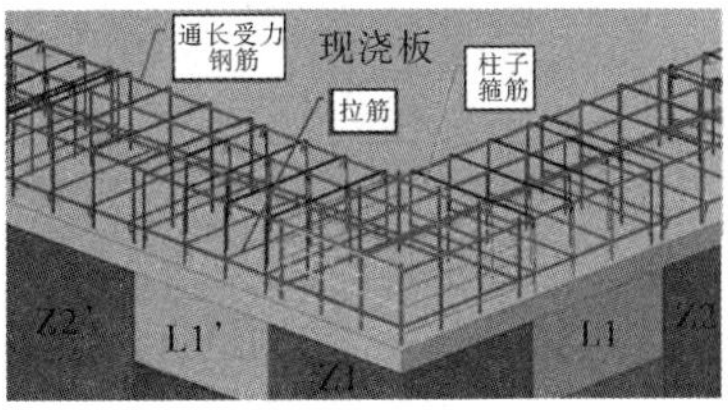	适用于叠合梁、叠合板的上部连接	
		3.2 直筋搭接	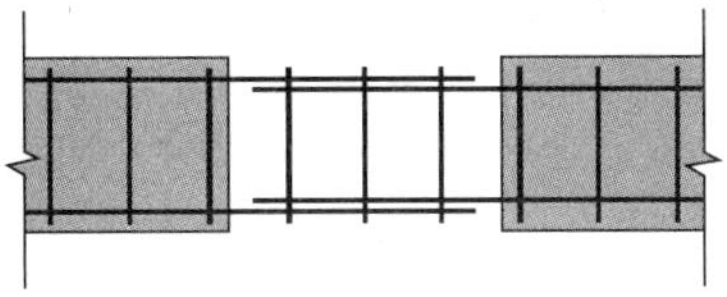	适用于梁的钢筋连接、柱与梁的连接	
		3.3 环形筋搭接	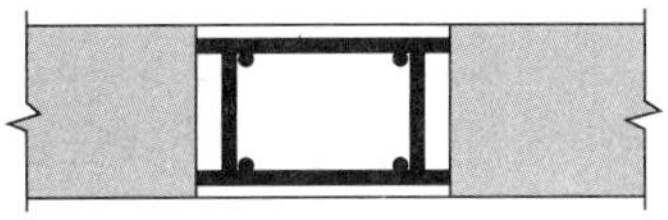	适用于剪力墙板的水平连接	
4	钢筋焊接		 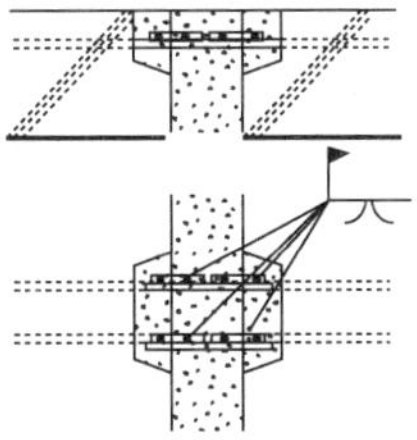	适用于叠合楼板之间的连接、柱子的竖向钢筋连接、剪力墙钢筋竖向连接、剪力墙钢筋的横向连接。叠合梁、板钢筋连接	
5	钢筋锚板		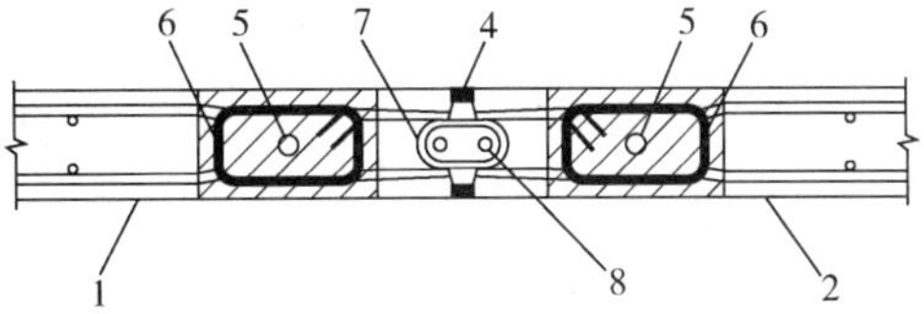	适用于支座内锚固	
6	竖向钢筋插环	环形筋插入竖筋	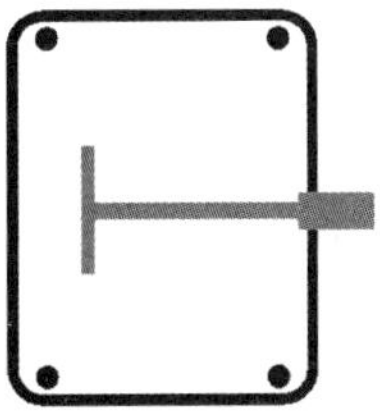	适用于多层剪力墙板之间的连接	

（续）

序号	连接方式		示意图	适用部位	说明
6	竖向钢筋插环	环形钢索插入竖筋	钢丝绳套 插筋 墙板	适用于多层剪力墙板之间的连接	

159. 如何组织单元试安装？如何对单元试安装进行评估？对出现问题进行改进？

(1) 单元试安装的组织

PC构件在全面安装之前，选取一个有代表性的单元进行试拼装，各类主要构件都应包含在内，以便发现安装中存在的问题，为后期全面安装做好准备。对于装配式预制剪力墙结构建筑可选取几个轴线作为一个单元，框架结构可以选取梁板柱组成一跨作为一个单元。施工单位应上报单元试安装计划报监理单位批准。试安装过程中，监理单位要进行旁站监理，通过单元试安装，发现构件本身及安装过程中存在的问题，形成问题记录，以利于指导后期施工安装工作。

(2) 单元试安装的评估

监理人员在构件安装过程中，应对构件材料、安装过程、成活质量进行全面评估。主要步骤如下：

1）检查预制构件进场材料是否符合要求。

2）对预制构件型号、规格、外观等进行现场检查。

3）检查预制构件安装程序是否与施工方案相符。

4）安装完成后检查安装偏差是否在设计及规范允许范围内。

5）检查安装后外观质量。

6）对存在的问题进行记录（包含安装过程影像资料，便于指导后期施工），在单元试安装完成后，立即召开总结会议，对全面安装工作提出指导意见。

(3) 对存在问题的改进措施

根据上述检查结果进行综合评测，按照下列程序改进：

1）从设计、构件生产、施工等多角度分析问题产生的原因，总结改进方案。

2）对改进方案进行实际验证。

3）核查改进方案效果。

4）如果改进方案效果可行，则用于实际施工。如果改进方案不可行，则再次从1）步骤开始循环。

160. 如何按规范要求进行现场结构试验？

PC 构件的现场结构试验应按国家标准《混凝土结构工程施工质量验收规范》（GB 50204）附录 B《受弯预制构件结构性能检验》给出的结构性能检验要求与方法，以及设计要求进行现场结构试验。结构性能检验主要针对简支受弯的梁板类标准构件，预制构件生产企业应按批量抽样梁板类简支受弯 PC 构件或设计有要求 PC 构件进场时需进行结构性能检验的。结构性能检验是针对构件的承载力、挠度、裂缝控制等各项指标所进行的检验。工地往往不具备结构性能检验的条件，也可在构件预制工厂进行，监理、建设和施工方代表应当在场。构件进场验收时，生产厂家应按标准要求提供结构性能检验报告。结构试验的具体内容主要包括：

（1）钢筋混凝土构件和允许出现裂缝的预应力混凝土构件应进行承载力、挠度和裂缝宽度试验；不允许出现裂缝的预应力混凝土构件应进行承载力、挠度和抗裂试验。

（2）对大型构件及有可靠应用经验的构件，可只进行裂缝宽度、抗裂和挠度检验。

（3）对使用数量较少的构件，当能提供可靠依据时，可不进行结构性能检验。

（4）对于其他类构件均可以采用加强材料进场和过程管理等方法，采用监理驻厂监造方式生产的构件可不必进行结构性能检验。

（5）装配整体式结构构件宜采用延伸监理的办法来代替结构性能检验。

（6）对 PC 构件连接后浇混凝土的部位钢筋采用机械连接时，要检查机械连接接头质量证明文件、检查钢筋机械连接施工记录及平行时间的强度报告。

（7）如现场对结构试验结果有异议时，应当对结构实体进行以下检验：

1）连接部位混凝土强度。

2）连接部位的钢筋直径、间距和混凝土保护层厚度。

3）灌浆料饱满度检验。

4）工程合同约定其他的项目。

161. 如何确保现浇混凝土质量和伸出受力钢筋的位置与长度正确？

为确保现浇混凝土质量和伸出受力钢筋的位置与长度的准确，监理人员应采取下列控制措施：

1）检查混凝土进场时是否有相关材料（水泥、石子、砂子）出厂质量合格证或检验报告及配合比。

2）混凝土浇筑时，监理人员对混凝土坍落度进行抽测，每台班不得少于 4 次，并应根据实际情况要求施工单位及时调整；见证混凝土试压块的取料、制作（数量按规定和养护需要执行）、养护和送压。

3）旁站过程中，对混凝土浇筑工艺过程给予正确指导，发现问题及时提醒施工单位纠正。

4）全数检查主控项目（包括外观质量的严重缺陷；影响结构性能和使用功能的尺寸偏差）。

5）一般项目混凝土质量允许偏差用检测仪器和尺量等方法检查，柱、梁、板的件数各抽查10%，但均不应少于三件。

6）对混凝土一般缺陷的修补，需经现场监理同意后方可进行，并应针对缺陷的程度、处理措施和处理过程进行监控。

7）监理人员检查混凝土浇筑前钢筋定位，绑筋时规范预留外露钢筋长度，用胶塞固定钢筋位置，当混凝土浇筑振捣完毕后、混凝土初凝前再次复检调整，也可要求施工单位采用预留外露筋套膜来保证长度，此类问题在生产过程中完全可以避免。

8）施工过程中监理人员从拆模、清模、组（合）模、检尺、模板维护等环节进行把控，可有效控制此问题发生。墙板拆模时不能用“大锤砸”等暴力方式以避免模具变形；模板清理到位，保障合模尺寸。浇筑振捣后再次检查尺寸，确保质量合格。

9）定期对周转次数高的模板进行检查、维修，确保混凝土的各项性能指标合格。

10）安装前，检查连接构件的连接钢筋，钢筋的规格、长度、表面状况、轴心位置均应符合要求；检查预制构件内连接套筒灌浆腔、灌浆和排浆孔道中无异物存在；清除构件连接部位混凝土表面的异物和积水，必要时将干燥的混凝土结合面进行润湿；构件下方水平连接面要确保连通灌浆腔最小间隙；构件安装时，应保证所有连接钢筋插进套筒的深度达到设计要求，构件位置坐标正确后再固定。

11）注意灌浆部位预处理和密封质量。预制剪力墙、柱要用有密封功能的坐浆料或其他密封材料对构件拼缝连接面四周进行密封，必要时用木方、型钢等压在密封材料外做支撑；填塞密封材料时不得堵塞套筒下方进浆口；尺寸大的墙体连接面，采用密封砂浆做分仓隔断；在实际环境下做模拟灌浆试验，确认灌浆料能够充满整个灌浆连通腔和接头，在灌浆压力时构件四周密封可靠；对可能出现的漏浆、灌浆不畅等意外应做好处置预案。

12）预制梁连接钢筋部位安装全灌浆接头套筒，监理人员通过连接钢筋上标画的插入深度标记检查套筒位置正确性，确定套筒灌浆接头的灌浆和排浆孔端口超过套筒内壁最高处，两端密封圈位置正确、无破损。

162. 如何检查PC构件安装测量定位？如何控制安装误差？

（1）PC构件安装测量定位的检查

装配式混凝土建筑的定位宜采用中心定位法与界面定位法相结合的方法。对于主体结构的定位宜采用中心定位法，对于装修及部品的定位宜采用界面定位法。现场施工单位构件安装测量定位时，监理单位应与施工单位同时进行安装测量定位。监理工程师在检查构件安装测量定位时，要始终贯彻测量放线是现场施工先导工序，是保证PC构件及主体结构外形尺寸满足设计要求的前提，是使PC构件及主体结构达到清水混凝土的基础。在实际监理工作中应抓住以下几点：

1）检查施工竖向精度及高程控制网布设。水准点是竖向控制的依据，要求一个施工场区内设置不少于 3 个，高程控制点根据测绘局所给控制点控制。

2）监理人员要检查引测标高是否满足竖向控制的精度要求，检查场区内水准点是否被碰动，确认无误后确定引测标高。

（2）安装误差的控制

1）监理人员对 PC 构件安装误差的检查控制是装配式建筑安装中一项非常重要的工作。检查 PC 构件制作尺寸的精度，是确保整体结构尺寸精度和安装工程顺利完工的基本前提条件，要认真检查 PC 构件表面垂直度、平整度、连接孔本身的制作精度、临时固定节点位置尺寸等。

2）PC 构件安装前，监理人员要做好各项前期检查工作。如吊装前，监理工程师应对构件进行复测，只有在构件未变形和安装尺寸正确的前提下才能吊装。另外，监理人员在确认基础混凝土强度达到规范要求的前提下，还应对基础的预埋钢筋进行检测，如发现基础的位置和标高尺寸出现偏差，则要对该部位做好记录，以便调整 PC 构件就位位置。

3）为了提高整体 PC 结构的安装精度，要先对 PC 构件的轴线和标高进行复测，纠偏后暂时用相应措施固定，再进行结构胶或混凝土浇筑。

4）在 PC 构件安装过程中，监理人员要求安装单位对各个独立结构部分要尽快形成稳定结构，从而可以将整个安装过程产生的累积误差分散到各个部分，也可以避免因自然条件影响，使已经安装的 PC 构件变形或脱落甚至倾覆等。

5）PC 结构安装方法较多，监理人员应不断总结和积累工作经验，从而既提高安装的精度，又能减少返工现象，参见表 4-22。

表 4-22　预制构件安装尺寸的允许偏差及检验方法

项　目			允许偏差/mm	检验方法
构件中心线对轴线位置	基础		15	尺量检查
	竖向构件（柱、墙、桁架）		10	
	水平构件（梁、板）		5	
构件标高	梁、柱、墙、板底面或顶面		±5	水准仪或尺量检查
构件垂直度	柱、墙	<5m	5	经纬仪或全站仪量测
		≥5m 且<10m	10	
		≥10m	20	
构件倾斜度	梁、桁架		5	垂线、钢尺量测
相邻构件平整度	板端面		5	钢尺、塞尺量测
	梁、板底面	抹灰	5	
		不抹灰	3	
	柱墙侧面	外露	5	
		不外露	10	
构件搁置长度	梁、板		±10	尺量检查
支座、支垫中心位置	板、梁、柱、墙、桁架		10	尺量检查
墙板接缝	宽度		±5	尺量检查
	中心线位置			

163. 如何监理PC构件吊装作业？各类构件的安装要点是什么？如何检查PC构件安装精度？

（1）PC构件吊装作业（见图4-28）监理要点

1）检查施工单位吊装方案是否合理，并且按照方案实施。

2）检查施工单位技术交底，确保技术交底内容符合要求。

3）吊装前检查施工单位是否准备就绪。

4）吊装前应检查机械索具、夹具、吊环等是否符合要求并应进行试吊。

5）吊装时应旁站监理，其要求如下：

①吊装时必须有统一的指挥、统一的信号。

②使用橇棒等工具，用力要均匀、慢、支点要稳固，防止滑动发生事故。

③构件在未经校正、焊牢或固定之前，不准松绳脱钩。

④起吊笨重物件时，不可中途长时间悬吊、停滞。

⑤起重吊装所用之钢丝绳，不准触及有电线路和电焊搭接线或与坚硬物体发生摩擦。

⑥吊装速度不应过快，落钩时应缓慢下落，速度应低于5cm/s，严禁快速落钩。

6）吊装时安全要求如下：

①高空作业人员必须系安全带，安全带生根处须安全可靠。

②高空作业人员不得喝酒，在高空不得开玩笑。

③高空作业穿着灵便，禁止穿硬底鞋、高跟鞋、塑料底鞋或带钉的鞋。

④起重机行走道路和工作地点应坚实平整，以防沉陷，发生事故。

⑤六级以上大风和雷雨、大雾天气，应暂停露天起重和高空作业。

⑥拆卸吊绳时，吊钩下方不应站人；吊装现场区域内应设置吊装施工区，吊装区内禁止站人。

⑦遵守有关起重吊装的“十不吊”规定，“十不吊”是指：指挥信号不明不准吊，斜牵斜拉不准吊，被吊物重量不明或超负荷不准吊，散物捆扎不牢或物料装放过满不准

图4-28　预制构件吊装作业

吊，吊物上有人不准吊，埋在地下物不准吊，机械安全装置失灵不准吊，现场光线暗看不清吊物起落点不准吊，棱刃物与钢丝绳直接接触无保护措施不准吊，六级以上强风不准吊。

（2）各类构件的安装要点

1）预制柱安装施工要点：

①宜按照先角柱、边柱、中柱顺序进行安装，与现浇连接的柱先行吊装。

②就位前应预先设置柱底抄平垫块，控制柱安装标高。

③预制柱的就位以轴线和外轮廓线为控制线，对于边柱和角柱，应以外轮廓线控制为准。

④预制柱安装就位后应在两个方向设置可调斜撑作临时固定，并应进行标高、垂直度、扭转调整和控制。

⑤采用灌浆套筒连接的预制柱调整就位后，连接接线按工艺设计要求堵封。

2）预制墙板安装施工要点：

①为了保证不同构件之间吊装时两侧钢丝绳更换吊点而消耗大量时间，将吊梁设置为一侧两个吊点，另一侧根据工程构件需要设置构件编号吊点。

②墙板吊装采用模数吊装梁，根据预制墙板的吊环位置采用合理的起吊点，用卸扣将钢丝绳与外墙板的预留吊环连接，起吊至距地 500mm，检查构件外观质量及吊环连接无误后方可继续起吊。

③起吊前需将预制墙板下侧阳角钉上 500mm 宽的通长多层板，起吊要求缓慢匀速，保证预制墙板边缘不被损坏。

④预制墙板吊装时，要求塔式起重机缓慢起吊至作业层上方 600mm 左右时，施工人员用两根溜绳用搭钩钩住，再用溜绳将板拉住，缓缓下降墙板。

3）预制梁安装施工要点：

①预先架立好竖向支撑，调整好标高。

②以柱轴线为控制线；兼作外围护结构的边梁以外界面为控制线。

③梁吊装过程中防止伸出钢筋挂碰其他构件。

④梁就位后测量标高与位置误差，符合要求后，需架立斜支撑的构件架立斜支撑。

4）预制叠合板安装施工：

①预先架立好竖向支撑，调整好标高。

②叠合板吊装，起吊时利用模数化吊装架，起吊过程缓慢，确保叠合板平稳。

③吊装过程中，距离作业层 300mm 处，稍停顿，调整、定位叠合板方向；吊装过程中避免碰撞，停稳慢放，保证叠合板完好。

5）预制叠合阳台板安装施工要点：

①预先架立好竖向支撑。

②在阳台板吊装的过程中，阳台板离作业面 500mm 处停顿，调整位置，然后再进行安装，安装时动作要缓慢。

③对准控制线放置好阳台板后，进行位置微调，保证水平放置，最后再用 U 形托调整

标高；

④阳台吊装安装好后，还要对其进行校正，保证安装质量。

6）预制楼梯板安装施工：

①预制楼梯板安装时，距离作业面500mm处稍停顿，根据楼梯板方向调整，就位时缓慢操作，避免楼梯板受损。

②待其基本就位后，根据控制线，采用撬棍微调校正位置，校正完后进行焊接固定。

7）预制飘窗安装施工要点：

①试吊装时观察构件垂直度，如果过于偏斜将很难安装，须通过调整吊具吊索等方式调整重心。

②连接后将飘窗距离作业面300mm位置处，按照位置线，慢慢移动飘窗就位，用溜绳牵引飘窗，使得螺栓插入墙板连接孔洞。

（3）PC构件安装的精度检查

主要包括对标高与平整度、位置和垂直度进行检查。

1）对标高与平整度进行检查。柱子和剪力墙板等竖向构件安装，水平放线首先确定支垫标高；支垫采用螺栓方式，旋转螺栓到设计标高；支垫采用钢垫板方式，准备不同厚度的垫板调整到设计标高，构件安装后，监理人员使用卷尺、靠尺等测量工具对柱子顶面标高和平整度进行检查。没有支撑在墙体或梁上的叠合楼板、叠合梁等水平构件安装，水平放线首先控制临时支撑的顶面标高。构件安装后监理人员使用卷尺、靠尺等测量工具检查控制构件的地面标高和平整度。

2）对位置进行检查。PC构件安装原则上以中心线控制位置，构件中心线用墨斗分别弹在结构和构件上，监理人员在构件安装就位时使用卷尺进行测量复核。建筑外墙构件，包括剪力墙板、外墙挂板、悬挑楼板和建筑的柱、梁位置，“左右”方向与其他构件一样以轴线作为控制线，“前后”方向以外墙面作为控制边界。监理人员可以使用卷尺，对从主体结构探出定位杆拉线测量复核。

3）对垂直度进行检查。监理人员使用靠尺对柱子、墙板等竖直构件安装进行测量复核。

4）《装标》中规定预制构件安装尺寸的允许偏差及检验方法见表4-23。

表4-23　预制构件安装尺寸的允许偏差及检验方法

项　目			允许偏差/mm	检验方法
构件中心线对轴线位置	基础		15	经纬仪及尺量
	竖向构件（柱、墙、桁架）		8	
	水平构件（梁、板）		5	
构件标高	梁、柱、墙、板底面或顶面		±5	水平仪或拉线、尺量
构件垂直度	柱、墙	≤6m	5	经纬仪或吊线、尺量
		>6m	10	
构件倾斜度	梁、桁架		5	经纬仪或吊线、尺量

（续）

项目			允许偏差/mm	检验方法
相邻构件平整度	板端面		5	2 米靠尺和塞尺测量
	梁、板底面	外露	3	
		不外露	5	
	柱墙侧面	外露	5	
		不外露	8	
构件搁置长度	梁、板		±10	尺量
制造、支垫中心位置	板、梁、柱、墙、桁架		10	尺量
墙板接缝	宽度		±5	尺量

164. 如何检查构件临时支撑的可靠性？什么条件下准许拆除构件的临时支撑？

（1）PC 构件安装前，需审核安装方案中对预制构件的临时支撑、预埋吊件验算书，审核预埋件数量、位置等。构件安装后，检查预埋件数量、位置等与施工方案是否相符，见表 4-24 所示。PC 构件临时支撑还应满足如下要求：

1）每件预制墙板安装过程的临时斜撑不宜少于 2 道。

2）对预制柱、墙板构件的上部斜支撑，其支撑点位置距离板底不宜小于构件高度的 2/3，且不应小于构件高度的 1/2；斜支撑应与构件可靠连接。

3）竖向构件安装就位后，可通过临时斜撑对构件的位置及垂直度进行微调。

（2）临时支撑拆除要在混凝土强度达到设计规定的拆支撑强度后方可进行，并应根据受力状态，先从受力最小的构件拆起。构件临时支撑的拆除应符合《建筑施工临时支撑结构技术规范》（JGJ 300）的要求：

1）支撑结构拆除应按专项施工方案确定的方法和顺序进行。

2）支撑结构的拆除应符合下列规定：

①拆除作业前，应先对支撑结构的稳定性进行检查确认。

②拆除作业应分层、分段，由上至下顺序拆除。

③当只拆除部分支撑结构时，拆除前应对不拆除支撑结构进行加固，确保其稳定。

④对多层支撑结构，当楼层结构不能满足承载要求时，严禁拆除下层支撑。

⑤严禁抛掷拆除的配件。

⑥对设有缆风绳的支撑结构，缆风绳应对称拆除。

⑦在六级及以上强风或雨、雪时，应停止作业。在因特殊原因暂停拆除作业时，应采取临时固定措施，已拆除和松开的配件应妥善放置。

表 4-24　装配式建筑构件预制构件安装临时支撑体系一览表

构件类别	构件名称	支撑方式	示意图	计算荷载	支撑点位置	支撑预埋件			
						构件		现浇	
						位置	构造	位置	构造
竖向构件	柱子	斜支撑、双向		风荷载	上部支撑点位置：大于1/2，小于2/3构件高度	柱两个支撑面（侧面）	预埋式螺母	现浇混凝土楼面	
	剪力墙板	斜支撑、单向		风荷载	上部支撑点位置：大于1/2，小于2/3构件高度 下部支撑点位置：1/4构件高度附近	墙板内侧面	预埋式螺母	现浇混凝土楼面	
水平构件	楼板	竖向支撑		自重荷载+施工荷载	两端距离支座500mm处各设一道支撑+跨内支撑（轴跨$L<4.8$m时一道，轴跨$4.8\text{m}\leq L<6$m时两道）	不用	不用	不用	不用

（续）

构件类别	构件名称	支撑方式	示意图	计算荷载	支撑点位置	支撑预埋件			
						构件		现浇	
						位置	构造	位置	构造
水平构件	梁	竖向支撑或斜支撑		自重荷载＋风荷载＋施工荷载	两端各 1/4 构件长度处；构件长度大于 8m 时，跨内根据情况增设一道或两道支撑	梁侧支撑面		不用	不用
	悬挑式构件	竖向支撑		自重荷载＋施工荷载	距离悬挑端及支座处 300～500mm 距离各设置一道；垂直悬挑方向支撑间距宜为 1～1.5m，板式悬挑构件下支撑数不得少于 4 个。特殊情况应另行计算，复核后再设置支撑	不用	不用	不用	不用
异形构件	—	根据构件形状、重心进行设计	—	风荷载、自重荷载	根据实际情况计算	不用	不用	不用	不用

165. 为什么对结构连接点施工必须全程旁站监理？

PC 构件连接节点的选型和设计及施工质量直接影响建筑物的耐久性和安全性。合理的连接节点与构造，能够保证构件的连续性和结构的整体稳定性，使整个结构具有必要的承载能力、刚性和延性，以及良好的抗风、抗震和抗偶然荷载的能力，并避免结构体系出现连续倒塌。结构连接点构造是装配式混凝土结构设计与施工的关键。因此，对装配式建筑的结构连接点的施工必须进行全程旁站监理，从而保证结构连接点施工符合设计及规范要求。

166. 灌浆作业监理有哪些内容？要点是什么？

（1）装配式建筑 PC 构件连接使用的灌浆料

灌浆材料分为套筒灌浆料和浆锚搭接灌浆料，两者浆料不一样。

（2）装配式建筑 PC 构件连接时的灌浆作业监理要点包括：

1）灌浆料进场验收应符合《钢筋套筒灌浆连接应用技术规程》（JGJ 355），灌浆料性能及试验方法应符合现行行业标准《钢筋连接用套筒灌浆料》（JG/T 408）的有关规定，并应符合下列规定：

①灌浆料抗压强度应符合表 4-25 的要求，且不应低于接头设计要求的灌浆料抗压强度，灌浆料抗压强度试件尺寸应按 40mm × 40mm × 160mm 制作，其加水量应按灌浆料产品说明书确定，试件应按标准方法制作、养护。

表 4-25　灌浆料抗压强度要求

时间（龄期）	抗压强度/(N/mm^2)
1d	≥35
2d	≥60
3d	≥85

②灌浆料竖向膨胀率应符合表 4-26 的要求。

表 4-26　灌浆料竖向膨胀率要求

项　目	竖向膨胀率（%）
3h	≥0.02
24h 与 3h 膨胀率差值	0.02 ~ 0.5

③灌浆料拌合物的工作性能应符合表 4-27 的要求，泌水率试验方法应符合现行国家标准《普通混凝土拌合物性能试验方法标准》（GB/T 50080）的规定。

表 4-27　灌浆料拌合物的工作性能要求

项　　目		工作性能要求
流动性/mm	初始	≥300
	30min	≥260
泌水率（%）		0

2）检查灌浆作业人员是否为经培训合格的专业人员，严格按技术操作要求执行。

3）灌浆前监理人员应检查连接套筒质量证明文件、预留孔的规格、位置、数量和深度，并对接缝周围采用专用封堵料进行封堵情况进行检查。

4）每班灌浆连接施工前进行灌浆料初始流动度检验，记录有关参数，流动度合格方可使用。环境温度超过产品使用温度上限（35℃）时，须做实际可操作时间检验，保证灌浆施工时间在产品可操作时间内完成。根据需要进行现场抗压强度检验。制作试件前浆料也需要静置约 2～3min，使浆内气泡自然排出。试块要密封后与现场同条件养护。

5）灌浆操作全过程进行监理旁站，并及时形成旁站记录存档，留存影像资料，以使其具有可追溯性。

6）灌浆料拌合物应在灌浆料厂家给出的时间内用完，且最长不宜超过 30min。已经开始初凝的灌浆料不能使用。

7）灌浆作业应采取压浆法从下口灌注，当灌浆料从上口流出时应及时封堵出浆口。保持压力 30s 后再封堵灌浆口。用灌浆泵（枪）从接头下方的灌浆孔处向套筒内灌浆。还应特别注意：

①正常灌浆浆料要在自加水搅拌开始 20～30min 内灌完，以尽量保留一定的操作应急时间。

②同一仓只能在一个灌浆孔灌浆，不能同时选择两个以上孔灌浆。

③同一仓应连续灌浆，不得中途停顿。如果中途停顿，再次灌浆时，应保证已灌入的浆料有足够的流动性，还需要将已经封堵的出浆孔打开，待灌浆料再次流出后逐个封堵出浆孔。

8）冬期施工时，监理人员对环境温度进行监控，低于 5℃不得进行施工，气温在 5℃以上进行施工时，应对连接处采取加热保温措施，保证浆料在 48h 凝结硬化过程中连接部位温度不低于 10℃。

9）灌浆后 12h 不得使构件和灌浆层受到振动、碰撞。

10）灌浆作业应及时做好施工质量检查记录，并按要求每工作班组制作一组试件。

11）采用电动灌浆泵灌浆时，一般单仓长度不超过 1m。在经过实体灌浆试验证明可行后方可延长，但不宜超过 3m。仓体越大，灌浆阻力越大、灌浆压力越大、灌浆时间越长，对封缝的要求越高，灌浆不满的风险越大。采用手动灌浆枪灌浆时，单仓长度不宜超过 0. 3m。分仓隔墙宽度不应小于 2cm，为防止遮挡套筒孔口，距离连接钢筋外缘不应小于 4cm。分仓时两侧须内衬模板（通常为 PVC 管），将拌好的封堵料填塞充满模板，保证与上下构件表面结合密实，然后抽出内衬。分仓后在构件相对应位置做出分仓标记，记录分仓时间，便于指导灌浆。最后填写分仓检查记录表。

12）对构件接缝的外沿应进行封堵。根据构件特性可选择专用封缝料封堵、密封条（必要时在密条外部设角钢或木板支撑保护）或两者结合封堵。一定要保证封堵严密、牢固可靠，否则压力灌浆时一旦漏浆处理很难。使用专用封缝料（座浆料）时，要按说明书要求加水搅拌均匀。封堵时，里面加衬（内衬材料可以是软管、PVC 管，也可用钢板），填抹大约 1.5～2cm 深（确保不堵套筒孔），一段抹完后抽出内衬进行下一段填抹。段与段结合的部位、同一构件或同一仓要保证填抹密实。填抹完毕确认干硬强度达到要求（常温 24h，约 30MPa）后再灌浆。在剪力墙靠 EPS 保温板的一侧（外侧）封堵可用密封带封堵。密封带要有一定厚度，压扁到接缝高度（一般 2cm）后还要有一定强度。密封带要不吸水，防止吸收灌浆料水分引起收缩。密封带在构件吊装前固定安装在底部基础的平整表面。

13）采用自上而下分段灌浆法时，在规定的压力下，当注入率不大于 0.4L/min 时，继续灌浆 60min；或不大于 1L/min 时，继续灌浆 90min，灌浆可以结束；采用自下而上分段灌浆法时，继续关注的时间可相应地减少为 30min 和 60min，灌浆可以结束。

14）采用自上而下分段灌浆法时，灌浆孔封孔应采用分段压力灌浆封孔法；采用自下而上分段灌浆法时，应采用置换和压力灌浆封孔法。

15）灌浆作业严禁隔层灌浆，待预制构件安装验收完成，坐浆料封堵完成后立即进行灌浆作业施工。

167. 螺栓连接作业监理有哪些内容？要点是什么？

预制构件采用螺栓连接时，螺栓的材质、规格、拧紧力矩应符合设计要求及现行国家标准《钢结构设计规范》（GB 50017）和《钢结构工程施工质量验收规范》（GB 50205）的有关规定。检查数量：全数检查。检验方法：应符合现行国家标准《钢结构工程施工质量验收规范》（GB 50205）的有关规定。

螺栓连接作业监理的要点主要包括：

（1）主控项目

高强度螺栓和普通螺栓连接的多层板叠合时，应采用试孔器进行检查，并应符合下列规定：

1）当采用比孔公称直径小 1.0mm 的试孔器检查时，每组孔的通过率不应小于 85%。

2）当采用比螺栓公称直径大 0.3mm 的试孔器检查时，通过率应为 100%。

（2）一般项目

预拼装的允许偏差应符合《钢结构工程施工质量验收规范》（GB 50205）的附录 D 表 D 的规定，参见表 4-28 所示。

（3）对于柔性支座，螺栓扭紧程度应符合设计要求

表 4-28　钢结构工程施工预拼装允许偏差及检验方法

<table>
<tr><th>构件类型</th><th colspan="2">项　　目</th><th>允许偏差</th><th>检验方法</th></tr>
<tr><td rowspan="4">多节柱</td><td colspan="2">预拼装单元总长</td><td>±5</td><td>用钢尺检查</td></tr>
<tr><td colspan="2">预拼装单元弯曲失高</td><td>L/1500，且不应大于 10.0</td><td>用拉线和钢尺检查</td></tr>
<tr><td colspan="2">接口错边</td><td>2.0</td><td>用焊缝量规检查</td></tr>
<tr><td colspan="2">预拼装单元柱身扭曲</td><td>h/200，且不应大于 5.0</td><td>用拉线、吊线和钢尺检查</td></tr>
<tr><td rowspan="6">梁、桁架</td><td colspan="2">顶紧面至任一牛脚距离</td><td>±2.0</td><td rowspan="2">用钢尺检查</td></tr>
<tr><td colspan="2">跨度最外两端安装孔或两端支撑面最外侧距离</td><td>+5.0
−10.0</td></tr>
<tr><td colspan="2">接口截面错位</td><td>2.0</td><td>用焊缝量规检查</td></tr>
<tr><td rowspan="2">拱度</td><td>设计要求起拱</td><td>±</td><td rowspan="2">用拉线和钢尺检查</td></tr>
<tr><td>设计未要求起拱</td><td>L/2000
0</td></tr>
<tr><td colspan="2">节点处杆件轴线错位</td><td>4.0</td><td>划节后用钢尺检查</td></tr>
<tr><td rowspan="4">管构件</td><td colspan="2">预拼接单元总长</td><td>±5.0</td><td>用钢尺检查</td></tr>
<tr><td colspan="2">预拼接单元弯曲失高</td><td>L/1500，且不应大于 10.0</td><td>用拉线和钢尺检查</td></tr>
<tr><td colspan="2">对口错边</td><td>t/10，且不应大于 3.0</td><td rowspan="2">用焊缝量规检查</td></tr>
<tr><td colspan="2">坡口间隙</td><td>+2.0
−1.0</td></tr>
<tr><td rowspan="4">构件平面总体预拼装</td><td colspan="2">各楼层柱距</td><td>±4.0</td><td rowspan="4">用钢尺检查</td></tr>
<tr><td colspan="2">相邻楼层梁与梁之间的距离</td><td>±3.0</td></tr>
<tr><td colspan="2">各层间框架两对角线之差</td><td>H/2000，且不应大于 5.0</td></tr>
<tr><td colspan="2">任意两对角线之差</td><td>H/2000，且不应大于 8.0</td></tr>
</table>

168. 施工现场有哪些隐蔽工程验收项目？

施工现场以下项目应进行隐蔽工程验收：

1）混凝土粗糙面的质量，键槽的尺寸、数量和位置。

2）钢筋的型号、规格、数量、位置、间距、箍筋弯钩的弯折角度及平直段长度。

3）钢筋的连接方式、接头位置、接头数量、接头面积百分率、搭接长度、锚固方式及锚固长度。

4）预埋件、预留管线的规格、数量和位置。

169. 如何进行后浇混凝土监理？

在后浇混凝土施工中，项目监理部应安排专职监理人员进行全过程旁站，旁站过程中应对以下内容进行检查：

（1）后浇混凝土施工前，应对各项隐蔽工程进行验收。

（2）后浇混凝土浇筑前旁站监理检查内容

1）预制构件结合面疏松部分的混凝土是否已剔除并清理干净。

2）后浇混凝土浇筑部位的杂物是否清理干净。

3）模板是否支设牢固。

4）以上工作检查合格后要求施工单位浇水湿润模板。

（3）后浇混凝土浇筑过程中旁站监理检查内容

1）检查分层浇筑高度是否符合国家现行有关标准的规定。

2）分层浇筑时，是否在底层混凝土初凝前将上一层混凝土浇筑完毕，一般分层厚度不得大于300mm。

3）浇筑过程是否从一端开始，连续施工。

4）振捣过程中检查振捣棒是否插入柱内底部，并随分层浇灌随层振捣。

5）振捣过程中注意振捣时间，不得过振，以防止预制构件或模板因侧压力过大造成开裂，振捣时应尽量使混凝土中的气泡逸出，以保证振捣密实。

6）钢筋在主要连接区域较密，浇筑空间狭小，旁站监理应特别注意混凝土的振捣的检查，保证混凝土的密实性。

7）预制梁、柱混凝土强度等级不同时，旁站监理须特别注意预制梁柱节点区混凝土强度等级是否符合设计要求。

8）楼板混凝土浇筑时是否按照分段进行，旁站监理需对混凝土浇筑方式进行检查，并要求施工单位每一段混凝土从同一端起，分一个或两个作业组平行浇筑，并连续施工，混凝土表面用刮杠按板厚控制块顶面刮平，随即用木抹子搓平。

（4）浇筑完成后旁站监理检查内容

1）现浇楼板混凝土浇筑完成后，应要求施工单位随即采取保水养护措施，以防止楼板发生干缩裂缝。

2）混凝土浇筑完毕待终凝完成后，应要求施工单位及时进行浇水养护或喷洒养护剂养护，使混凝土保持湿润持续7d以上。

170. 如何检查防雷引下线连接等重要连接环节？

在装配式建筑中，监理人员应重点检查防雷引下线连接的四个环节，防雷与接地应满足《建筑防雷工程施工与质量验收规范》（GB 50210）《建筑电气工程施工质量验收规范》（GB 50303）的相关要求。重点检查内容包括：

（1）预制构件（柱、墙板、阳台、飘窗）预埋的防雷引下线（一般为镀锌钢带）的连接，重点检查：

1）焊接质量。

2）连接焊缝及周边部位防腐处理。

（2）屋顶接闪带及地下室和首层的防雷接地按普通建筑做法检查验收，重点检查：

1）底层和顶层的钢筋四周是否焊接成环、中间是否成网格。

2）作为引上线的主筋选择是否合格。

3）顶层的接闪带、支架材料、制作尺寸是否合格。

4）各焊接点的搭接长度和焊口是否合格。

5）建筑物内、外的金属物是否做等电位联接。

（3）防雷引下线及接地干线在后浇带内敷设竖向钢筋，所用钢筋应符合《建筑物防雷设计规范》（GB 50057—2010）中的规定，并做可靠联接，均压环也要通过后浇带来制作完成。

（4）接地干线与防雷引下线不能在同一后浇带内。

171. PC构件缝防水、防火构造作业要点是什么？如何监理？

（1）PC构件缝防水作业要点

1）密封防水部位的基层应牢固，表面应平整、密实，不得有蜂窝、麻面、起皮和起砂现象。嵌缝密封胶的基层应干净和干燥。

2）嵌缝密封胶与构件组成材料应彼此相容；硅酮、聚氨酯、聚硫建筑密封胶应分别符合国家现行标准《硅酮建筑密封胶》（GB/T 14683）《聚氨酯建筑密封胶》（JC/T 482）《聚硫建筑密封胶》（JC/T 483）的规定。

3）采用多组基层处理剂时，应根据有效时间确定使用量。

4）密封材料嵌填后不得碰损和污染。

（2）PC构件施工防火要点

1）施工过程中检查所用嵌缝填充材料是否满足设计要求的防火、耐火等级。

2）构件缝填充前须保证缝内渣物清理干净，嵌缝粘贴牢固，打胶中断处应以45°对接，保证嵌缝材料的密封连续性。

3）防火构造节点做法是否满足图纸要求，是否有遗漏。

（3）构件缝作业监理要点（见图4-29～图4-34）

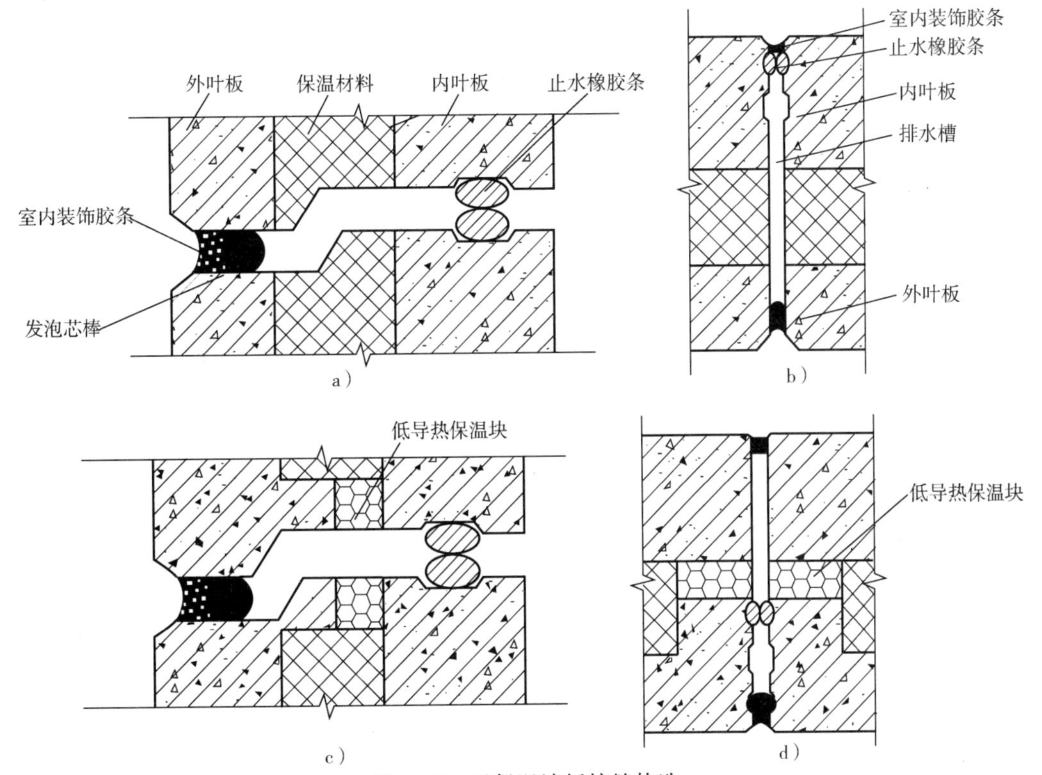

图4-29 无保温墙板接缝构造

a）水平缝 b）竖直缝 c）水平缝 d）竖直缝

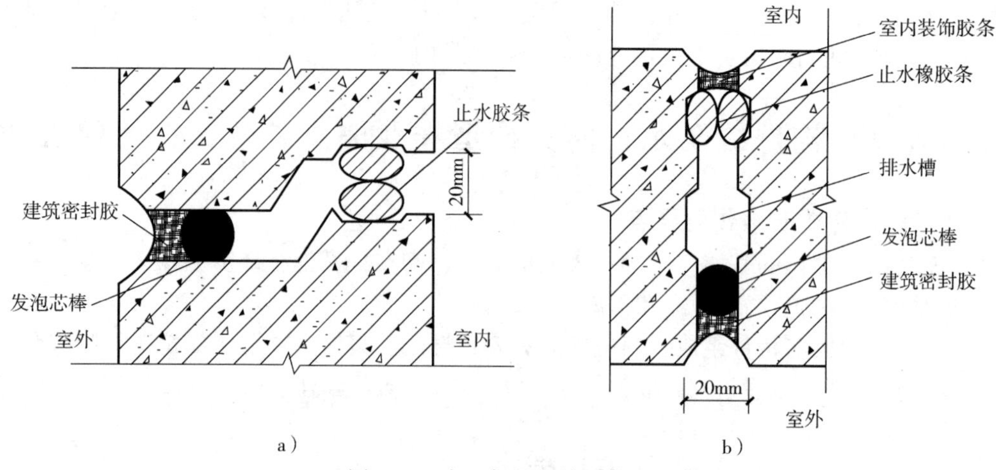

图 4-30　夹心保温板接缝构造

a）水平缝　b）竖向缝

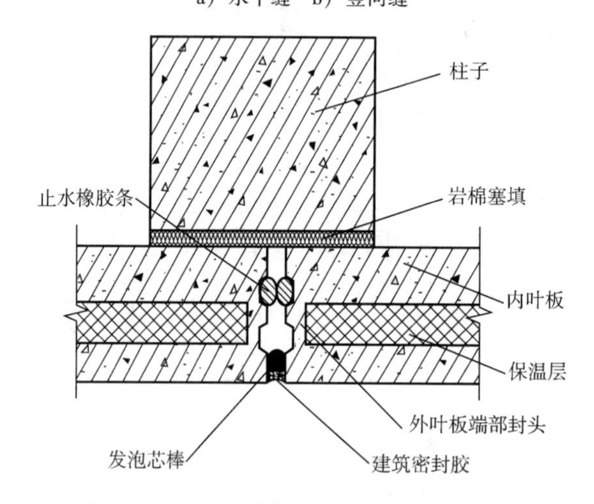

图 4-31　外叶板封头的夹心保温板接缝构造

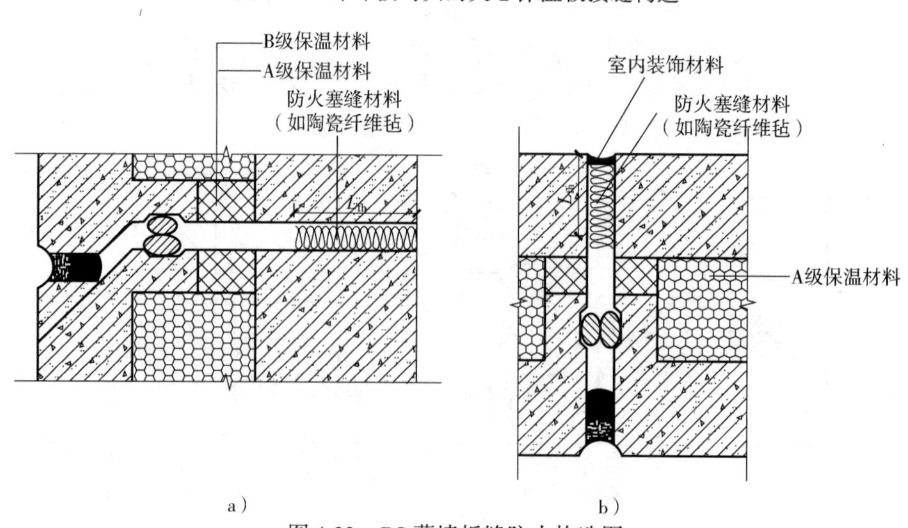

图 4-32　PC 幕墙板缝防火构造图

a）水平缝　b）竖直缝

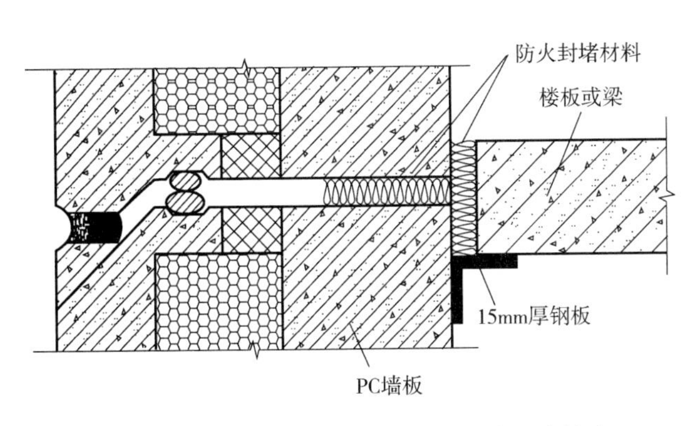

图 4-33　PC 幕墙与楼板或梁之间缝隙防火构造

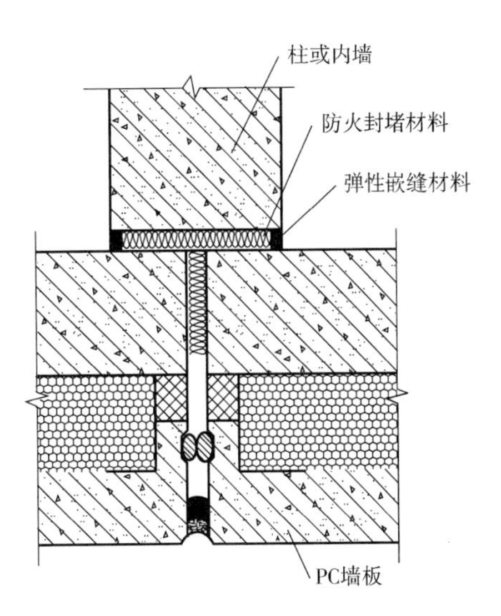

图 4-34　PC 幕墙与柱或内隔墙之间缝隙的防火构造

1）对现场使用的材料进行检查验收，是否满足设计图纸及规范要求。

2）对构件缝的防水、防火施工进行全程旁站监理，检查构件缝的做法是否满足设计图纸及规范要求。

3）对构件缝的防水、防火施工进行检查验收，对于防水要求可以采用淋水试验检查手段，检查是否存在渗漏点。

172. 如何监理集成式部品的安装？

装配式混凝土建筑的部品安装宜与主体结构同步进行，可在安装部位的主体结构验收合格后进行，并应符合国家现行有关标准的规定。监理应在施工前和施工过程中对以下内容进行检查、验收：

（1）安装前对准备工作进行检查

1）施工组织设计和专项施工方案是否编制并符合要求，包括安全、质量环境保护方案及施工进度计划等内容。

2）对所有进场部品、零部件及辅助材料按设计规定的品种、规格、尺寸和外观进行检查。

3）施工单位是否进行技术交底。

4）现场是否具备安装条件，安装部位是否已清理干净。

5）装配安装前是否已进行测量放线工作。

（2）监理应对施工过程进行监督管控，严禁擅自改动主体结构或改变房间的主要使用功能，严禁擅自拆改燃气、暖通、电气等配套设施。

（3）监理应对部品吊装进行检查，确保采用专用吊具，起吊和就位应平稳。

（4）监理应对预制外墙安装进行检查，并符合下列规定：

1）墙板应设置临时固定和调节装置。

2）墙板应在轴线、标高和垂直度调校合格后方可永久固定。

3）当条板采用双层墙板安装时，内、外层墙板的拼缝宜错开。

4）蒸压加气混凝土板施工应符合现行行业标准《蒸压加气混凝土建筑应用技术规程》JGJ/T 17 的规定。

（5）监理应对现场组合骨架外墙安装进行检查，并符合下列规定：

1）竖向龙骨安装应平直，不得扭曲，间距应满足设计要求。

2）空腔内的保温材料应连续、密实，并应在隐蔽验收合格后方可进行面板安装。

3）面板安装方向及拼缝位置应满足设计要求，内外侧接缝不宜在同一根竖向龙骨上。

4）木骨架组合墙体施工应符合现行国家标准《木骨架组合墙体技术规范》GB/T 50361 的规定。

（6）监理应对幕墙安装进行检查，并符合下列规定：

1）玻璃幕墙安装应符合现行行业标准《玻璃幕墙工程技术规范》JGJ 102 的规定。

2）金属与石材幕墙安装应符合现行行业标准《金属与石材幕墙工程技术规范》JGJ 133 的规定。

3）人造板材幕墙安装应符合现行行业标准《人造板材幕墙工程技术规范》JGJ 336 的规定。

（7）外门窗安装应符合下列规定：

1）铝合金门窗安装应符合现行行业标准《铝合金门窗工程技术规范》JGJ 214 的规定。

2）塑料门窗安装应符合现行行业标准《塑料门窗工程技术规程》JGJ 103 的规定。

（8）轻质隔墙部品的安装应符合下列规定：

条板隔墙的安装应符合现行行业标准《建筑轻质条板隔墙技术规程》JGJ/T 157 的有关规定。

（9）龙骨隔墙安装应符合下列规定：

1）龙骨骨架应与主体结构连接牢固，并应保证垂直、平整、位置准确。

2）龙骨的间距应满足设计要求。

3）门、窗洞口等位置应采用双排竖向龙骨。

4）壁挂设备、装饰物等的安装位置应采取加固措施。

5）隔墙饰面板安装前，隔墙板内管线应进行隐蔽工程验收。

6）面板拼缝应错缝设置，当采用双层面板安装时，上下层板的接缝应错开。

（10）吊顶部品的安装应符合下列规定：

1）装配式吊顶龙骨应与主体结构固定牢靠。

2）超过 3kg 的灯具、电扇及其他设备应设置独立吊挂结构。

3）饰面板安装前应完成吊顶内管道、管线施工，并经隐蔽验收合格。

（11）架空地板部品的安装应符合下列规定：

1）安装前应完成架空层内管线敷设，且应经隐蔽验收合格。

2）地板辐射供暖系统应对地暖加热管进行水压试验并在隐蔽验收合格后铺设面层。

173. 如何监理内装工程和水电系统工程？

根据《装标》规定，监理单位对内装工程和水电系统工程应按如下要求进行监督管理：

（1）条板隔墙的安装应符合现行行业标准《建筑轻质条板隔墙技术规程》JGJ/T 157 的有关规定。

（2）龙骨隔墙安装应符合下列规定：

1）龙骨骨架应与主体结构连接牢固，并应垂直、平整、位置准确。

2）龙骨的间距应满足设计要求。

3）门、窗洞口等位置应采用双排竖向龙骨。

4）壁挂设备、装饰物等的安装位置应设置加固措施。

5）隔墙饰面板安装前，隔墙板内管线应进行隐蔽工程验收。

6）面板拼缝应错缝设置，当采用双层面板安装时，上下层板的接缝应错开。

（3）吊顶部品的安装应符合下列规定：

1）装配式吊顶龙骨应与主体结构固定牢靠。

2）超过 3kg 的灯具、电扇及其他设备应设置独立吊挂结构。

3）饰面板安装前应完成吊顶内管道、管线施工，并经隐蔽验收合格。

（4）架空地板部品的安装应符合下列规定：

1）安装前应完成架空层内管线敷设，且应经隐蔽验收合格。

2）地板辐射供暖系统应对地暖加热管进行水压试验并在隐蔽验收合格后铺设面层。

（5）设备与管线需要与结构构件连接时宜采用预留埋件的连接方式。当采用其他连接方法时，不得影响混凝土构件的完整性与结构的安全性。

（6）设备与管线施工前应按设计文件核对设备及管线参数，并应对结构构件预埋套管及预留孔洞的尺寸、位置进行复核，合格后方可施工。

（7）室内架空地板内排水管道支（托）架及管座（墩）的安装应按排水坡度排列整齐，支（托）架与管道接触紧密，非金属排水管道采用金属支架时，应在与管外径接触处设置橡胶垫片。

（8）隐蔽在装饰墙体内的管道，其安装应牢固可靠。管道安装部位的装饰结构应采取方便更换、维修的措施。

（9）当管线需埋置在桁架钢筋混凝土叠合板后浇混凝土中时，应设置在桁架上弦钢筋下方，管线之间不宜交叉。

（10）防雷引下线、防侧击雷、等电位连接施工应与预制构件安装配合。利用预制柱、预制梁、预制墙板内钢筋作为防雷引下线、接地线时，应按设计要求进行预埋和跨接，并进行引下线导通性试验，以保证连接的可靠性。

174. 成品保护作业的要点是什么？如何监理？

1）交叉作业时，应做好工序交接，不得对已完成工序的成品、半成品造成破坏。

2）在装配式混凝土建筑施工全过程中，应采取防止预制构件、部品及预制构件上的建筑附件、预埋件、预埋吊件等损伤或污染的保护措施。

3）预制构件饰面砖、石材、涂刷、门窗等处宜采用贴膜保护或其他专业材料保护。安装完成后，门窗框应采用槽式木框进行保护。

4）连接止水条、高低口、墙体转角等薄弱部位，应采用定型保护垫块或专用式套件做加强保护。

5）预制楼梯饰面应采用铺设木板或其他覆盖形式的成品保护措施。楼梯安装后，踏步口宜铺设木条或其他覆盖形式保护。

6）遇有大风、大雨、大雪等恶劣天气时，应采取有效措施对存放的预制构件成品进行保护。

7）装配式混凝土建筑的预制构件和部品在安装完成后，不应受到施工机具的碰撞。

8）施工梯架、工程用的物料等不得支撑、顶压或斜靠在预制构件和部品上。

9）当完成混凝土地面等施工后，应防止物料污染、损坏预制构件和部品表面。

10）PC 结构施工完成后，竖向构件阳角、楼梯踏步口宜采用木条（板）包角保护。

11）预制构件现场装配全过程中，宜对预制构件原有的门窗框、预埋件等产品进行保护，PC 结构质量验收前不得拆除或损坏。

12）预制外墙板饰面砖、石材、涂刷等装饰材料表面可采用贴膜或用其他专业材料进行防污染、防碰撞保护。

13）预制楼梯饰面砖宜采用现场后贴施工，采用构件制作先贴法时，应采用铺设木板或其他覆盖形式的成品保护措施。

14）PC 构件暴露在空气中的预埋铁件应涂抹防锈漆。预制构件的预埋螺栓孔应填塞海绵棒。

15）集成化部品部件（整体厨房、整体卫浴等）采用贴膜或者其他材料进行保护，防止污染及磕碰。

现场监理人员应严格按照施工单位上报的成品保护施工方案进行监理，对于未按施工方案进行成品保护的应以口头通知或者书面通知形式要求施工单位整改，对成品造成破坏的，要求施工单位及时进行修复，严禁影响施工进度及施工质量。

175. 工程验收有哪些项目？哪些依据？需要哪些档案？

（1）工程验收的项目及验收依据见表 4-29 所示。

表 4-29　装配式建筑工程验收项目及验收依据

序号	项　目	分部工程	子分部工程	分 项 工 程	验 收 依 据
1	PC 装配式结构	主体结构	混凝土结构	装配式结构	《混凝土结构工程施工质量验收规范》（GB 50204—2015） 《装配式混凝土结构技术规程》（JGJ 1—2014） 《建筑工程施工质量验收统一标准》（GB 50300—2013） 《钢筋套筒灌浆连接应用技术规程》（JGJ 126—2015）
2	PC 预应力板			预应力工程	
3	PC 构件螺栓		钢结构	紧固件连接	
4	PC 外模板	建筑装饰装修	幕墙	PC 幕墙	《点栓外墙板装饰工程技术规范》（JGJ 321—2014）
5	PC 外墙板接缝密封胶		幕墙	PC 幕墙	
6	PC 隔墙		轻质隔墙	板材隔墙	《建筑用轻质隔墙条板》（GB/T 23451—2009） 《建筑装饰装修工程质量验收规范》（GB 50210—2001）
7	PC 一体化门窗		门窗	金属门窗、塑料门窗	《建筑装饰装修工程质量验收规范》（GB 50210—2001）
8	PC 构件石材反钉		饰面板	石板安装	《金属与石材幕墙工程技术规范》（JGJ 133—2013） 《建筑装饰装修工程质量验收规范》（GB 50210—2001）
9	PC 构件饰面砖反钉		饰面砖	外墙饰面砖粘贴	《外墙饰面砖工程施工及验收规范》（JGJ 126—2015） 《建筑装饰装修工程质量验收规范》（GB 50210—2001）
10	PC 构件的装饰安装预埋件		细部	窗帘盒、橱柜、护栏等	《钢筋混凝土结构预埋件》（16G362） 《建筑装饰装修工程质量验收规范》（GB 50210—2001）
11	保温一体化 PC 构件	建筑节能	隔护系统节能	墙体节能、幕墙节能	《建筑节能工程施工质量验收规范》（GB 50411—2007） 《外墙外保温工程技术规程》（JGJ 144—2004）
12	PC 构件电气管线	建筑电气	电气照明	导管敷设	《建筑电气工程施工质量验收规范》（GB 30303—2015）
13	PC 构件电气线盒			线盒安装	
14	PC 构件灯具安装预埋件			灯具安装	

（续）

序号	项　　目	分部工程	子分部工程	分 项 工 程	验 收 依 据
15	PC 构件设置的给水排水供暖管线	建筑给水排水及供暖	室内给水	管道及配件安装	《建筑给水排水及采暖工程施工质量验收规范》（GB 50242—2002）
16			室内排水	管道及配件安装	
17			室内热水	管道及配件安装	
18			室内供暖系统	管道、配件及供热器安装	
19	PC 构件整体浴室安装预埋件		卫生器具	卫生器具安装	
20	PC 构件卫生器具安装预埋件			卫生器具安装	
21	PC 构件空调安装预埋件	通风与空调			《通风与空调工程施工质量验收规范》（GB 50243—2002）
22	PC 构件中的避雷带及其连接	智能系统	防雷与接地	接地线、接地装置	《智能建筑工程质量验收规范》（GB 50339—2013） 《建筑防雷工程施工与质量验收规范》（GB 50601—2010）
23	PC 构件中的通信导管		综合布线系统		

另外，装配式建筑制作与安装过程中，要加强以下过程验收环节，保证装配式整体质量：

1）检查夹心保温板拉结件可靠性。

2）检查构件伸出钢筋的误差。

3）检查灌浆套筒/金属波纹管的埋设质量。

4）检查浆锚搭接成孔方式可靠性。

5）检查灌浆作业质量。

6）检查构件的预埋件预埋物是否有遗漏。

7）检查预埋件预埋物埋设是否拥堵。

8）检查现场后浇混凝土质量。

9）检查剪力墙水平现浇带低强度承重。

10）检查临时支撑拆除时间控制。

11）检查防雷引下线及其连接质量。

12）检查柔性支座的柔性控制。

13）检查外挂墙板密封胶质量。

（2）装配式建筑的工程验收档案包括以下内容：

1）国家标准《混凝土结构工程施工质量验收规范》（GB 50204）规定验收需要提供的文件与记录有：

①设计变更文件

②原材料质量证明文件和抽样复检报告

③预拌混凝土的质量证明文件和抽样复检报告

④钢筋接头的试验报告

⑤混凝土工程施工记录

⑥混凝土试件的试验记录

⑦预制构件的证明文件和抽样复检报告

⑧预应力筋用锚具、连接器的证明文件和抽样复检报告

⑨预应力筋安装、张拉及灌浆记录

⑩隐蔽工程验收记录

⑪分项工程验收记录

⑫结构实体检验记录

⑬工程的重大质量问题的处理方案和验收记录

⑭其他必要的文件和记录

2）《装配式混凝土结构技术规程》（JGJ 1）列出的文件与记录：

①工程设计文件、预制构件制作和安装的深化设计图

②预制构件、主要材料及配件的质量证明文件、现场验收记录、抽样复检报告

③预制构件安装施工记录

④钢筋套筒灌浆、浆锚搭接连接的施工检验记录

⑤后浇混凝土部位的隐蔽工程检查验收文件

⑥后浇混凝土、灌浆料、坐浆材料检测报告

⑦外墙防水施工质量检查记录

⑧装配式结构分项工程质量验收文件

⑨装配式工程的重大质量问题的处理方案和验收记录

⑩装配式工程的其他文件和记录

3）在装配式混凝土结构工程中，灌浆连接作业是最为重要的内容，因此钢筋连接套筒、水平拼缝部位灌浆施工要有全过程记录文件（含影像资料）。

4）PC 构件制作单位需提供的文件与记录：

①经原设计单位确认的预制构件深化设计图、变更记录

②钢筋套筒灌浆连接、浆锚连接的型式检验合格报告

③预制构件混凝土用原材料、钢筋、灌浆套筒、连接件、吊装件、保温材料等产品合格证和复试报告

④灌浆套筒连接接头抗拉强度检验报告

⑤混凝土强度检验报告

⑥预制构件出厂检验报告

⑦预制构件修补记录和重新检验记录

⑧预制构件出厂质量证明文件

⑨预制构件运输、存放、吊装全过程技术要求

⑩预制构件生产过程台账文件

176. 装配式工程全程监理文件有哪些？

装配式建筑全程监理文件主要包括以下内容：

1）装配式监理规划、装配式监理细则、装配式旁站监理细则。

2）派出监理驻 PC 构件制作厂监理人员组织架构及人员名单、相关证件等。

3）构件制作过程中监理检查下发的监理通知单及回复。

4）构件制作过程中针对特殊问题召开的相关专题会议纪要。

5）构件制作过程中的旁站记录（混凝土浇筑、灌浆作业等）。

6）制定的材料、构件进场检验规程，相关材料、构件进场材料报审及工程报审资料。

7）构件浇筑前进行检查，钢筋、套筒、预埋件等入模隐蔽工程及现浇部位伸出钢筋的定位检查、各角度照片等影像资料。

8）监理日记。

第 5 章 质量控制关键点

177. 装配式混凝土建筑有哪些常见的质量问题和隐患?

表5-1从设计、材料与部件采购、构件制作、堆放和运输、安装等五个质量管控关键点列出了装配式混凝土建筑的常见质量问题和隐患以及危害、原因和预防措施等。

表5-1 装配式混凝土建筑的常见质量问题和隐患一览表

关键点	序号	质量问题或隐患	危害	原因	检查	预防与处理措施
1. 设计	1.1	套筒保护层不够	影响结构耐久性	先按现浇设计再按照装配式拆分时没有考虑保护层问题	设计人 设计负责人	(1) 装配式设计从项目设计开始就同步进行 (2) 设计单位对装配式结构建筑的设计负全责,不能交由拆分设计单位或工厂承担设计责任
	1.2	各专业预埋件、埋设物等没有设计到构件制作图中	现场后锚固或凿混凝土,影响结构安全	各专业设计协同不好	设计人 设计负责人	(1) 建立以建筑设计师牵头的设计协同体系 (2) PC制作图应由有关专业人员会审 (3) 应用BIM系统
	1.3	PC构件局部地方钢筋、预埋件、预埋物太密,导致混凝土无法浇筑	局部混凝土质量受到影响;预埋件锚固不牢,影响结构安全	设计协同不好	设计人 设计负责人	(1) 建立以建筑设计师牵头的设计协同体系 (2) PC制作图应由有关专业人员会审 (3) 应用BIM系统
	1.4	拆分不合理	或结构不合理;或规格太多影响成本;或不便于安装	拆分设计人员没有经验,与工厂、安装企业沟通不够	设计人 设计负责人	(1) 有经验的拆分人员在结构设计师的指导下拆分 (2) 拆分设计时与工厂和安装企业沟通
	1.5	没有给出构件堆放、安装后支撑的要求	因支撑不合理导致构件裂缝或损坏	设计师认为此项工作是工厂的责任未予考虑	设计人 设计负责人	构件堆放和安装后临时支撑应作为构件制作图设计的不可遗漏的部分

（续）

关键点	序号	质量问题或隐患	危害	原因	检查	预防与处理措施
1. 设计	1.6	外挂墙板没有设计活动节点	主体结构发生较大层间位移时，墙板被拉裂	对外挂墙板的连接原理与原则不清楚	设计人 设计负责人	墙板连接设计时必须考虑对主体结构变形的适应性
	1.7	PC墙板斜支撑埋件与模板用加固预埋点冲突	导致模板支设和加固困难，导致混凝土漏浆，浇筑质量出问题	对施工安装要求不熟悉	设计人 设计负责人	（1）在设计阶段，设计与施工安装单位要充分沟通协同 （2）加强对设计人员培训 （3）采用标准化设计统一措施进行管控
	1.8	PC墙板竖运时，高度超高	导致无法运输，或者运输效率降低，或者出现违规将构件出筋弯折	对运输条件及要求不熟悉	设计人 设计负责人	（1）在设计阶段，设计与制作及运输单位要充分沟通协同 （2）加强对设计人员培训 （3）采用标准化设计统一措施进行管控
	1.9	外墙金属窗框、栏杆、百叶等防雷接地遗漏	导致建筑防雷不满足要求，埋下安全隐患	不了解装配式项目的异同，专业间协同配合不到位	设计人 设计负责人	（1）建立各专业间协同机制，明确协同内容，进行有效确认和落实 （2）加强对设计人员培训 （3）采用标准化设计统一措施进行管控
	1.10	吊点、吊具与出筋位置或混凝土洞口冲突	导致吊装时安装吊具困难，需要弯折钢筋或敲除局部混凝土，埋下安全隐患	对吊具、吊装要求不熟悉	设计人 设计负责人	（1）在设计阶段，设计与施工安装单位要充分沟通协同，并明确要求 （2）加强对设计人员培训 （3）采用标准化设计统一措施进行管控
	1.11	开口型或局部薄弱构件未设置临时加固措施	导致脱模、运输、吊装过程中应力集中，构件断裂	薄弱构件未经全工况内力分析，未采取有效临时加固措施	设计人 设计负责人	（1）在构件设计阶段，应按构件全生命周期进行各工况的包络设计及采取临时加固和辅助措施 （2）采用标准化设计统一措施进行管控
	1.12	预埋的临时支撑埋件位置设置不合理，现场支撑设置困难	导致PC墙板无法临时支撑、固定、调节就位	未考虑现场的支撑设置条件，对安装作业要求不熟悉	设计人 设计负责人	（1）充分考虑现场支撑设置的可实施性，加强设计与施工单位沟通协调，对安装用埋件进行及时确认 （2）采用标准化设计统一措施进行管控

（续）

关键点	序号	质量问题或隐患	危　害	原　因	检　查	预防与处理措施
1. 设计	1.13	脚手架拉结件或挑架预留洞未留设或留洞偏位	导致脚手架安装出现问题，在PC外墙板上凿洞处理，给PC外墙板埋下安全隐患	未考虑脚手架等在PC外墙板上的预埋预留内容，或者考虑不充分	设计人 设计负责人	（1）充分考虑现场的脚手架方案对PC外墙板的预埋预留需求，对施工单位相关预留预埋要求进行及时反馈和确认 （2）采用标准化设计统一措施进行管控
	1.14	现浇层与PC层过渡层的竖向PC构件预埋插筋偏位或遗漏	导致竖向PC构件连接不能满足主体结构设计要求，结构留下安全隐患	未对竖向PC构件连接筋数量、位置全面复核确认，设计校审不认真	设计人 设计负责人	（1）对主体结构设计要求应充分地消化理解，要对重点连接部位进行复核确认 （2）采用标准化设计统一措施进行管控
	1.15	夹心保温外墙构造设计错误，构造与受力原理不符合	导致内外叶墙板在温差、风、地震等外力作用下变形不能协调。导致外叶墙板开裂，甚至脱落，埋下永久安全隐患	国内对夹心墙板的研究时间不长，在受力机理、设计原则、应用方法、产品标准方面还缺乏相应的依据，在工程应用上还存在一些误区	设计人 设计负责人	（1）对夹心保温外墙的受力原理与构造设计进行研究，使得构造设计与受力要求相符 （2）熟悉和了解市场上有成熟应用经验的拉结件的受力特点、适应范围、设计构造要求等 （3）加强对设计人员的学习和交流培训
	1.16	夹心保温外墙拉结件选择错误（材料选择错误、适用范围错误），且没有提出试验验证要求	导致拉结件耐久性及受力满足不了建筑的耐久性要求，锚固失效，在使用过程中脱落	对拉结件的材料不熟悉，所选材料不能满足混凝土碱性工作环境。我国尚缺乏拉结件的建工行业产品标准，在拉结件使用上还有误区	设计人 设计负责人	（1）熟悉、了解拉结件的材料性能，所选用材料要与混凝土碱性环境匹配 （2）熟悉、了解市场上有成熟应用经验的拉结件的受力特点、适应范围、设计构造要求等，选用可靠，相对成熟的拉结件 （3）加强对设计人员的学习和交流培训
	1.17	未标明构件的安装方向	给现场安装带来困难或导致安装错误	未有效落实PC构件相关设计要点，标识遗漏	设计人 设计负责人	（1）对相关的设计要点、规范要求等进行有效落实 （2）采用标准化设计统一措施进行管控

（续）

关键点	序号	质量问题或隐患	危　害	原　因	检　查	预防与处理措施
1. 设计	1.18	现场PC墙板竖直堆放架未进行抗倾覆验算，未考虑堆放架防连续倒塌措施要求	可能导致PC堆场在强风雨恶劣天气下出现倾覆或连续倾覆	未对不同堆放条件下除构件本身以外的受力情况进行全面分析验算，未提出PC构件堆放的设计要求	设计负责人 施工单位技术负责人	（1）对PC构件的堆放、运输等不同条件下，可能会带来的安全隐患进行全面分析，提出防范要求和措施 （2）采用标准化设计统一措施进行管控
	1.19	水平PC构件，如：叠合楼板、楼梯、阳台、空调板等设计未给出支撑要求，未给出拆除支撑的条件要求	有可能会导致水平构件在施工阶段不满足承载的情况，尤其是悬挑阳台，空调板等有可能会出现倾覆	未把设计意图有效传递给施工安装单位，未对施工单位进行有效的技术交底	设计负责人 施工单位技术负责人	（1）水平构件是否省掉支撑设计，需要把设计意图落实在设计文件中，在设计交底环节进行充分的技术交底 （2）采用标准化设计统一措施进行管控
	1.20	外侧叠合梁等局部现浇叠合层未留设后浇区模板固定用预埋件	现浇区模板安装困难或无法安装，采用后植方式，给原结构构件带来损伤，费时费力	对现场安装条件不熟悉，未全面复核模板安装用预埋件，施工单位未对设计图纸进行确认	设计人 设计负责人	（1）有效落实相关的设计要点 （2）施工安装单位进行书面沟通确认 （3）采用标准化设计统一措施进行管控
	1.21	预制部品构件吨位遗漏标注或标注吨位有误	不利于现场塔式起重机布置，误导现场塔式起重机布置和吊能安排，超过塔式起重机吊能时，甚至带来塔式起重机倾覆风险	设计对吊装风险控制要点不清楚，风险控制意识不强，对吊装设备不熟悉	设计人 设计负责人	（1）有效落实相关的设计要点，强化风险控制要点落实要求 （2）施工安装单位对相关风险控制要点进行二次复核确认 （3）采用标准化设计统一措施进行管控
	1.22	预制叠合梁端接缝的受剪承载力不满足GB/T 51231—2016第5.4.2条的规定，主体结构施工图和预制构件深化图均未采取有效的措施	受剪承载力不满足规范要求，给结构留下永久的安全隐患	对装配式结构与现浇结构差异不熟悉，深化设计按主体结构施工图深化时容易忽视，而主体结构施工图内也没有相应的处理措施。处于两不管地带	设计人 设计负责人	（1）需要在现浇叠合区附加抗剪水平筋或其他措施来满足接缝受剪承载要求 （2）对规范的相关规定进行培训学习、积累经验，对设计要点进行严格把控并落实 （3）采用标准化设计统一措施进行管控 （4）建议在现浇叠合层内采用附加纵筋的方式进行处理，需要在结构施工图中给出节点做法

（续）

关键点	序号	质量问题或隐患	危　害	原　因	检　查	预防与处理措施
2. 材料与部件采购	2.1	套筒、灌浆料选用了不可靠的产品	影响结构耐久性	或设计没有明确要求或没按照设计要求采购；不合理地降低成本	总包企业质量总监、工厂总工、驻厂监理	（1）设计应提出明确要求 （2）按设计要求采购 （3）套筒与灌浆料应采用匹配的产品 （4）工厂进行试验验证
	2.2	夹心保温板拉结件选用了不可靠产品	连接件损坏，保护层脱落造成安全事故。影响外墙板安全	或设计没有明确要求或没按照设计要求采购；不合理地降低成本	总包企业质量总监、工厂总工、驻厂监理	（1）设计应提出明确要求 （2）按设计要求采购 （3）采购经过试验及项目应用过的产品 （4）工厂进行试验验证
	2.3	预埋螺母、螺栓选用了不可靠产品	脱模、转运、安装等过程存在安全隐患，容易造成安全事故或构件损坏	为了图便宜没选用专业厂家生产的产品	总包企业质量总监、工厂总工、驻厂监理	（1）总包和工厂技术部门选择厂家 （2）采购有经验的专业厂家的产品 （3）工厂做试验检验
	2.4	接缝橡胶条弹性不好	结构发生层间位移时，构件活动空间不够	（1）设计没有给出弹性要求 （2）没按照设计要求选用 （3）不合理地降低成本	设计负责人，总包企业质量总监、监理	（1）上级应提出明确要求 （2）按设计要求采购 （3）样品做弹性压缩量试验
	2.5	接缝用的建筑密封胶不适合用于混凝土构件接缝	接缝处年久容易漏水影响结构安全	没按照设计要求；不合理地降低成本	设计负责人，总包企业质量总监、工地监理	（1）按设计要求采购 （2）采购经过试验及项目应用过的产品
	2.6	防雷引下线选用了防锈蚀没有保障的材料	生锈，脱落	选用合格的防雷引下线	设计负责人，总包企业质量总监、工地监理	（1）按设计要求采购 （2）采购经过试验及项目应用过的产品
3. 构件制作	3.1	混凝土强度不足	形成结构安全隐患	搅拌混凝土时配合比出现错误或原材料使用出现错误	实验室负责人	混凝土搅拌前由实验室相关人员确认混凝土配合比和原材料使用是否正确，确认无误后，方可搅拌混凝土

（续）

关键点	序号	质量问题或隐患	危害	原因	检查	预防与处理措施
3. 构件制作	3.2	混凝土表面出现蜂窝、孔洞、夹渣	构件耐久性差，影响结构使用寿命	漏振或振捣不实，浇筑方法不当、不分层或分层过厚，模板接缝不严、漏浆，模板表面污染未及时清除	质检员	浇筑前要清理模具，模具组装要牢固，混凝土要分层振捣，振捣时间要充足
	3.3	混凝土表面疏松	构件耐久性差，影响结构使用寿命	漏振或振捣不实	质检员	振捣时间要充足
	3.4	混凝土表面龟裂	构件耐久性差，影响结构使用寿命	搅拌混凝土时水灰比过大	质检员	要严格控制混凝土的水灰比
	3.5	混凝土表面裂缝	影响结构可靠性	构件养护不足，浇筑完成后混凝土静养时间不到就开始蒸汽养护或蒸汽养护脱模后温差较大造成	质检员	在蒸汽养护之前混凝土构件要静养两个小时后再开始蒸汽养护，脱模后要放在厂房内保持温度，构件养护要及时
	3.6	混凝土预埋件附近裂缝	造成埋件握裹力不足，形成安全隐患	构件制作完成后，在模具上固定埋件的螺栓拧下过早造成	质检员	固定预埋件的螺栓要在养护结束后拆卸
	3.7	混凝土表面起灰	构件抗冻性差，影响结构稳定性	搅拌混凝土时水灰比过大	质检员	要严格控制混凝土的水灰比
	3.8	露筋	钢筋没有保护层，钢筋生锈后膨胀，导致构件损坏	漏振或振捣不实；或保护层垫块间隔过大	质检员	制作时振捣不能形成漏振，振捣时间要充足，工艺设计中应给出保护层垫块间距
	3.9	钢筋保护层厚度不足	钢筋保护层不足，容易造成漏筋现象，导致构件耐久性降低	构件制作时预先放置了错误的保护层垫块	质检员	制作时要严格按照图样上标注的保护层厚度来安装保护层垫块
	3.10	外伸钢筋数量或直径不对	构件无法安装，形成废品	钢筋加工错误，检查人员没有及时发现	质检员	钢筋制作要严格检查

（续）

关键点	序号	质量问题或隐患	危　害	原　因	检　查	预防与处理措施
3. 构件制作	3.11	外伸钢筋位置误差过大	构件无法安装	钢筋加工错误，检查人员没有及时发现	质检员	钢筋制作要严格检查
	3.12	外伸钢筋伸出长度不足	连接或锚固长度不够，形成结构安全隐患	钢筋加工错误，检查人员没有及时发现	质检员	钢筋制作要严格检查
	3.13	套筒、浆锚孔、钢筋预留孔、预埋件位置误差	构件无法安装，形成废品	构件制作时检查人员和制作工人没能及时发现	质检员	制作工人和质检员要严格检查
	3.14	套筒、浆锚孔、钢筋预留孔不垂直	构件无法安装，形成废品	构件制作时检查人员和制作工人没能及时发现	质检员	制作工人和质检员要严格检查
	3.15	缺棱掉角、破损	外观质量不合格	构件脱模强度不足	质检员	构件在脱模前要有实验室给出的强度报告，达到脱模强度后方可脱模
	3.16	尺寸误差超过容许误差	构件无法安装，形成废品	模具组装错误	质检员	组装模具时制作工人和质检人员要严格按照图样尺寸组模
	3.17	夹心保温板拉结件处空隙太大	造成冷桥现象	安装保温板工人不细心	质检员	安装时安装工人和质检人员要严格检查
	3.18	夹心保温板拉结件锚固不牢	脱落等安全隐患	（1）选用合格拉结件 （2）严格遵守拉结件制作工艺要求	质检员	安装时安装工人和质检人员要严格检查
4. 堆放和运输	4.1	支承点位置不对	构件断裂，成为废品	（1）设计没有给出支承点的规定 （2）支承点没按设计要求布置 （3）传递不平整 （4）支垫高度不一	工厂质量总监	设计须给出堆放的技术要求；工厂和施工企业严格按设计要求堆放
	4.2	构件磕碰损坏	外观质量不合格	（1）吊点设计不平衡 （2）吊运过程中没有保护构件	质检员	（1）设计吊点考虑重心平衡 （2）吊运过程中要对构件进行保护，落吊时吊钩速度要慢降
	4.3	构件被污染	外观质量不合格	堆放、运输和安装过程中没有做好构件保护	质检员	要对构件进行苫盖，工人不能用带油手套去摸构件

（续）

关键点	序号	质量问题或隐患	危害	原因	检查	预防与处理措施
5. 施工和安装	5.1	与PC构件连接的钢筋误差过大，加热烤弯钢筋	钢筋热处理后影响强度及结构安全	现浇钢筋或外漏钢筋定位不准确	质检员、监理	（1）现浇混凝土时专用模板定位 （2）浇筑混凝土前严格检查
	5.2	套筒或浆锚预留孔堵塞	灌浆料灌不进去或者灌不满影响结构安全	残留混凝土浆料或异物进入	质检员	（1）固定套管的对拉螺栓锁紧 （2）脱模后出厂前严格检查
	5.3	灌浆不饱满	影响结构安全的重大隐患	工人责任心不强，或作业时灌浆泵发生故障	质检员、监理	（1）配有备用灌浆设备 （2）质检员和监理全程旁站监督
	5.4	安装误差大	影响美观和耐久性	构件几何尺寸偏差大或者安装偏差大	质检员、监理	（1）及时检查模具 （2）调整安装偏差
	5.5	临时支撑点数量不够或位置不对	构件安装过程支撑受力不够，影响结构安全和作业安全	制作环节遗漏或设计环节不对	质检员	（1）及时检查 （2）设计与安装生产环节要沟通
	5.6	后浇筑混凝土钢筋连接不符合要求	影响结构安全的隐患	作业空间窄小或工人责任心不强	质检员、监理	（1）后浇区设计要考虑作业空间 （2）做好隐蔽工程检查
	5.7	后浇混凝土蜂窝、麻面、胀模	影响结构耐久性	混凝土质量、振捣、模板固定不牢	监理	（1）严格要求混凝土质量 （2）按要求加固现浇模板 （3）振捣及时，方法得当
	5.8	防雷引下线的连接不好或者连接处防锈蚀处理不好	生锈，脱落	选用合格的防雷引下线 严格按照正确的安装工艺操作	监理	（1）按设计要求采购 （2）及时检查及时处理

* 本表摘自《装配式混凝土结构建筑的设计、制作与施工》一书中的表24.2-1，内容上作了增删修订。

178. 装配式混凝土建筑有哪些质量控制关键点？

装配式混凝土建筑涉及结构安全和重要使用功能的质量关键点有12个。这些关键点是装配式混凝土建筑质量管理的核心，必须格外重视，否则可能引起重大安全事故或者对使用功能产生重大影响，甚至影响到整个装配式建筑行业的健康发展。（现浇混凝土建筑也存在的问题不在这里赘述。）

（1）夹心保温板拉结件的可靠性
（2）构件伸出钢筋的误差控制
（3）灌浆套筒/金属波纹管的埋设质量控制
（4）浆锚搭接成孔方式可靠性
（5）灌浆作业质量控制
（6）构件的预埋件、预埋物遗漏、拥堵
（7）现场后浇混凝土质量
（8）剪力墙水平现浇带低强度承重
（9）临时支撑拆除时间控制
（10）防雷引下线及其连接质量控制
（11）柔性支座柔性控制
（12）外挂墙板密封胶控制
从179问到190问，我们将逐一对以上12个质量控制关键点进行讨论。

179. 如何保证夹心保温板拉结件的可靠性？

夹心保温板的内叶墙和外叶墙之间主要靠拉结件进行连接（见图5-1），这些拉结件材质选用、防锈蚀处理、分布位置、锚固方式、试验验证、生产工艺等都非常重要，一旦哪个环节出现问题，导致外叶板脱落，都将酿成重大安全事故，动摇消费者对于装配式建筑的信心，对于正在发展的装配式建筑行业都将是一个严重的打击。

a）

b）

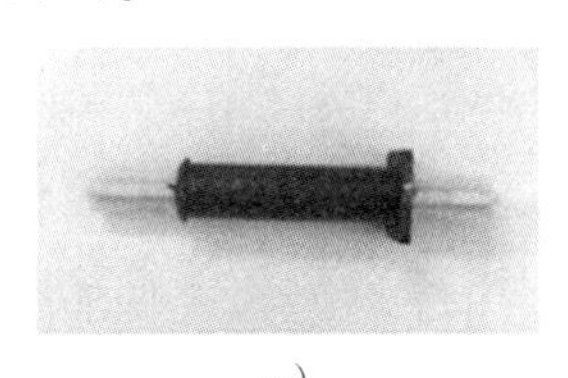

c）

图5-1　FRP材质的拉结件（南京斯贝尔公司提供）
a）Ⅰ型FRP连接片　b）Ⅱ型FRP连接件　c）Ⅲ型FRP连接件

保证夹心保温板拉结件的可靠性应做到以下几点：

（1）按照国家标准《装标》9.7.9条规定，夹心外墙板的内外叶墙板之间的拉结件类别、数量、使用位置及性能应符合设计要求。设计院在设计拉结件时，绝不能简单指定使用拉结件即可，而应该对其材质要求、排布方式、锚固方式进行详细设计，并提出试验验证时需要验证的内容，如抗拉、抗剪、锚固及耐久性等。

（2）拉结件宜采用不锈钢材质或树脂材质，不宜直接用钢筋做拉结件。如果用钢筋的话，应该额外采取两个措施，一个是要加大钢筋的直径，这个加大直径不是从强度或者刚度来决定的，而是从防锈蚀的角度上来决定的。另外一个就是采取可靠的防锈蚀的措施，如果是镀锌，同时应对镀层厚度进行要求，保证防锈余量。

（3）不宜直接用塑料钢筋做拉结件。塑料钢筋里使用的玻璃纤维一般都是不耐碱的，这种不耐碱的玻璃纤维很容易被混凝土里的碱所腐蚀。

（4）外叶板与内叶板宜分两次生产制作，不宜一次性制作完成。在制作时先浇筑外叶板混凝土，然后插放连接件，制作养护完成后，再铺保温材料，最后再浇筑内叶板。主要是防止连接件在振捣过程扰动；如果是一次浇筑，一定要严格控制在外叶板初凝前完成其他所有工序。

（5）保温材料应提前在设计的位置上打孔，不应该在制作时直接将拉结件穿过保温材料连接到外叶板上，因为这样做会导致保温材料的碎渣散落在拉结件与外叶板的接触部位，直接导致握裹力不够，可能引起外叶板脱落。

（6）浇筑振捣内叶板时要防止振捣棒触碰到连接件造成扰动，引起连接失效。

（7）没有经过试验验证的拉结件禁止使用。

 180. 如何进行预制构件或现场伸出钢筋的误差控制？

构件伸出钢筋的误差控制有两类，一类是横向钢筋长度的误差控制，如预制梁上的伸出钢筋，是通过机械套筒与后浇混凝土进行连接的。如果短了，往往现场工人不做任何处理就直接接上了，这样会有很大的结构安全隐患。另外一类是竖向钢筋的长度误差和位置的误差控制，如剪力墙或者预制柱的灌浆套筒或者浆锚搭接方式的伸出钢筋，如果短了也会造成极大的结构安全隐患。同样的，如果埋设位置不对，钢筋根本就插不到套筒或者浆锚孔里去，现场工人往往会采取用锤子砸、用火烤的方式来弯曲钢筋，这些野蛮操作也会导致连接性能失效，埋下重大的结构安全隐患。

无论是在工厂预制环节还是在现场施工环节，伸出钢筋的误差控制方法都是一样的。

（1）用“模尺”来控制伸出钢筋的长度误差

长度误差的控制一般都通过尺子来进行，但这样每次读数比较麻烦，还容易出错，在实际应用中可通过“模尺”来代替，即根据伸出钢筋的标准长度制作一个专用检测工具，见图5-2。可快速、准确地检查并控制伸出钢筋的长度误差。

（2）用“模板”来控制伸出钢筋的位置误差

伸出钢筋的位置误差一般通过位置模板来控制。即按照规定的钢筋断面的位置制定出专用的留有伸出钢筋位置孔的模板（见图5-3），通过这个模板来约束钢筋在制作过程中不会偏离位置。

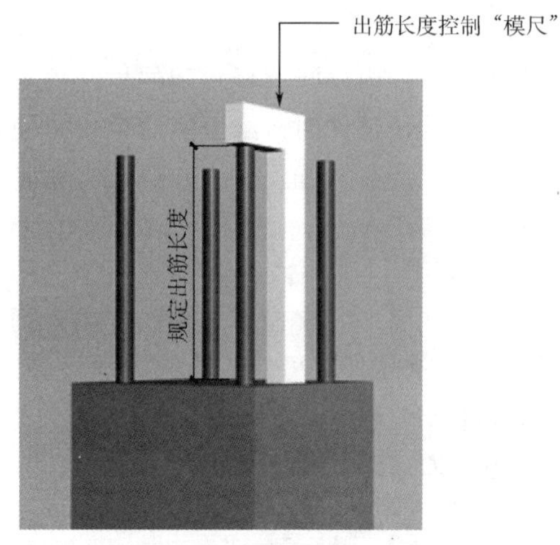

图5-2 出筋长度控制“模尺”

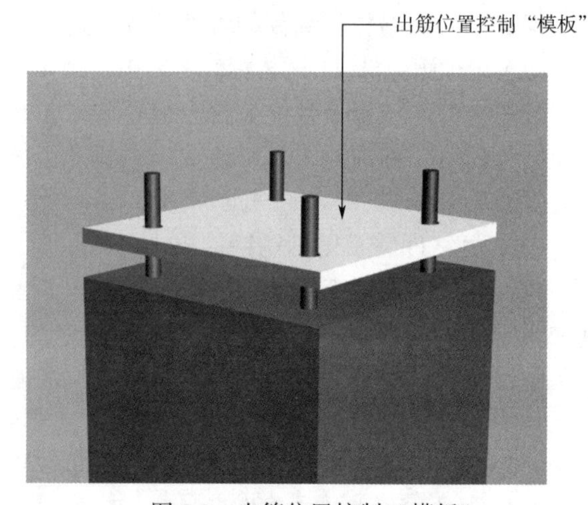

图5-3 出筋位置控制“模板”

181. 如何保证灌浆套筒/金属波纹管的埋设质量?

灌浆套筒（见图 5-4）/金属波纹管是装配式建筑最常用的连接方式，灌浆套筒/金属波纹管本身的材质不符合要求、未做抗拉强度试验、埋设位置或角度不对、保护层厚度不够等，都是重大的结构安全隐患。由于两者的控制方法类似，下面仅以灌浆套筒为例讨论如何控制其埋设质量。

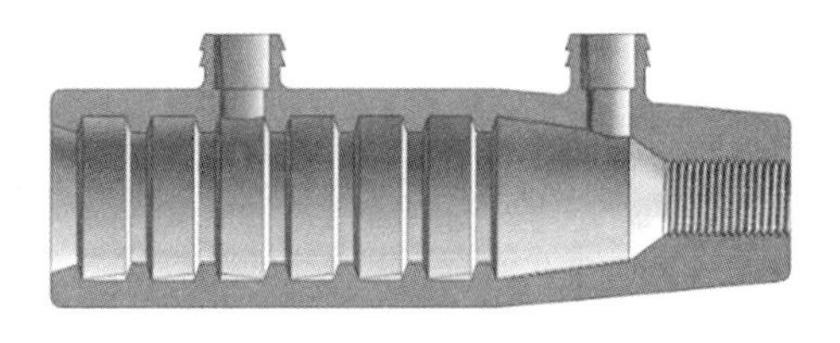

图 5-4　灌浆套筒

（1）在埋设灌浆套筒之前，要确保灌浆套筒本身的材质符合设计要求，并且已做抗拉强度试验且结果符合要求。

（2）埋设位置和角度的控制

对灌浆套筒和波纹管等孔形埋件，一般要借助于专用的孔形定位套销来控制位置和角度。采用孔形埋件先和孔形定位套销定位，孔形定位套销再和模板固定的方法，如图 5-5 所示。

图 5-5　柱子模板与灌浆套筒固定的固定方式

（3）保护层厚度的控制

保护层厚度的控制方法与普通预制构件的控制方法并无特殊之处，只是要特别注意保护层的厚度不能从受力钢筋的边缘来测量计算，而应从灌浆套筒的边缘来测量计算。

182. 如何确认浆锚搭接成孔方式的可靠性?

浆锚搭接的成孔方式是靠螺旋旋转而成，国家标准《装标》规定必须要进行试验验证后方能使用，但这一环节很容易被忽视，成孔方式的不可靠将直接导致连接失效，会造成重大的结构安全隐患。

保证浆锚搭接成孔方式可靠性必须严格按照国家标准《装标》进行试验验证，即便是设计方没有标明的情况下，厂家也应坚持验证。

浆锚搭接成孔方式的试验验证项目应由设计给出，具体验证方式参见本书第 4 章的 132 问。

 183. 如何控制灌浆作业质量？

灌浆作业是灌浆套筒连接方式的核心作业（见图 5-6），如果灌浆料的选用不符合要求、灌浆料的搅拌不符合要求、灌浆作业未灌满等都会埋下结构安全的重大隐患。

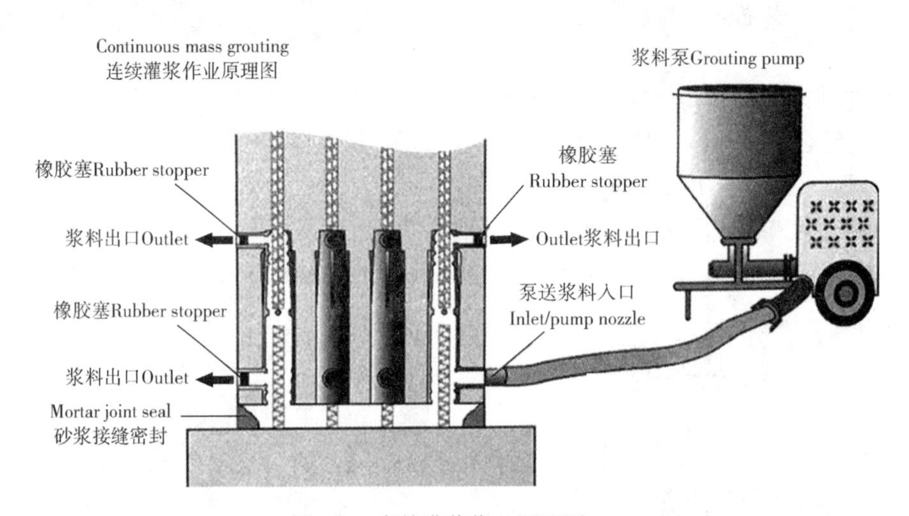

图 5-6　套筒灌浆作业原理图

为确保灌浆作业质量，应做到以下几点：

（1）采用经过验证的钢筋套筒和灌浆料配套产品。

（2）灌浆作业人员是经培训合格的专业人员，应严格按技术操作要求执行。

（3）操作施工时，应做好灌浆作业的视频资料，质量检验人员或旁站监理应进行全程施工质量检查，能提供可追溯的全过程灌浆质量检测记录。

（4）检验批验收时，如对套筒灌浆连接接头质量有疑问，可委托第三方独立检测机构进行非破损检测；当施工环境温度低于 5℃时，可采取加热保温措施，使结构构件灌浆套筒内的温度达到产品使用说明书要求；有可靠经验时，也可采用低温灌浆料。

（5）对于灌浆的时机，相关国家标准和行业标准并未给出明确规定。在实际施工过程中，灌浆作业目前有两种情况，随层灌浆和隔层灌浆。随层灌浆是竖向构件安装完毕后，构件除自身重量不受其他任何外力的情况下完成灌浆。隔层灌浆是竖向构件安装完毕后，下一层甚至两层的拼装都结束后再进行灌浆。由于竖向构件安装后，只靠垫片在底部对其进行点支撑，靠斜支撑阻止其倾覆，灌浆前整个结构尚未形成整体，如果未灌浆就进行本层混凝土的浇筑或上一层结构的施工，施工荷载会对本层构件产生较大扰动导致尺寸偏差，甚至产生失稳的风险。因此，建议随层灌浆。但是，如果施工工序安排不紧凑就有可能对施工进度有较大影响，导致延长工期。有的施工企业为了追求进度，会采用隔层甚至隔多层灌浆，风险性很大。为了保证施工安全，建议采用优化工序，严格流水作业的方式保证进度，而不应当冒险隔层灌浆。

（6）灌浆过程控制

1）安装前应对构件安装基础面进行处理，并对构件伸出钢筋进行检查与调整以符合安装条件。

2）构件吊装就位、调整、固定时应注意灌浆套筒内腔是否有异物。安装时，下方构件伸出的连接钢筋均应插入上方预制构件的连接套筒内（底部套筒孔可用镜子观察，见图5-7），然后放下构件。如有不能插入的钢筋，应该重新起吊构件，调整钢筋后再放下构件（严禁切筋）。

3）水平缝联通腔须分仓时，宜采用干硬性坐浆料进行分仓，且一般单仓长度不超过1m，分仓隔墙宽度宜为3～5cm。

4）使用专用封缝料（坐浆料）配合专用封堵工具对接缝周圈进行密封，如图5-8和图5-9所示。

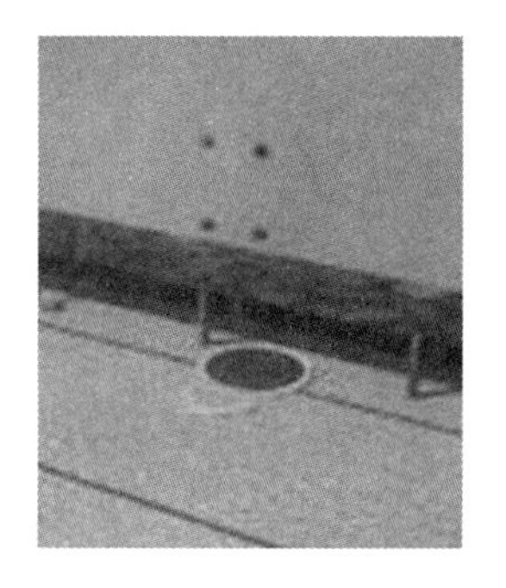

图5-7　用镜子辅助插筋对位

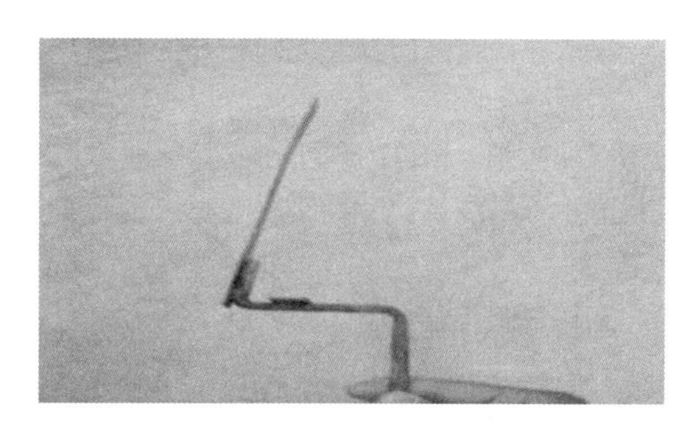

图5-8　自制封堵工具

5）灌浆料的制备过程应严格遵循工艺要求，每批灌浆料在使用前必须进行流动度检测，确认合格后方可使用（见图5-10）。

图5-9　人工封堵

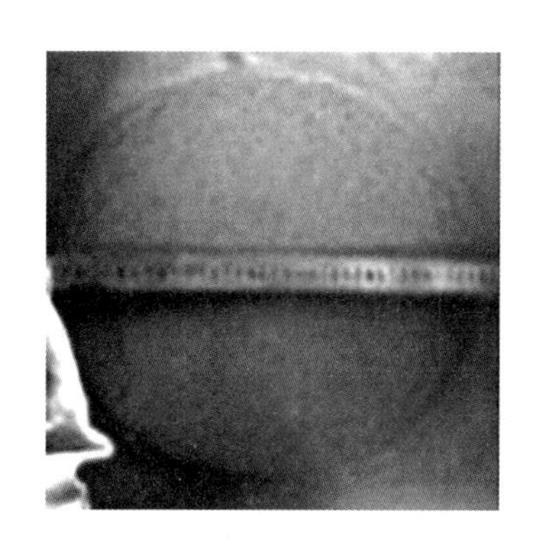

图5-10　灌浆料流动度检测

6）正式灌浆时（见图5-6），应特别注意以下几点：

①用灌浆泵（枪）从接头下方的灌浆孔处向套筒内压力灌浆。

②灌浆浆料要在自加水搅拌开始20～30min内灌完，全过程不宜压力过大（不超过0.8MPa）。

③同一仓只能在一个灌浆孔灌浆，不能同时从两个以上孔灌浆。

④同一仓应连续灌浆，不宜中途停顿。如中途停顿，再次灌浆时，应保证已灌入的浆料有足够的流动性，还需要将已经封堵的出浆孔打开，待灌浆料再次流出后逐个封堵出浆孔。

184. 如何防止预埋件、预埋物遗漏或拥堵？

构件的预埋件或者预埋物一旦遗漏，没有按照图纸要求埋设在构件之中，现场工人往往会采取砸墙凿洞的方式进行补救，而这种方式无疑会破坏钢筋保护层，影响结构的耐久性，造成安全隐患。

有的时候，构件的预埋件或者预埋物虽已埋设成功，但是因为埋设地点拥堵，导致后浇混凝土不易浇筑，容易形成空心、不密实等情况，影响后浇混凝土强度，也会造成安全隐患。

在构件制作过程中，应从以下几个方面来防止预埋件、预埋物遗漏或拥堵。

（1）在设计PC构件制作图之前，各个设计专业都应该提交他们所需要埋设在预制构件中的各种预埋件、预埋物和预留孔洞。同时，即使还没有开始招标，在没有确定施工企业和制作企业的情况下，也要请他们提前参与协同设计，并提交施工和制作的基本方案以及这个基本方案所需要的预埋件、预埋物和预留孔洞给设计方，以确保设计时不会遗漏。

（2）在构件制作开始之前，要有技术交底和图纸会审环节，要对各个构件的预埋件、预埋物、预留孔洞的各个环节、各个专业面进行全面核实，确保预留信息无遗漏。

（3）设计院应该制定一个包含了所有预埋件、预埋物和预留孔洞的清单，用来在正式出图前检查是否有遗漏的预埋件、预埋物或预留孔洞。

（4）如果该项目应用了BIM系统的话，则应该把以上这些要求都输入到BIM模型中去，应用BIM系统的功能自动地去检查判断是否有遗漏的预埋件、预埋物和预留孔洞。

（5）应用BIM或者其他软件，从立体三维的角度来判断预埋件、预埋物是否拥堵。需要注意的是，除了预制构件制作过程中，现场的后浇混凝土作业也可能出现预埋件拥堵现象，所以工地现场同样也需要进行这样的判断。

185. 如何保证工地后浇混凝土的质量？

后浇混凝土的核心是钢筋连接，是实现构件钢筋伸入支座的构造措施（见图4-9）。在装配式结构后浇混凝土中的钢筋连接，有机械套筒连接、注胶套筒连接、焊接连接、绑扎搭接、支座锚板连接等方式，目前国内多采用机械套筒连接，国外多采用注胶套筒连接。

预制构件由于在工厂预制时，构件是“躺着”浇筑的，工人操作方便，振捣充分，再加上是蒸汽养护，使得预制构件的质量通常比现场后浇混凝土的质量好些。而现场后浇混凝土的浇筑量少、作业空间受限往往会导致振捣不充分，自然养护等因素也会导致现场后浇混凝土的强度比预制混凝土低，成为结构体系中的弱点，一旦出现问题，就可能造成安全隐患。

在后浇混凝土施工中，应注意以下几个方面：

（1）后浇混凝土施工前，应提前做好各项隐蔽工程验收。

（2）后浇混凝土浇筑部位的杂物要清理干净，并检查模板是否支设加固完成，确认完成后再浇水湿润。

（3）预制构件结合面疏松部分的混凝土，应在构件安装之前或支设模板之前将其剔除并清理干净。

（4）浇筑混凝土时分层浇筑高度应符合国家现行有关标准的规定，应在底层混凝土初凝前将上一层混凝土浇筑完毕，一般分层厚度不得大于 300mm，要从一端开始，连续施工。

（5）使用振捣棒进行振捣时，要提前将振捣棒插入柱内底部，随分层浇灌随分层振捣，振捣时要注意振捣时间，不得过振，以防止预制构件或模板因侧压力过大造成开裂，振捣时且尽量使混凝土中的气泡逸出，以保证振捣密实。

（6）后浇混凝土部位为钢筋的主要连接区域，故此部位钢筋较密，浇筑空间狭小，对此应在结构设计之初对混凝土的浇筑施工予以考虑。在后浇混凝土施工过程中，要特别注意混凝土的振捣，保证混凝土的密实性。

（7）预制梁、柱混凝土强度等级不同时，预制梁柱节点区混凝土强度等级应符合设计要求。

（8）楼板混凝土浇筑时要分段进行，每一段混凝土要从同一端起，分一或两个作业组平行浇筑，连续施工。混凝土表面用刮杠按板厚控制块顶面刮平，随即用木抹子搓平。

（9）现浇楼板混凝土浇筑完成后，应随即采取保水养护措施，以防止楼板发生干缩裂缝。

（10）混凝土浇筑完毕待终凝完成后，应及时进行浇水养护或喷洒养护剂养护，使混凝土保持湿润持续 7d 以上。

186. 如何解决剪力墙水平现浇带低强度承重问题？

按照现行规范要求，每一层剪力墙与上一层剪力墙之间都有一层水平混凝土现浇带。这个现浇带往往在浇筑完成后的第二天就开始进行上一层的墙板安装，而这个时候水平现浇带的混凝土强度还很低，如果开始承重，仅靠几个垫块支撑，也是一种安全隐患。

解决剪力墙水平现浇带低强度承重问题应注意以下几点：

（1）首先要有个基准，也就是说设计院规定一个临界强度数值，当水平现浇带的混凝土强度低于这个数值就不能进行下一层的安装。

（2）有了上面这个临界强度数值之后，从设计到施工到监理，所有涉及环节都应该意识到这个问题的严重性，应该在进行下一层安装之前用回弹仪测量水平现浇带的实际强度是多少。高于临界强度则继续安装，低于临界强度则暂停施工。

（3）对于气温比较低的季节，强度增长得比较慢，为了满足正常工期，在征得设计方同意下，可以适当提高水平现浇带混凝土的强度等级，或者是采用早强混凝土。

（4）应避免延迟灌浆。因为灌浆料的强度增长得比较快，所以及时灌浆的话剪力墙的强度上升的快，对与水平现浇混凝土也会有好处。

187. 如何确定临时支撑拆除时间？

按照现行规范要求，临时支撑（见本书第4章第164问）拆除时间应该由设计方确定。但实际的情况是，设计方往往不会去确定这个时间（他们认为这是个施工的问题，应由施工方自己解决）。这样就形成了空挡，导致了现场临时支撑拆除的随意性。就会出现为了赶工期、省成本而提早拆除的现象，可能导致结构裂缝或者其他不安全的隐患。

确定临时支撑拆除时间应注意以下几点：

（1）设计方应明确给出临时支撑的拆除时间。

（2）设计方给出的拆除时间应根据施工方提供的实际的施工荷载情况进行复核判断后给出。

（3）如果设计方没有时间、没有精力去或者是没办法进行这种判断的话，至少应该参照拆模板的规范要求给出临时支撑的拆除时间。

188. 如何保证防雷引下线及其连接的可靠性和耐久性？

现浇工程的受力钢筋从上到下都是通着的，所以可以用受力钢筋直接作为防雷引下线。而PC建筑受力钢筋的连接，无论是套筒连接还是浆锚连接，都不能确保连接的连续性，因此，不能用受力钢筋作为防雷引下线。现行规范要求埋设镀锌扁钢带做防雷引下线，但这种防雷引下线也是分段的，每一段之间一般通过焊接来连接，这样就会破坏镀锌层，如果对这个焊接点的防锈蚀不好，其耐久性就会出现问题，成为影响安全的隐患。

要保证PC防雷引下线及其连接的可靠性和耐久性，建议采取如下措施：

（1）学习日本的防雷引下线的做法，用铜线和锁扣连接或螺栓连接的方式，不会锈蚀，一劳永逸，见图5-11。

图5-11　日本防雷引下铜线及连接头（图中上下方向的细线）

（2）如果嫌铜线和锁扣连接或螺栓连

接方式成本高，可以按照规范采取镀锌铁板和焊接连接的做法，但应格外注意以下两点：

1）镀锌铁板的断面尺寸和镀锌层厚度要求一定要按照五十年的寿命周期来进行设计选用。

2）焊接连接部位应该给出明确的要求，包括应该使用什么样防锈漆，防锈漆的厚度应该是多少，等等。

（3）笔者建议，有条件的情况下，即便使用镀锌铁板的防雷引下线，也应选择标准的接头和螺栓连接方式，以彻底避免因焊接连接造成的锈蚀隐患。

189. 如何避免把柔性支座变成刚性支座？

外挂墙板的柔性支座，螺栓是不应该被拧紧的，这是为了地震时外挂墙板不会随着结构层间位移而扭动，一是保护构件本身不被破坏，二是避免把作用力传递给主体结构，造成主体结构破坏。楼梯一端的滑动连接也是这个道理。但现场施工工人往往不懂这个原理，会把螺栓锁紧，或用水泥浆料把楼梯固定住，从而造成安全隐患。

要避免把柔性支座变成刚性支座，应注意以下几点：

（1）设计必须给出具体的明确的要求，内容包括：

1）哪些螺栓不应该被拧紧。

2）这些不应该被拧紧的螺栓应该具体被拧到什么程度。

3）根据以往的施工经验，列出哪些常见的不正确做法。比如滑动支座（移动支座）一端严禁用砂浆做垫层等。

（2）在施工过程中，应该把柔性支座的施工列为旁站作业或者是示范作业以便重点管控。

190. 外挂墙板密封胶选用与施工时应注意什么？

选用外挂墙板的建筑密封胶时，应要求该密封胶具有一定的弹性，在侧向力的作用下具有足够的压缩空间，以避免把地震的侧向力传递给主体结构，造成主体结构的损害。

应用建筑密封胶进行外挂墙板施工时，如果密封胶的质量不好或者施工工艺不对而导致漏水的话，会损坏内部的保温层，而保温层失效后很难维修，使得建筑的保温功能受到严重削弱。

因此，外挂墙板密封胶选用与施工时应注意：

（1）设计应给出密封胶的具体参数要求。比如要求密封胶的压缩量比例是多少？是30%还是40%？

（2）在施工阶段，施工方应严格按照设计方给出的这个标准选用密封胶。

（3）密封胶到货后，在正式使用之前，应做确认试验，以确保该密封胶的参数能够达到设计方给出的参数要求。

（4）为确保密封胶的防水性能，选择建筑防水密封胶时应考虑到与混凝土有良好的黏性，而且要具有耐候性、可涂装性、环保性，可以采用 MS 胶。

（5）密封胶施工时，应填充饱满、平整、均匀、顺直、表面平滑，厚度符合设计要求。

191. 为什么须给出装配式建筑使用说明书暨维修指南？具体包括哪些内容？

装配式建筑的核心是其结构上的连接点，而这些连接点往往也是装配式建筑的脆弱点，正是这个原因，为了保障装配式建筑的长久安全，在使用或维修过程中，都不能对这些结构上的连接点有任何的破坏。而要做到这一点，如果仅仅在交房过程中对住户进行叮嘱是远远不够的，必须给出装配式建筑的使用说明书暨维修指南的正式文件，只有这样，才能确保几年或几十年，甚至房屋几易其主之后，仍然有这份使用说明书暨维修指南来指导用户如何安全的使用和维修。

基于以上目的，装配式建筑的使用说明书暨维修指南应至少包括以下内容：

1）给出装配式建筑的基本信息，如设计单位、建设单位等的企业名称和负责人名称、联系方式等。

2）设定使用或维修禁区。根据装配式建筑的实际情况，设定使用或维修禁区，在这些禁区，不能随意砸墙凿洞，不能随意采用后锚固螺栓，不能随意触及结构，这些都是安全红线，普通用户在使用或维修过程中是坚决不能触碰的。如果确有需要的情况下，应该联系上面的基本信息中设计和建设单位，在征得原设计单位许可的情况下谨慎进行。

3）给出有可能易损的装配式部品部件在维修、更换时的注意事项。比如门窗一体化的构件，门窗损坏或者更换时，如何避免损坏构件。或者在没有实施管线分离的建筑中，管线是埋设在构件之中的，如果管线损坏，应如何避免砸墙等可能损害结构的行为等。

4）给出其他重要的装配式部位的使用及维修方法和注意事项。

第 6 章　如何降低成本

192. 装配式混凝土建筑与现浇建筑相比，成本有哪些变化？

我们从本书第 1 章的内容（特别是第 4、5、6 问）可以看到，与现浇建筑相比，装配式混凝土结构建筑从其诞生之初就承担了降低成本的使命。在其漫长发展的几十年中，尤其在国外装配式建筑比较发达的国家里，装配式建筑一直是低成本发展的，“比现浇建筑的成本低”往往是装配式建筑的优点和特点之一。

但在我国的装配式建筑实践中，尤其是现阶段，装配式建筑的成本却一直是高于现浇建筑的，有的区域甚至高出 30% 以上。从装配式发展的角度来看，这无疑是一个反常现象。

如果我们对这一反常现象进行深入分析，就会发现有着各种各样的原因：有结构体系适应不适应装配式建筑的问题；也有装配式技术不成熟，规范设计比较保守和审慎，连接比较复杂的问题；也有我国原来的建筑标准比较低，国家想借装配式建筑来升级和提高建筑标准这种“搭车”的因素。

但无论如何，装配式建筑成本过高绝不是小问题，而是制约我国装配式建筑发展的大问题。国家发展装配式建筑的根本目的是为了经济效益、社会效益和环境效益，如果装配式建筑成本过高，企业不能获得合理的经济效益，装配式建筑是不可能具有持久的生命力的。

所以我们有必要梳理一下装配式混凝土建筑与现浇建筑在各个环节上的成本因素的变化，比较一下哪些成本增加了，哪些成本减少了，然后再针对那些成本增加的因素进行深入剖析，寻找如何降低成本的解决方案。

表 6-1 列出了装配式建筑与现浇混凝土建筑的成本变化分析，分别在设计、工厂制作、存放与运输、施工与安装等环节详细列出了成本的增加项和减少项，以期给读者一个装配式建筑的成本分析全貌。

表 6-1　装配式混凝土建筑对比现浇建筑成本变化分析表

环节	序号	装　配　式	现浇	成本变化	解 决 方 案	说　　明
设计	1	拆分设计、装配图	没有	增加	利用 BIM 等软件实现设计与生产接口对接可减少成本增量	
	2	构件拆分节点设计	没有	增加	设计软件系统可减少增量	

（续）

环节	序号	装配式	现浇	成本变化	解决方案	说明
设计	3	预制构件设计	没有	增加	很难降低成本增量	
	4	水电暖通装修各专业与构件设计的协同	没有	增加	可利用 BIM 减少增量	
	5	制作、施工环节的预埋件汇集到构件上	没有	增加	较难降低成本增量	
	6	建筑部品设计、选型及其接口设计	没有	增加	较难降低成本增量	
	7	协同设计结构审图，检查遗漏或相互间的干扰	没有	增加	运用 BIM 进行检查	能够减少后期设计变更成本
	8	内装设计	没有	增加	集约化设计实际上降低了成本	全装修总价也增加了
	9	因设计不细协同不够导致的损失	少	增加	运用 BIM	
工厂制作	10	厂房摊销	无	增加	适用即可，避免追求“高大上”和“可参观性”	
	11	设备摊销	少	增加	适用即可，避免追求“高大上”和“可参观性”	
	12	模板成本	少	增加	标准化构件	
	13	养护成本	少	增加	较难降低成本增量	蒸汽养护质量增加
	14	混凝土成本	正常	减少		工厂自备混凝土成本比购买商品混凝土降低；同时减少了落地灰、混凝土罐车 2% 的挂壁量；混凝土用量精确
	15	钢筋用量	正常	增加	较难降低成本增量	包括钢筋的搭接、套筒或浆锚连接区域箍筋加密；深入支座的锚固钢筋增加或增加锚固板
	16	养护用水	正常	减少		构件早期用蒸汽养护，因此减少了养护用水
	17	能源消耗	正常	减少		集中养护，可灵活选用电、气、煤等

（续）

环节	序号	装配式	现浇	成本变化	解决方案	说明
工厂制作	18	预埋件	少	增加	较难降低成本增量	连接预埋件、吊装预埋件，夹心保温墙板连接件等
	19	管理成本	正常	减少		
	20	工作环境	正常	变好		
	21	劳动力	正常	减少		
存放与运输	22	存放场地	少	增加	做好计划管理，“构件不落地”，从汽车上直接吊装安装	现浇也需要原材料存放区
	23	存放设施	少	增加	循环使用	靠放架等
	24	包装费用	无	增加	循环使用	
	25	运输费用	少	增加	专用运输车	原材料也需要运输费
施工与安装	26	模具费	正常	减少		现场支模大大减少
	27	套筒灌浆作业	无	增加	较难降低成本增量	
	28	灌浆料	无	增加	较难降低成本增量	
	29	机械费	少	增加	较难降低成本增量	
	30	脚手架等	正常	减少		墙板安装需要临时斜支撑
	31	人工费	正常	减少		吊装、灌浆作业人工增加，模板、钢筋、浇筑、脚手架等人工减少
	32	混凝土	正常	减少		落地灰以及混凝土损耗减少了
	33	外墙保温施工	正常	减少		如果采用预制三明治外墙板
	34	内外墙抹灰	正常	减少		
	35	内装施工	正常	减少		
	36	设备和管线施工	正常	减少		
	37	养护用水	正常	减少		
	38	现场用电	正常	减少		
	39	施工措施费	正常	减少		
	40	建筑垃圾	正常	减少		
	41	噪声及污染	正常	减少		
	42	施工周期	正常	缩短		工期的缩短也会带来成本的降低

193. 当前装配式混凝土建筑高成本的困境与出路有哪些？

我们从第192问看到了装配式混凝土结构建筑高成本的现状分析，本问从宏观角度来分析一下这个高成本的困境与出路有哪些，见图6-1。

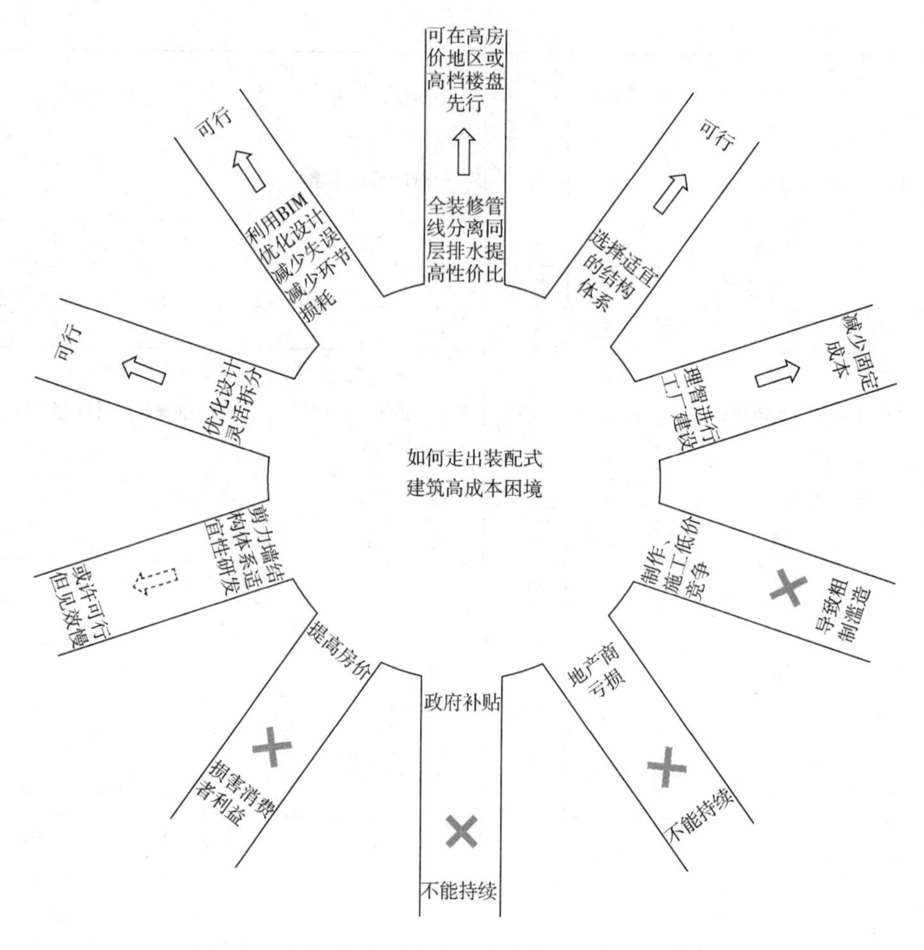

图 6-1　装配式混凝土建筑高成本的困境与出路图

由图中可以看出，这里所列出的十大困境与出路中，可以分为三类：4 条不可持续性，5 条可行性，1 条待探索性。

（1）四条不可持续性

1）提高房价覆盖成本增加部分，消费者不会买账，具有不可持续性。

2）依赖政府补贴，难以持续。现在社会发展快，政府补贴后，大家蜂拥而上，不过两三年市场饱和，补贴自然消失。

3）地产商亏本卖房，也不太可能。

4）构件厂和总包单位低价竞争，不可持续。且会导致粗制滥造，质量降低，最终会损害消费者的利益，影响整个行业的发展。

（2）五条可行性

1）理智投资构件厂，减少土地、厂房、设备等固定资本的投资，避免追求“高大上”和“可参观性”，降低摊销成本。

2）选择适宜的结构体系。如向装配式发达国家吸取经验，选择柱梁结构体系，装配率提高，效率提升，成本降低。

3）采用全装修、管线分离、同层排水等方式，大幅提高房子的质量，使得性价比提升，可在高房价地区或高档楼盘先行试点。

4）利用 BIM 优化设计减少失误、减少环节损耗等，目前是较为可行的方案。

5）优化设计、灵活拆分，如使用本章第 195 问里介绍的“立体墙板拆分方式”。

(3) 一条待探索性

剪力墙结构体系的装配式建筑适宜性研发，也就是研发出适合目前规范框架下的三面出筋一面套筒或浆锚孔的全自动流水线，大幅提高自动化水平，降低成本。这条路已经有人在尝试，但是收效甚微，需要投入大量资金和精力，结果具有不可确定性，所以称其为待探索性。

194. 如何降低剪力墙结构体系下的装配式建筑成本？

剪力墙结构是由剪力墙组成的承受竖向和水平作用的结构。剪力墙与楼盖一起组成空间体系，见本书第 1 章图 1-41。剪力墙结构体系是我国住宅领域的高层装配式建筑的主要形式，其特点详见本书第 1 章第 24 问，这里仅对剪力墙结构成本高的原因进行分析并对如何在现行规范的框架内降低成本的方法提出建议。

(1) 装配式剪力墙结构成本高的原因分析

1）预制部分的生产效率不高

①按我国现行规范对剪力墙结构的有关规定，剪力墙板大部分都是两边甚至三边出筋、另外一边为套筒或浆锚孔，且出筋复杂。这种复杂的结构导致构件生产实现全自动化很有多障碍，这种障碍在短时间内很难克服。

②剪力墙板为连接而伸出的预留钢筋在制作时比较麻烦。

③外墙剪力墙板多为装饰保温一体化板，作业周期长，生产工序流程繁杂。

④剪力墙体系构件品种也比较多，还有一些异形构件，如楼梯板、飘窗、阳台板、挑檐板和转角板等，产品生产流程复杂、所需钢筋骨架复杂，一些构件既有暗柱又有暗梁，钢筋骨架无法实现全自动化加工。

⑤叠合楼板预制部分，按国家标准和行业标准的规定，构件端部要有钢筋伸入支座、双向板侧边和单向板为了解决裂缝问题在拼缝处也要有钢筋伸出，目前无法实现全自动化加工。

2）现场浇筑部分的成本高

装配式剪力墙结构的预制墙板、预制楼板伸出钢筋部位多，预埋件多，墙体之间在边缘构件处水平后浇混凝土连接节点湿作业多，叠合楼板需要满足管线埋设而增加厚度，不仅劳动力的需求量大，而且也增加了现场后浇混凝土的成本。

需要说明的是，国外应用的剪力墙结构也很多（国外的高层住宅大多数都是框架结构的），但因为依据规范不同，国外的剪力墙一般都采用双面叠合剪力墙结构的拆分办法，并在欧洲形成了比较高效的预制构件的生产体系，同时对于预制剪力墙的水平连接一般采取软钢锁的连接方式，现场浇筑部分的成本也不高。

(2) 在现行规范的框架内如何降低装配式剪力墙结构的成本

在现行规范的框架内，装配式剪力墙结构增加的材料成本都是刚性的，几乎无法降低，但是在拆分设计阶段，却可以充分利用现有规范和图集给出的空间，采取灵活的拆分方式，积极寻找提高生产效率、降低成本、提高质量的出路，不要为了装配式而装配式，对于楼板出筋的必要性和墙板连接节点的方式需要科研机构进行科学的试验和分析研究，采取专家论证的方式做少出筋、少后浇、简化连接节点（两少一简）的装配式建筑，以达到降低装配式剪力墙结构成本的目的。

1）剪力墙外墙板的三种拆分方式，在现行规范的框架内，剪力墙外墙可以有三种不同的拆分方式。

①整间板方式（图6-2）。剪力墙板与门窗和保温、装饰一体化形成整间板，在边缘构件处进行后浇混凝土连接。

②窗间墙条板方式（图6-3）。剪力墙外墙的窗间墙采取预制方式，窗洞口上部预制叠合连梁同剪力墙后浇连接，窗下采用预制墙板，用拼接的方式形成窗洞口。

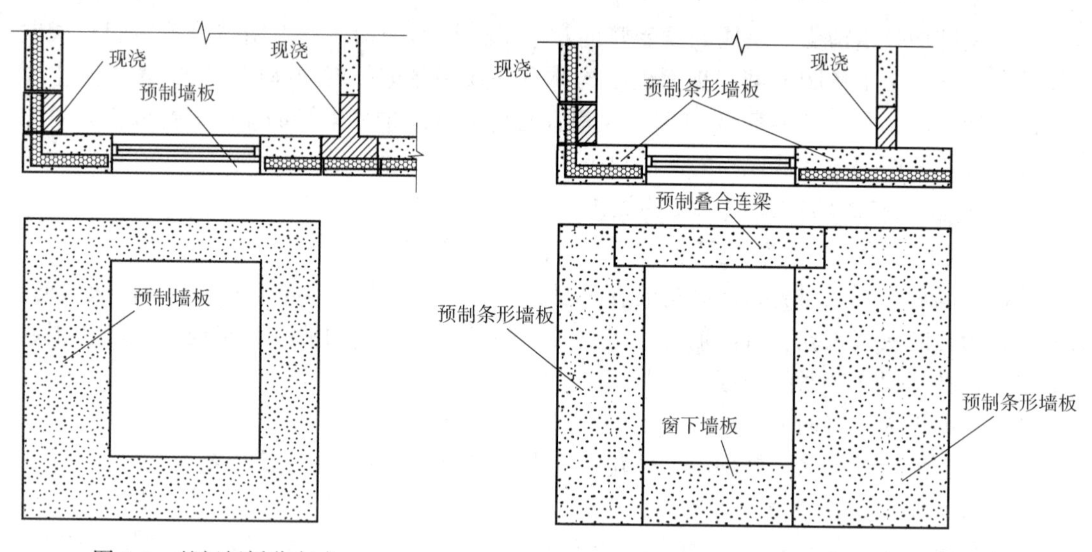

图6-2　整间板拆分方式

图6-3　窗间墙板拆分方式

③L形、T形立体墙板方式（图6-4）。剪力墙外墙的窗间墙连同边缘构件一起预制，形成L形（图6-5）或T形（图6-6）预制构件，窗洞口上部预制叠合连梁同剪力墙后浇连接，窗下采用预制墙板，用拼接的方式形成窗洞口。

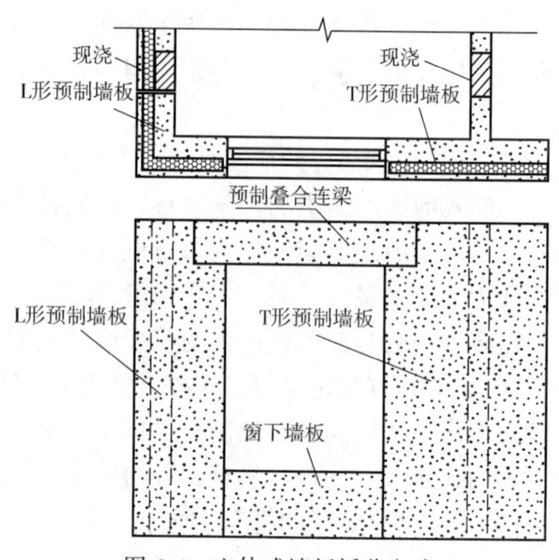

图6-4　立体式墙板拆分方式

2）三种剪力墙外墙板的拆分方式比较。

整间板方式存在最大的问题是现场后浇混凝土量大，现场工序复杂，出筋多，所以窗间墙条板方式和L形、T形立体墙板方式是可以综合考虑的。

L形和T形剪力墙板在固定模台都可以生产，制作难度也不是太大，现场节点连接后浇混凝土量小，节省工期，提高了装配率，在成本上提高不多。

图 6-5　L 形剪力墙板

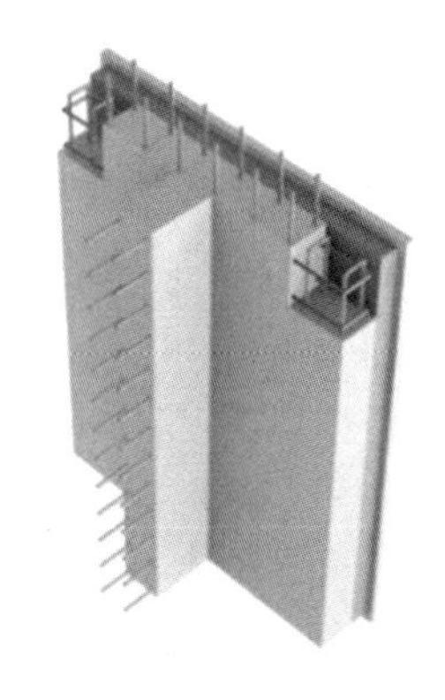

图 6-6　T 形剪力墙板

表 6-2 给出了三种拆分方式在制作、伸出钢筋、连接节点难度和现场后浇混凝土量以及预制墙体占本层墙体混凝土量的比例等方面的比较。

表 6-2　剪力墙拆分方式的比较

序号	拆分方式	比较内容				预制墙体占本层墙体混凝土量比例
		制作难度	伸出钢筋难度	连接节点难点	现浇混凝土量	
1	整间板拆分式	较小	大	大	多	30%
2	窗间墙板拆分方式	最小	较小	较小	较少	40%
3	立体式墙板拆分方式	大	最小	最小	最少	50%

说明：本表比较内容只针对外墙，内墙假定为现浇，混凝土量的比较是相对的。

由此可以看出，在现行规范的框架内，剪力墙外墙板采用立体墙板的拆分方式，能够获得较大程度的成本降低，这也是较为可行的降低剪力墙结构体系下的装配式建筑成本的方法之一。

195. 柱梁结构体系装配式建筑成本如何？

这里所说的柱梁结构体系是指框架结构、框剪结构、筒体结构等以柱子和梁为主要构件的结构体系。柱梁结构体系是装配式建筑自诞生以来应用的最多，也是最成熟的体系，是国外高层和超高层建筑普遍采用的结构体系。下面我们对这种结构体系的装配式建筑成本作如下分析。

（1）装配式柱梁结构体系与现浇柱梁结构体系的成本分析比较

在同样的柱梁结构体系下，装配式的成本应该比现浇的成本低或者至少不会比现浇的成本高。这一点笔者在跟日本鹿岛公司合作以及多次在日本工地工厂交流观摩期间深有体会。特别是有一次笔者在日本看到一个工地，由于道路比较窄，大型运输车无法同行，他们宁可在现场组建一个临时工地来生产预制构件，也不去做现浇（见图 6-7）。由此可见他们对装配式的依赖程度。而且，如果装配式成本比现浇成本高的话，他们是绝对不会这么做的。

（2）同样的高度、宽度，同样布置的装配式柱梁结构体系与装配式剪力墙结构体系的成本分析比较

柱梁结构体系应该比剪力墙结构体系的成本低。前面分析了剪力墙结构体系成本高的几点原因，柱梁结构体系都具有优势。特别是混凝土用量少、构件少，连接节点少等。

图 6-7　日本工地现场预制构件

（3）采用柱梁结构体系存在哪些障碍

目前有三种说法，一种说法是剪力墙结构抗震性能好；另外一种说法是中国消费者不喜欢柱子和梁凸入到房间里面占用空间，这是最多的一种说法；第三种说法是中国消费者不喜欢轻体墙，实心墙在心理上更容易被接受。

笔者认为，这三种说法都是没有科学依据的或者没有定量科学分析支持的，是伪问题或者是过时的一种判断。

1）剪力墙结构的抗震性能比框剪结构好吗？

①从世界范围上看，高层或超高层剪力墙结构建筑经历过大地震考验的案例基本没有。所以断言剪力墙结构体系的抗震性能要优于框架结构体系是没有道理的。

②从抗震实践上看，日本是对抗震研究最多的国家，但日本恰恰选用的柱梁结构这种柔性体系，他们可能会辅以剪力墙的核心筒或者框架剪力墙，但不会全部使用剪力墙结构体系。

③从受力原理上看，剪力墙是靠自身的刚度来抵抗地震的侧向力，但刚性越大，其自重也越大，同时地震带来的侧向力也越大，因为地震的侧向力是与自重有关的。这就相当于说，剪力墙结构为了自己的强大反而招来了更强大的“敌人”。

④我国有的高层住宅采用部分框支剪力墙结构，就是说底层有一部分是框架结构的（一般是为了底商所需要的大空间而设计），上面才全是剪力墙。我们都知道，抗震最重要的部位就是底层，而框支剪力墙结构的底层恰恰是框架的。所以我国大量的高层建筑使用框支剪力墙结构的事实本身就说明剪力墙的空间布置的适应性，也意味着框架或者框剪结构的抗震可靠性。所以说，第一种说法“剪力墙结构抗震性能比框架结构好”是站不住脚的。

2）框架结构的柱梁凸入到房间里面，比剪力墙结构占用了更多的用户空间吗？

这是一个伪问题。

①剪力墙结构占用的空间比较少的最重要的原因是把管线等都埋入到结构主体内部了，如果不把管线埋在结构主体内部的话，那么在剪力墙的外面必然要有一个管线架空层，而如果有了这么一个架空层，剪力墙占用的空间势必更大。而在发达国家，管线都是分离的。所以这是不在同一使用状态下的比较，得出来的结论自然也是不公平的。

②框架结构凸入房间在小柱网的情况下比较突出，现在的框架结构可以做成大柱网，9m 或者 12m 以上，就不是大问题了。

③根据新颁布的《装标》，装配式建筑的四个系统之一就是推广全装修，如果一做全装修，那么即使还有部分的这种凸入情况存在，也完全可以用全装修的办法来加以弥补消除。

3）中国消费者不喜欢轻体墙，实心墙在心理上更容易被接受。

这种说法也是没有道理的。

①现在的剪力墙体系中也有大量的轻体墙，消费者也没说不接受。不可能到了框架体系中变得不接受了。

②国外有研发的双层轻体墙中，融合了保温、隔声等多项功能，只有在高档住宅上才会使用，不可能存在消费者不喜欢的道理。

③使用轻体墙，建筑物变轻了肯定是好事，消费者的接受也许需要一个过程，但是现在来看，这种障碍已经不存在。

笔者讲了这么多不是为了强推柱梁结构体系，而是建议在明明知道装配式剪力墙结构成本高，短时间内无法降下来的情况下，多一种思路，多一种选择，在进行装配式建筑设计之初，首先应当解构“住宅只能做剪力墙结构”的心理定式，通过综合的定量的分析对比，选择更安全、可靠、合理、经济的结构体系。

196. 剪力墙结构体系降低成本的研发方向是什么？

影响装配式剪力墙结构体系最大的问题就是出筋，叠合楼板出筋和剪力墙板出筋，这种复杂的出筋导致了既不能在生产制作中实现高度自动化，又不能在安装施工过程中有效地节约人工，导致装配式剪力墙的成本居高不下。如何能够简化这种出筋就是降低成本的研发方向。

（1）预制叠合楼板的出筋问题

叠合楼板的出筋是指在预制部分出筋。日本、欧洲的预制叠合墙板是不出筋的，靠现浇叠合层的钢筋搭接来完成连接，见图6-8。在工厂中预制不出筋的叠合板已经有了很成熟的生产线技术。

图6-8 不出筋的叠合楼板

借鉴国外这些成熟技术，集中精力研发和试验这种不出筋的叠合楼板，应该能在较短的时间出成果。这种研发一旦成功，全自动流水线的优势就被释放出来了，叠合楼板的生产成本将会大幅降低，同时现场安装施工中也会节约人力物力，在成本和工期上都会有好处。

在双向板的拆分设计上，传统按照双向板设计的方法虽然能够节约一些钢筋成本，但是这种设计带来的非常复杂的连接节点导致制作和安装施工时的人工成本大幅增加，在综合成本上一定是得不偿失的，所以类似这样的问题均应按单向板进行设计以简化连接节点（见图6-9、图6-10）。至于用双向板来解决叠合楼板接缝的问题，一方面，如果非得靠这种复杂的节点来解决接缝的话，那还不如把预制叠合楼板改为整板现浇，我们不是为了装配式而装配式，而应看这种方式是否会给我们带来效益。另一方面，如果按照最新《装标》

的建议那样采用管线分离的方式，也可以用吊顶或者全装修的方式来解决接缝的问题。（国外不存在这个问题就是因为他们采用的是管线分离的方式，必须得用吊顶）

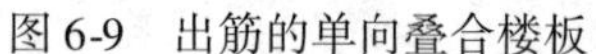
图 6-9　出筋的单向叠合楼板

图 6-10　出筋的双向叠合楼板

（2）预制剪力墙板的出筋问题

如何简化预制剪力墙板的出筋问题是另外一个研发方向，国外为了避免这个问题已经做了很多的研究，其中锚环钢筋连接和钢索钢筋连接就是解决方案之一，见图 6-11、图 6-12。如果暂时不敢在高层住宅上应用，至少经过试验验证后可以在多层或者小高层的住宅上进行试验使用。

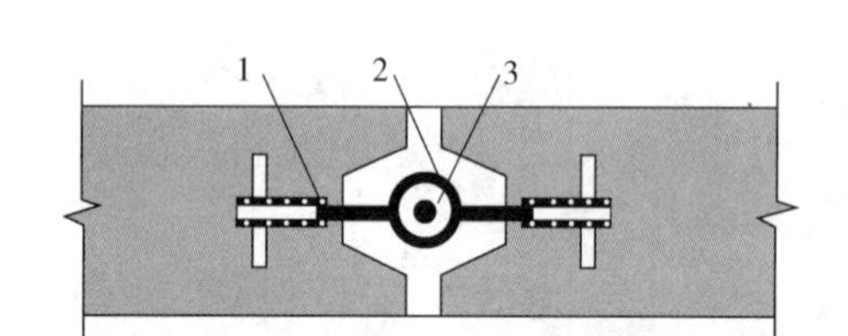

图 6-11　锚环钢筋连接原理

1—预埋件　2—锚环　3—插筋

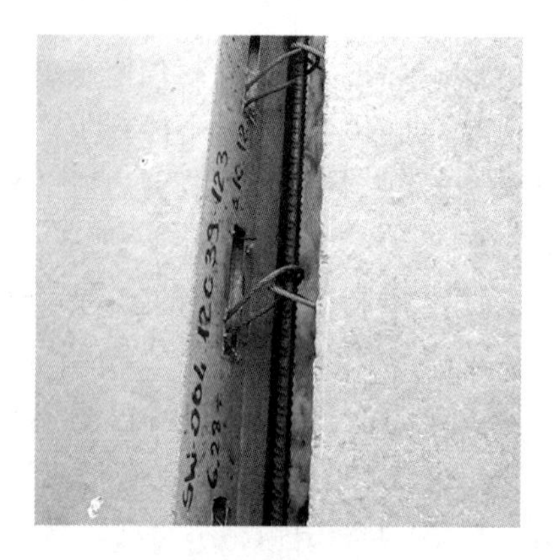

图 6-12　钢索钢筋连接

以上预制叠合楼板和预制剪力墙板的出筋问题如果不解决，装配式剪力墙结构体系的成本就很难降下来，也很难有大规模的装配式应用出路。

 197. 如何通过提高性价比相对地降低成本？

国家标准《装标》提出了“应实行全装修，宜实行管线分离和同层排水”，这些都是提高建筑标准和品质的要求。如果实现了这些要求，一方面建筑的功能性和舒适性都将得到大幅的提升。另外一方面，如果做全装修、管线分离和同层排水的话，至少因为规模效应的存在，综合成本肯定是降低的——集中起来做装修，总比一家一户单独做装修的成本要低得多。这样就会适当地弥补因为做装配式导致的主体结构成本的上升，使得总成本相对下降，性价比得到了提高。

全装修在一些一线城市已经全面开始推行，不管是不是装配式建筑都在推行。现在要求装配式建筑全部推行，就等于说有的建筑是全装修，有的建筑不是，这样的结果可能会导致全装修的房子不好卖。这里面其实涉及开发商的设计和定位问题，我们不做讨论。如果仅从降低成本的角度来考虑问题的话，全装修是一个较好的有着缩短工期、降低成本的空间的领域。

[例 1] 早期有些把管线埋设在主体结构之内的建筑，经过十多年的使用后，发现有的管线已经损坏需要维修了，可是真正维修的时候却发现竣工图纸设计得不是十分详细，再有就是图纸和现场实际施工位置不吻合，现场更改管线埋设方案是很平常的事，但这些都给后期维修带来了巨大的麻烦，甚至根本无法更改。

[例 2] 早期老房子，在设计之初没有问题，施工质量也比较好，可是过了十几年后，社会发展得特别快，用电量增加了，却发现老房子的电线修改几乎没办法实施。

[例 3] 很多人都会遇到或者听到这样的例子，某某人家的卫生间漏水了，把楼下邻居的地板和家用电器等都泡坏了，双方争吵不休。

以上三个例子都是目前的建筑中常见的。但是实行管线分离和同层排水之后，这些问题将得到彻底地解决。如果再配上“上有吊顶，下有架空”的话，隔声效果也非常好，别人家装修的声音也不会传过来。整个房子的功能性、舒适度都将大幅提升，使用和维修也格外方便。而按照规范的要求，这些做法又是和装配式建筑结合在一起的，这就使得装配式建筑的性价比得到了较大的提高。

所以笔者认为，不管是从政府的角度还是从开发商的角度，在一些高房价地区或者高档楼盘中应优先考虑提高性价比方案，应用全装修、管线分离和同层排水的方式获得高性价比，以此来带动或推动这一市场趋势。有实力、有思想的开发商甚至可以在楼盘中选出一两栋楼作为尝试，把全装修、管线分离和同层排水作为抵消装配式成本上升，提高性价比的一种方式，作为走出装配式建筑高成本困境的一种切实可行的尝试。

198. 如何利用 BIM 优化设计、设计协同和减少失误来降低成本？

装配式建筑对错误和失误的容忍度比较低，一旦出现问题就难解决，往往会带来工期或者成本上的巨大损失。所以从这个角度看，装配式建筑的高价格也包含对这种不可预期的损失的一种准备。

我们在现浇混凝土的项目中都知道，很多设计院自身的水电暖和结构等不同的专业之间都会出现问题，错、漏、碰、缺是经常现象。这些问题在现浇混凝土项目中解决起来相对容易，也的确有解决的空间。但在装配式建筑中，这些解决措施都没法操作了，所以装配式建筑对这些错误的容忍度比较低。

应用 BIM 技术是解决这一问题的有效途径。

（1）利用 BIM 建立装配式建筑的模型，然后通过 BIM 技术的可视性进行三维设计以及展示，使设计过程和结果变得清晰直观；利用BIM技术的协调性进行协同设计，可有效减少设计中的错漏碰缺；利用BIM技术的模拟性进行模拟分析，提高设计的舒适性以及安全性；利用BIM技术的可优化性进行全专业、全子项设计优化，提高设计的集成度和合理度；利用BIM技术的可出图形进行全方位精准图样表达，提高工程图样表达的全面性和精准性。

（2）利用BIM技术的可视性进行生产指导和生产设备及模板设计，提高生产的准确性并减少加工制作的错误率；利用BIM技术的协调性实现设计模型与数控加工模型的协调统一和构件自动化的生产加工；利用BIM技术的模拟性进行生产过程模拟，前置解决生产过程中可能遇到的问题；利用BIM技术的可优化性进行生产组织工艺、工序及计划优化，提高设备、人工及原材料的利用率并提高生产效率；利用BIM技术的可出图形，可根据生产制作需要不限位置、不限数量的导出构件工程图样，尽可能清晰明确地表达构件信息。

（3）利用BIM技术的可视性进行施工现场指导以及施工方案设计，减少施工现场的错误并提高施工方案沟通和评审的效率；利用BIM技术的协调性实现施工过程各方协同管理，提高施工管理效率和各方的协调统一性；利用BIM技术的模拟性进行施工模拟，前置解决施工过程中可能遇到的问题；利用BIM技术的可优化性进行施工组织工艺、工序及计划优化，提高设备、人工及原材料的利用率并提高施工效率；利用BIM技术的可出图形可根据生产制作需要不限位置、不限数量的导出工程图样，尽可能清晰明确地表达所有施工过程需要的信息。

BIM设计与传统设计的主要区别是BIM设计为仿真设计，真实地模拟了工程建设的所有设计元素以及建造方式；而传统设计利用二维图样以及文字信息等方式的对设计内容示意性表达，经常会出现不同图样表达冲突或者不完善，则需要招标后在施工阶段进行二次深化。但是，施工实施阶段仅能对某些细节问题进行局部解决，很多问题在设计阶段没有进行系统性考虑并不完善，在施工阶段将无法妥善解决。因此常规管理模式经常会出现大量的拆改以及留下无法解决的遗憾。

BIM设计由于把项目实施阶段的问题进行了前置解决，势必会带来设计工作内容以及深度的增加，因而带来设计成本的增加。但是，工程项目成本不能仅从设计这一专项成本考虑，应考虑BIM对整个工程管理全过程所带来的成本的降低。并且随着BIM设计生态体系的逐渐完善，BIM设计成本在逐渐降低。BIM技术的普及将对装配式建筑工程设计与管理技术的应用带来极大的促进作用。

199. 如何降低预制构件工厂的成本？

降低预制构件工厂的成本主要有以下几点：

（1）降低建厂及设备投资费用

在建厂初期避免不合时宜地强调“高大上”和“可参观性”，动辄几千万甚至上亿元的投资是很难短期收回成本的。应该理性地选择制作工艺和低成本的建厂投入，减少固定费用的折旧摊销。有的日本PC工厂，构件质量是世界最棒的，可他们的车间却非常简陋、窄小（见图6-13）。相反的，中国的厂家不是追求质量，而是追求面子，浪费土地，浪费资源，盲目追求高大上，可参观性，投资大却效能低，有的工厂每立方米 PC 构件的售价中约有三分之一是建厂及设备投资的分摊，这是高成本的非常重要的一个原因。

图 6-13 日本 PC 工厂车间实景

另外，从政府的层面上看，也不应该鼓励盲目上生产线，而要鼓励利用现有的资源，通过升级改造来做出合格优质的产品。

（2）优化设计

构件生产企业参与装配式混凝土结构建筑的设计时，就要考虑构件拆分和制作的合理性。构件拆分时，尽可能将构件拆分成规格较少的模块，注重考虑模具的通用性、可改造性或者可替换性。

（3）降低模具成本

模具费在预制构件中所占比例较大，一般占构件制作费用的 5% 到 10%。根据构件复杂程度及构件数量，选择不同材质和不同规格的材料来降低模具造价，如水泥基替代性模具的使用。同时增加模具周转次数和合理改装模具，对降低 PC 构件成本也都很必要。

（4）合理的制作工期

工厂正常的劳动力成本是很难压缩的，但合理的工期可以保证项目的均衡生产，避免多开模具或者增加工人加班，可以降低人工成本、设备设施费用、模具数量以及各项成本费用的分摊额，从而达到降低预制构件成本的目的。

随着装配式建筑的日趋成熟，对于常规产品，甲方可以尽可能提前招标，这样可以给构件厂以充足的时间完成前期的技术准备工作，避免后期生产制作中的出错率，以达到降低成本的目的。

200. 如何降低工地现场的安装施工成本？

（1）施工企业本身可降低的成本

1）压缩工期。降低现场的安装施工成本最重要的一点就是要通过各种方式来压缩工期。应特别重视管理的作用，通过切实做好详细准确的施工计划（见图 6-14），让“构件不落地”，直接在汽车上吊装（见图 6-15）。工期缩短了，带来的不仅仅是人工费的降低，还有各种设施费机械费（如重型塔式起重机的设备租金或摊销费用等）的降低，这是一种有效地降低成本的手段。

2）降低材料费。多数环节材料费是没法降低的，套筒、灌浆料、密封胶等根本没有多少压缩空间。材料方面所能降低成本的环节主要是通过保证后浇混凝土区的精度、光滑度、

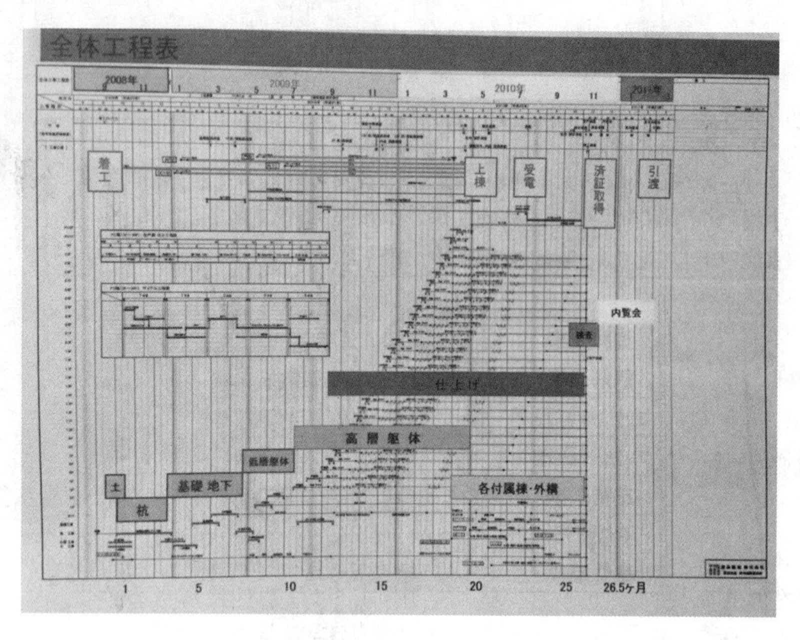

图 6-14　日本详细的装配式工程施工计划表

衔接性。如此，脱模后表面简单处理就可以了，与预制构件表面一样，可以减少抹灰成本。

3）降低人工费。目前，人工费降不下来的主要原因在于：现场后浇混凝土的区域和后浇混凝土的浇筑量都比较多，工人减不下来；有些安装工人不熟练，导致作业人员偏多；有些后浇混凝土的区域空间比较狭小，窝工现象比较严重。

降低人工费的途径：提高工人专业技能，减少作业人员；采用委托专业劳务企业承包的方式减少窝工。

图 6-15　直接从汽车上吊装

（2）施工企业以外环节对施工环节降低成本的作用

1）适宜的设计拆分

①施工企业应在项目早期参与装配式混凝土结构建筑的设计，要考虑构件拆分和制作、运输、施工等环节的合理性。

②构件拆分时，尽可能将构件拆分成规格较少的模块，而且 PC 构件重量应在施工现场起重设备的起重范围内。

③通过优化设计，满足降低成本的要求。

2）通过技术进步和规范的调整，尽可能减少工地现浇混凝土量，简化连接节点构造。

3）通过全装修环节的性价比提高和集成化优势降低工程总成本。

4）实现管线分离，可以减少诸如楼板接缝环节的麻烦。